AF302194

Béla Buna   Verminderung des Verkehrslärms

Béla Buna

Verminderung des Verkehrslärms

Deutsche Bearbeitung von S. Ullrich

Mit 173 Abbildungen

Springer-Verlag
Berlin Heidelberg New York
London Paris Tokyo 1988

Dr. BÉLA BUNA
Head of Research Department
Institute of Transport Sciences
P.O. Box 107/H-1502 Budapest/Ungarn

Dr. S. ULLRICH
Bundesanstalt für Straßenwesen
Brüderstraße 53/D-5060 Bergisch-Gladbach 1

Gemeinschaftsausgabe mit Akadémiai Kiadó, Budapest
Titel der ungarischen Originalausgabe
A KÖZLEKEDÉSI ZAJ CSÖKKENTÉSE
Műszaki Könyvkiadó, Budapest

Lizenzausgabe für den
Springer-Verlag Berlin Heidelberg New York
Vertriebsrecht für alle nichtsozialistischen Länder:
Springer-Verlag Berlin Heidelberg New York

ISBN-13: 978-3-642-93331-8   e-ISBN-13: 978-3-642-93330-1
DOI: 10.1007/978-3-642-93330-1

CIP-Kurztitelaufnahme der Deutschen Bibliothek:
Buna, Béla: Verminderung des Verkehrslärms.
Dt. Bearb. von S. Ullrich. — Neuaufl.
Berlin; Heidelberg; New York; London; Paris; Tokyo; Springer, 1988.
Einheitssacht.: A közlekedési zaj csökkentése ⟨dt.⟩
Gemeinschaftsausg. mit Akadémiai Kiadó, Budapest
ISBN-13: 978-3-642-93331-8

NE: Ullrich, S. [Bearb.]

2160/3020-543210

Vorwort

Seit Beginn der siebziger Jahre ist die Anzahl der Veröffentlichungen über Straßen-, Schienen- und Fluglärm stetig und in beträchtlichem Umfange angestiegen. Das Buch *Verminderung des Verkehrslärms* hat sich zum Ziel gesetzt, die wichtigsten Ergebnisse und Erkenntnisse zur Erzeugung, Abstrahlung, Ausbreitung, Prognose und Minderung des Verkehrslärms zusammenzufassen. Es werden erstmals alle drei Verkehrsarten zusammen behandelt, wobei allerdings die Lärmemission des Verbrennungsmotors und der Straßenverkehrslärm wegen seiner Bedeutung für den Gesamtverkehrslärm den größten Raum einnimmt.

Das Buch wendet sich an alle technisch Interessierten, die beruflich oder privat mit der Bekämpfung von Emissionen oder Immissionen des Verkehrslärmes befaßt sind. Es eignet sich zum Grundlagenstudium für Studenten technischer Disziplinen ebenso wie für Ingenieure, die in der Entwicklung mit Aufgaben der Lärmminderung betraut sind. Den im Immissionsschutz tätigen Ingenieuren, Technikern und Sachverständigen in Planungsbüros und Ämtern werden Hintergrundinformationen zur Lärmentstehung und Bekämpfung schon an der Quelle vermittelt.

Zur Reduzierung des Druckumfanges, zur besseren Lesbarkeit des Buches und zum leichteren Verständnis der Materie wurde auf die Herleitung von Formeln weitgehend verzichtet. Es wird nur ein allgemeines Grundlagenwissen in Akustik und Verkehrskunde vorausgesetzt. Das umfangreiche Literaturverzeichnis gestattet einen tieferen Einstieg in spezielle Probleme und theoretische Hintergründe.

Budapest, Frühjahr 1988
B. Buna
S. Ullrich

Inhaltsverzeichnis

1	**Einleitung**	1
2	**Verkehrslärmwirkungen**	2
3	**Methoden zur Trennung von Geräuschkomponenten**	8
4	**Verkehrsgeräuschquellen**	16
4.1	Geräusche von Kraftfahrzeugen	16
4.1.1	Motorgeräusche	17
4.1.1.1	Das Geräusch der Motoroberfläche	20
4.1.1.2	Ansaug- und Auspuffgeräusche	42
4.1.1.3	Geräusche von Hilfsmaschinen	47
4.1.2	Rollgeräusche	50
4.1.3	Geräusche der Kraftübertragung	57
4.1.4	Karosseriegeräusche	59
4.2	Geräusche von Schienenfahrzeugen	62
4.2.1	Das Gesamtgeräusch von Schienenfahrzeugen	63
4.2.2	Das Rollgeräusch	67
4.2.3	Das Kurvengeräusch	73
4.2.4	Stoßgeräusche	74
4.2.5	Der Einfluß des Oberbaus	75
4.2.6	Schallpegelbeeinflussende Faktoren	77
4.2.7	Stadtverkehr (U-Bahn, Straßenbahn)	77
4.3	Geräuschabstrahlung des Flugverkehrs	78
4.3.1	Die Schallerzeugung durch den Düsenstrahl	83
4.3.2	Die Schallerzeugung durch Verdichter, Ventilator und Turbine	87
4.3.3	Das Verbrennungsgeräusch	90
4.3.4	Die Schallabstrahlung des Flugzeugkörpers	90
4.3.5	Der Einfluß der Triebwerksanordnung auf das Geräusch	92
4.3.6	Der Vergleich einzelner Geräuschquellen	93
4.3.7	Die Geräuschemission von Hubschraubern	95
4.3.8	Der Überschallknall	96
5	**Die Prognostizierung des Verkehrslärms**	100
5.1	Die Berechnung des Straßenverkehrslärms	101
5.1.1	Teilmodell I	102

5.1.2   Teilmodell II 109
5.1.3   Teilmodell III 114
5.1.4   Teilmodell IV 117
5.2   Die Prognostizierung des Schienenverkehrslärms 118
5.3   Die Prognostizierung des Luftverkehrslärms 122

6   **Ausbreitung des Verkehrslärms** 128
6.1   Die geometrische Schallausbreitung 128
6.2   Die Luftabsorption 132
6.3   Der Bodeneinfluß 134
6.4   Meteorologische Einflüsse auf die Schallausbreitung 135

7   **Maßnahmen zur Minderung des Verkehrslärms** 138
7.1   Gesetzliche Regelungen 139
7.2   Die Emissionsminderung an Verkehrsmitteln 142
7.2.1   Der Einfluß der Fahrweise auf die Lärmemission von Pkw 143
7.2.2   Die Minderung der Lärmemission durch Maßnahmen an den Verkehrsmitteln 143
7.2.2.1 Die Verminderung des Motorgeräusches 144
7.2.2.2 Maßnahmen an Ansaug- und Abgasschalldämpfern 147
7.2.2.3 Maßnahmen am Antrieb von Schienen- und Luftfahrzeugen 152
7.2.2.4 Die Minderung des Rollgeräusches 154
7.3   Lärmminderung durch Verkehrsregelung 157
7.4   Pegelminderung durch Abschirmung der Schallquelle 161
7.4.1   Schallschutzwände 162
7.4.2   Schallschutzwälle 167
7.4.3   Die Führung von Straßen in Tieflage 170
7.4.4   Pegelminderung durch Bewuchs 171
7.4.5   Andere Möglichkeiten der Abschirmung 173

Literatur 176

Sachverzeichnis 182

1 Einleitung

Die Belastung der Bevölkerung durch Lärm nimmt in den meisten Ländern ständig zu. Der Lärm und besonders der Straßenverkehrslärm ist heutzutage zu einem bestimmenden Faktor für die Qualität unserer menschlichen Umwelt geworden.

Diese Situation wurde hauptsächlich durch die wachsende Zahl der Verkehrsmittel und ihre zunehmende Leistung verursacht. In den meisten Ländern kann aus wirtschaftlichen Gründen eine Verbesserung der Lärmsituation zunächst nur dadurch eingeleitet werden, daß das Tempo des Anwachsens des allgemeinen Lärmniveaus verringert und der Status quo gehalten wird, um dann eine umfassende Verringerung der Immissionspegel einzuleiten. In der Regel führt nur die gleichzeitige Anwendung eines Bündels von Minderungsmaßnahmen und die enge Zusammenarbeit aller Betroffenen und Beteiligten zum Ziel.

Für die Fachleute, die sich um die Lärmbekämpfung bemühen, ist die Kenntnis der möglichen Schallereignisse, der Schallentstehung, der Charakteristik von Geräuschquellen, der Einflußgrößen der Schallausbreitung und der Minderungsmaßnahmen von besonderer Wichtigkeit.

Das Buch hat sich zum Ziel gesetzt, neuere theoretische und praktische Erfahrungen auf dem Gebiet der Verkehrslärmbekämpfung zusammenzufassen und zur Verwendung aufzubereiten.

Die wichtigsten Voraussetzungen für die Durchführung von Lärmminderungsmaßnahmen sind die Identifizierung von Geräuschquellen und die Bestimmung der Beiträge einzelner Quellen zum Gesamtpegel. Dementsprechend werden hier die Verkehrsgeräuschquellen ausführlicher erläutert.

Der letzte Abschnitt befaßt sich mit der Lärmminderung. Es werden akustisch wirksame und wirtschaftlich günstige Maßnahmen zur Verringerung an der Quelle, auf den Ausbreitungswegen und am Immissionsort vorgestellt, wobei wegen der Zielsetzung des Buches Lärmminderungsmaßnahmen der Raumakustik nur gestreift werden.

Das Buch ist im wesentlichen ein Versuch, die Probleme aller Verkehrsarten (Schiene, Luft, Straße) gemeinsam zu behandeln. Um den Umfang in Grenzen zu halten, werden meistens nur Ergebnisse dargestellt und auf die Herleitung von Gleichungen verzichtet. Daher wird ein allgemeines Grundlagenwissen in Akustik und Verkehrskunde vorausgesetzt.

2 Verkehrslärmwirkungen

Lärm ist zu einem Risikofaktor der modernen Zivilisationskrankheiten geworden. Seine Wirkungen können „auraler" (Hörschäden, Verdeckung akustischer Signale) oder „extraauraler" (Störung der Gesundheit und des Wohlbefindens) Natur sein. Bei Verkehrslärm ist allerdings kaum mit Hörschädigungen oder Schwerhörigkeit zu rechnen, da die Verkehrslärmpegel, abgesehen von wenigen Einzelfällen wie z. B. in schallharten Straßentunneln, selten die hohen Werte annehmen, die dazu führen.

Der Verkehrslärm wirkt sich vor allem im physiologischen und psychologischen Bereich aus. Hier sind die wichtigsten Reaktionen:
— Auswirkungen auf den Blutkreislauf (u. a. Erhöhung des Blutdruckes, Kontraktion von Adern, Störung der Blutversorgung),
— Schlafstörungen (erschwertes Einschlafen, Nacht- und Frühaufwachen, Veränderung der Schlafperioden),
— Gesichtsstörungen (u. a. Veränderung des Pupillenmaßes),
— Verdauungs- und Stoffwechselstörungen,
— Verminderung des Hautwiderstandes,
— Gleichgewichtsstörungen.

Obwohl sich die Forschung schon seit langer Zeit intensiv mit den physiologischen Lärmreaktionen befaßt, sind derzeit die Wirkungsmechanismen immer noch nicht ausreichend bekannt. Das Ausmaß der Wirkungen hängt zwar besonders von den physikalischen Merkmalen des Schalls ab, wird aber auch durch viele individuelle und sonstige Faktoren beeinflußt.

So zeigen z. B. Untersuchungen, daß die Exposition durch hohe Lärmpegel erhöhten Blutdruck und eine Steigerung des Blutzucker- und Cholesteringehaltes zur Folge haben kann. Es wurde aber auch gefunden, daß Personen, die in einer Umgebung mit hohem Lärmniveau wohnen, mehr rauchen und sich weniger bewegen.

Aus medizinischer Sicht sind die Schlafstörungen besonders hervorzuheben. Die Ruhe der Nacht zur Wiederherstellung der Kräfte ist eine für die Erhaltung der Gesundheit notwendige Voraussetzung. Die Auswirkungen von Geräuschreizen auf den Schlaf lassen sich wie folgt zusammenfassen:
— Veränderung des Hirnstrombildes (Aktivitätssteigerung),
— Beeinträchtigung der Schlafqualität (Verkürzung des Tiefschlafs, Zunahme des Flachschlafs und der Wachzeit),
— Zunahme der Aufwachwahrscheinlichkeit,
— Erschwerung und Verzögerung des Einschlafens oder Wiedereinschlafens,
— Veränderung der vegetativen Funktionen (Herzfrequenzänderung, Vasokonstriktion).

Das Ausmaß lärmbedingter Schlafstörungen wird neben den akustischen Eigenschaften von Geräuschen noch durch weitere Faktoren beeinflußt, wie z. B. Schlafstadium, Alter und

Geschlecht, Informationsgehalt (Quellenart, eventuell Gewöhnung), physischer und psychischer Zustand. Die Einflüsse dieser Faktoren sind meist nur qualitativ bekannt. Die Häufigkeit des Aufwachens nimmt z. B. mit zunehmender Schlaftiefe ab, steigt aber mit zunehmendem Alter signifikant an. Andererseits können Geräusche mit hohem Informationsgehalt (z. B. ungewohnte Geräusche) und mit hoher subjektiver Bedeutung schon bei sehr niedrigen Pegeln zum Aufwecken führen. Eine Reihe von Ergebnissen sozialwissenschaftlicher Untersuchungen zur Beeinflussung des Schlafs durch nächtlichen Straßenverkehr sind in Abb. 2.1 zusammengefaßt [2.1]. Der Schwellenwert für Störungen in der Nacht durch den Straßenverkehr liegt bei Mittelungspegeln von ca. 45 dB(A). Bis 70 dB(A) beträgt die Zunahme des Anteils wesentlich Gestörter etwa 2,5% pro dB(A). Bei Schienenverkehrslärm liegt der Schwellenwert höher. Dementsprechend führen höhere Mittelungspegel zum gleichen Anteil wesentlich Gestörter (Differenz Straße/Schiene in der Nacht: etwa 10 dB(A)).

Die Folgen der Schlafstörungen sind Nervosität, ständige Ermüdungszustände, erhöhte Reizbarkeit und eine Abnahme der Leistungsfähigkeit am nächsten Tag.

Auch bei der Arbeit können Beeinträchtigungen durch Verkehrslärm auftreten. Es sind dies:

— Verminderung der Wahrnehmung und Aufmerksamkeit,
— Verschlechterung des Unterscheidungsvermögens,
— Verringerung der Sprachverständlichkeit,
— Verminderung der Konzentrationsfähigkeit.

Mögliche Folgen sind die Zunahme von Fehlern in den Arbeitsabläufen und die Zunahme von Unfällen und Verletzungen. Durch Konzentrationsstörungen werden vor allem geistige

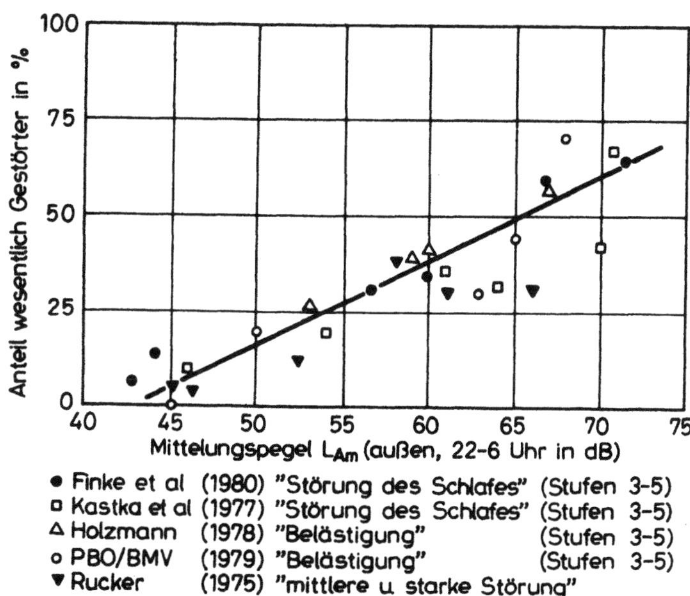

Abb. 2.1. Zusammenfassung deutscher Untersuchungen zur Gestörtheit durch nächtlichen Straßenverkehrslärm [2.1]

Arbeiten (geistig schöpferische Tätigkeit, Lernprozesse) beeinträchtigt. Die Leistung unter Lärm kann sich allerdings sowohl verbessern als auch verschlechtern. Eine Erklärung dafür gibt die Aktivierungstheorie.

Zuverlässige, durch Messungen gut abgesicherte Erkenntnisse liegen nur für den Zusammenhang zwischen störenden Geräuschpegeln und der Sprachverständlichkeit vor. Zur Orientierung ist die Sprachverständlichkeit im diffusen Schallfeld bei jüngeren Menschen, die denselben Dialekt sprechen, in Abb. 2.2 in vereinfachter Form mit Konturkurven dargestellt [2.2]. Für Unterhaltungen, bei denen sich die Gesprächspartner in 1,5 m Entfernung voneinander befinden, sollte der störende Geräuschpegel niedriger als 66 dB(A) sein. Im schnell fahrenden Pkw oder Omnibus und oft auch in Räumen von ungünstig gelegenen Schulen werden heute aber häufig höhere Lärmpegel angetroffen. Im Fußgängerbereich von Hauptverkehrsstraßen können sich die Passanten oft nur schreiend verständigen.

Verkehrslärm verursacht zumeist Belästigungen, deren meßtechnische Erfassung eine Reihe von Problemen aufwirft. Man kann sich nicht einfach auf physiologische Parameter abstützen oder nur direkte Befragungen über einen bestimmten Störfaktor durchführen. Vielmehr sind immer Urteile über verschiedene Störfaktoren miteinander zu vergleichen. Von Interesse sind vor allem folgende Belästigungsmerkmale:

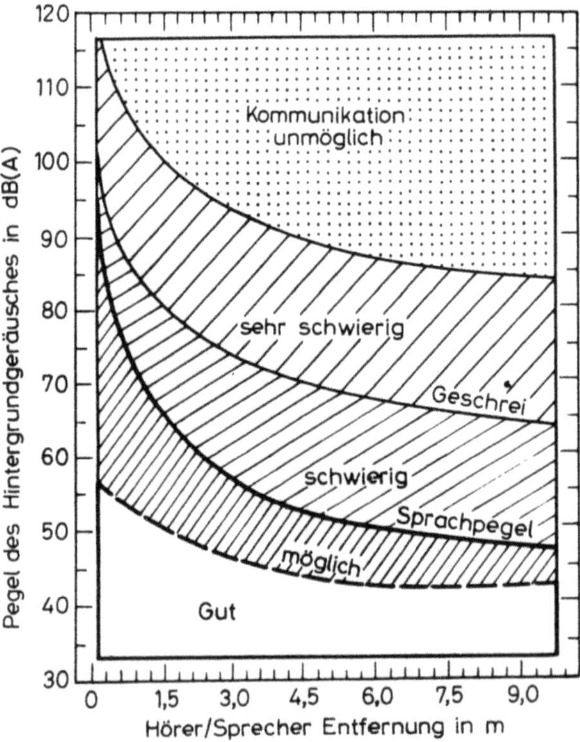

Abb. 2.2. Zur Sprachverständlichkeit in Abhängigkeit von der Entfernung zwischen Sprecher und Zuhörer und von der Höhe des Störgeräuschpegels [2.2]

— subjektive Störungen,
— Störung rekreativer Funktionen (Erholung, Ruhe, Freizeittätigkeiten),
— Störung kommunikativer Funktionen (Gespräche, Radio, Fernsehen, Telefon),
— Reaktionen und Verhaltensänderungen (Fenster schließen, Einnahme von Tabletten,
  Wohnung besser isolieren, Wegzugsabsichten).

Das Ausmaß der Belästigung wird durch zahlreiche individuelle und soziale Faktoren beeinflußt (u. a. Geschlecht, Alter, Gesundheitszustand, Lebensgewohnheiten, sozioökonomische Verhältnisse, sonstige Belästigungen durch die Umwelt wie z. B. die Luftverschmutzung, Lage und Qualität der Wohnung, Wohnumgebung, Verkehrsverbindungen, menschliche Beziehungen). Viel diskutierte weitere beeinflussende Faktoren sind die Gewöhnung und Sensibilisierung. Wegen der großen Zahl möglicher Einflußgrößen kann die empfundene Störung und Belästigung durch ähnlichen Verkehrslärm für Betroffene in verschiedenen Gebieten unterschiedlich sein. Ein allgemein gültiger, durch Formeln faßbarer Zusammenhang zwischen dem Verkehrslärmpegel und den durch ihn hervorgerufenen Belästigungen ist kaum anzugeben.

In Österreich steht nach einer repräsentativen Befragung [2.3] der Verkehrslärm als Ursache der Unzufriedenheit mit den Wohnverhältnissen mit 67% weit an der Spitze vor allen anderen Ursachen. Anderer Lärm von außen (Betriebe, Kinder) ist mit 6% ebenso wie der Nachbarschaftslärm mit 4% dagegen unbedeutend.

Störungen durch Verkehrslärm werden besonders beim Schlafen und bei geistiger Arbeit empfunden. Bei Unterhaltung, Musik- und Radiohören und Fernsehen sind sie etwas geringer, bei der Hausarbeit deutlich geringer (Tabelle 2.1) [2.3].

Um sich gegen Verkehrslärm zu schützen, haben die Befragten teilweise selbst schon etwas unternommen oder beabsichtigen, etwas zu tun, wie aus der Tabelle 2.2 zu ersehen ist [2.5].

Die Ergebnisse einer schweizerischen Befragung sind in der Tabelle 2.3 wiedergegeben [2.4]. Von den Anwohnern der untersuchten verkehrsreichen Straßen sind rund die Hälfte durch den Lärm „stark" gestört. In einem Vergleichsquartier mit nur lokalem Verkehr hingegen betrug der Anteil der „stark" Gestörten nur 7%. Generell wurden die Störungen in der Nacht als stärker bezeichnet. Ein Drittel der Anwohner klagte über Schlafstörungen. Ebenfalls etwa ein Drittel nahm Schlaf- und Beruhigungsmittel, bei etwa einem Viertel wurden die Kommunikationsfunktionen gestört und rund ein Drittel äußerte Wegzugsabsichten wegen Lärm (und Luftverschmutzung). Neben dem Lärm übte auch die Wohnumgebung einen Einfluß auf die Reaktionen aus: Der Anteil „stark" Gestörter bei den Bewohnern

Tabelle 2.1. Störung durch Verkehrslärm bei verschiedenen Tätigkeiten [2.3]

| Tätigkeit | Prozentsatz der durch Verkehrslärm Gestörten, die die Störung empfinden als | | |
| | sehr stark | etwas | kaum |
	1	2	3
Hausarbeit	14	32	53
Lesen, lernen, geistige Arbeit	38	38	23
Unterhaltung	29	34	35
Fernsehen, Radio, Musik	34	30	3
Schlafen	63	23	14

der hinteren Häuserreihe an einer verkehrsreichen Straße (Quartier IIIb) war wesentlich höher als im Vergleichsquartier IV — trotz der ungefähr gleichen Lärmpegelwerte.

Vergleichende Untersuchungen zur unterschiedlichen Belästigung durch Lärm von Straßen- und Schienenverkehr oder von Straßen- und Luftverkehr wurden schon durchgeführt. Noch nicht bekannt ist, wie alle drei Lärmarten untereinander abgestuft sind. In erster Näherung kann man jedoch annehmen, daß sich die Störungen qualitativ wie in Abb. 2.3. verhalten.

Bei der Anwendung der Ergebnisse von Befragungen sollte man darauf achten, daß ein fiktiver Lärmwert, der Mittelungspegel, mit einem „Durchschnittsmenschen" verknüpft wird und daß im Einzelfall auch größere Abweichungen vorkommen können.

Bei der Aufzählung der Wirkungen von Straßenlärm sollte die Wirkung von Infraschall nicht vergessen werden. In einem Pkw liegt, besonders bei hoher Geschwindigkeit und geöffneten Fenstern, mehr als 95% der Schallenergie im Infraschallgebiet. Dieselmotoren von Omnibussen und Schiffen sowie Hubschrauber weisen Geräuschspektren mit hohen Infraschallanteilen auf. Die Infraschallpegel des Straßenverkehrs liegen zwischen 100 ... 120 dB.

Die körperlichen Wirkungen des Infraschalls unterscheiden sich qualitativ nicht von denen des Hörschalls, sind aber bei gleichem Pegel aufgrund der geringeren Ohrempfindlich-

Tabelle 2.2. Individuelle Maßnahmen gegen Verkehrslärm [2.3]

Maßnahme	Prozentsatz der Befragten, der Maßnahmen	
	vornahm	beabsichtigt
Proteste, Beschwerden, Anzeigen	11	9
Isolation der Fenster	7	3
Andere technische Maßnahmen	4	2
Andere Nutzung der Räume	1	—
Wohnungswechsel überlegt	2	2
Anderes	9	3

Tabelle 2.3. Lärmbelastung und empfundene Belästigung der tagsüber und nachts am meisten Gestörten [2.4]

Quartier	Tagsüber (6—22 Uhr)			Nachts (22—6 Uhr)		
	L_{eq} dB(A)	Total Befr.	Anteil „stark" %	L_{eq} dB(A)	Total Befr.	Anteil „stark" %
I	77	162	57	69	66	52
II	77	67	39	73	124	55
IIIa	70	156	36	62	92	58
IIIb	61	60	20	50	31	31
IV	62	228	7	53	148	7

Quartiere I—III: Anwohner stark frequentierter Straßen; a = vordere Häuserreihe, b = hintere Häuserreihe. Quartier IV: Wohnquartier, wenig Verkehr

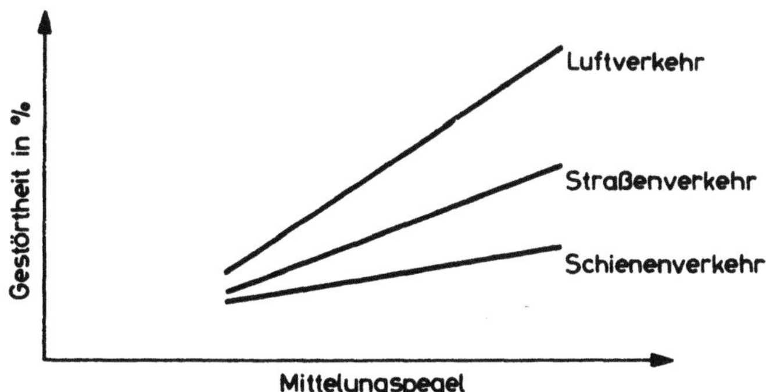

Abb. 2.3 Rangfolge der Gestörtheit durch einzelne Verkehrslärmarten in Abhängigkeit von der Höhe des Lärmpegels (in erster Näherung)

keit bei niedrigen Frequenzen schwächer als die Streßwirkungen höherfrequenten Lärms [2.6]. Die Störwirkung tieffrequenter Geräusche wird allerdings gesteigert, wenn höherfrequente Komponenten fehlen; z. B. nach Schallübertragung durch ein Fenster oder bei Ausbreitung auf große Entfernungen.

Anhand der bisherigen Erfahrungen gibt es einen Lärmschwellenwert, unterhalb dessen keine negativen Reaktionen zu beobachten sind. Anstelle eines niedrig liegenden Schwellenwertes benutzt man einen „praktischen Grenzwert", der einen Kompromiß zwischen dem medizinisch optimalen Wert und den technischen Möglichkeiten darstellt. Die verwendeten Grenzwerte haben deshalb einen Wahrscheinlichkeitscharakter, so daß auch bei ihrer Einhaltung immer ein bestimmter Prozentsatz Lärmbetroffener Belästigungsreaktionen zeigt.

3 Methoden zur Trennung von Geräuschkomponenten

Bevor auf die Entstehung und Verminderung des Verkehrslärms näher eingegangen wird, soll zunächst ein Überblick über die Möglichkeiten der Identifizierung von Geräuschquellen gegeben werden.

Die im Verkehr vorkommenden Geräuschquellen sind meist von komplexer Natur und setzen sich aus mehreren einzelnen Teilquellen zusammen, deren Beitrag zur resultierenden abgestrahlten Schalleistung i. allg. verschieden ist. Eine wirksame Geräuschverminderung kann nur erreicht werden, wenn der pegeldominierende Anteil zuerst reduziert wird und dann die anderen Teilquellen entsprechend ihrer Pegelhöhe behandelt werden.

Unter „Identifizierung von Geräuschquellen" versteht man Methoden zum Trennen und zur Bewertung einzelner Geräuschkomponenten.

Weil die Quellen des Verkehrsgeräusches immer durch eine Vielzahl von Parametern beeinflußt werden, sind einfache Methoden zur Quellensuche sehr selten zu finden. Die Auswahl der anzuwendenden Methode hängt von der verfügbaren Zeit, den Mitteln (z. B. Personal, Meßgeräte, Geld), der Qualifikation der Fachleute und der geforderten Genauigkeit ab. Um zuverlässige Ergebnisse zu erhalten, ist es zweckmäßig, mehrere Methoden gleichzeitig zu verwenden.

Im folgenden werden — überwiegend nach Crocker [3.1, 3.2] — die wichtigsten Verfahren mit ihren Vor- und Nachteilen kurz dargelegt und die Fehlermöglichkeiten diskutiert.

Es gibt eine Reihe charakteristischer Eigenschaften des Schallfeldes, durch deren Untersuchung Informationen über die Anzahl, den Typ sowie die räumliche Lage und Ausdehnung von Teilschallquellen gewonnen werden können. Diese sind insbesondere das Frequenzspektrum des Geräusches, die Richtcharakteristik des Schallfeldes, die Änderungen des Schallpegels in Abhängigkeit von der Zeit und der Entfernung zum Schallquellenschwerpunkt. Je komplizierter die verwendete Methode ist, um so sorgfältiger sind die Ergebnisse zu diskutieren. Dies gilt besonders auch für Methoden, die on line-Rechner benutzen und auf mathematisch komplexen Zusammenhängen beruhen, so daß sie der Anwender nicht immer völlig durchschauen kann.

Die „klassischen" Methoden der Quellensuche sind:
— subjektive Bewertung,
— selektiver Betrieb von Maschinenanlagen,
— selektive Abdeckung von z. B. einzelnen Maschinenteilen,
— Verwendung akustischer Leiter,
— Frequenzanalyse,
— kartographische Darstellung der Messungen (Lärmkarten),
— Nahfeldmessungen,
— Messung der Schwinggeschwindigkeiten auf der Quellenoberfläche.

Die „subjektive Bewertung" beruht auf der Eigenschaft des menschlichen Ohres, Geräusche mit unterschiedlichen Frequenzspektren gut und oft besser als ein Meßgerät trennen zu können. Geübten Personen ist es so möglich, Fehlfunktionen von Maschinen an ihrer Geräuschemission zu unterscheiden. Die Wirksamkeit der Methode läßt sich durch Verwendung eines Stethoskops noch verbessern.

Unter „selektivem Betrieb" komplexer Anlagen versteht man das Stillegen von Teilaggregaten, d. h. das Ausschalten von Teilschallquellen. Durch Vergleich der Geräuschpegel der Gesamtanlage und nach Ausschalten einer Teilquelle kann deren Einfluß auf das Anlagengeräusch abgeschätzt werden. Bei einem Verbrennungsmotor z. B. wird auf diese Weise der Einfluß von Lüfter, Kühlgebläse, Einspritzpumpe oder Turbolader gemessen. Wenn allerdings die Pegel des Gesamtgeräusches und des Teilgeräusches ähnlich hoch sind, versagt die Methode. Außerdem ändert das Ausschalten eines Teilaggregats oft den Betriebszustand des ganzen Systems und führt zu falschen Schlüssen. Dies ist z. B. dann der Fall, wenn ein Verbrennungsmotor zur Messung seines mechanischen Geräusches durch einen leisen Elektromotor fremd angetrieben wird, weil dann der Einfluß der Verbrennung auf das mechanische Geräusch ausgeschaltet ist.

Die „selektive Abdeckung" bestimmter Teilquellenoberflächen wird oft verwendet. Die Geräuschquelle wird dabei zunächst mit einer geschlossenen, dicht anliegenden schalldämmenden Kapselung ummantelt. Wenn dann ein Teil der Ummantelung wieder entfernt wird, kann das Geräusch der freigelegten Oberfläche getrennt ermittelt werden. Die Methode hat den Vorteil, daß die Betriebszustände der Quellen während der Messung nicht verändert werden. Die selektive Abdeckung wurde z. B. von Priede bei der Geräuschuntersuchung eines Dieselmotors angewendet. Die von ihm benutzte Kapselkonstruktion ist in Abb. 3.1 dargestellt. Der Kapselmantel bestand aus Aluminiumblech, das auf der Innenseite mit Dämpfungsmaterial versehen und mit Schrauben in vibrationsisolierendem Gummi direkt an dem Motorblock befestigt war. Der Schallpegel innerhalb der Kapsel wurde durch

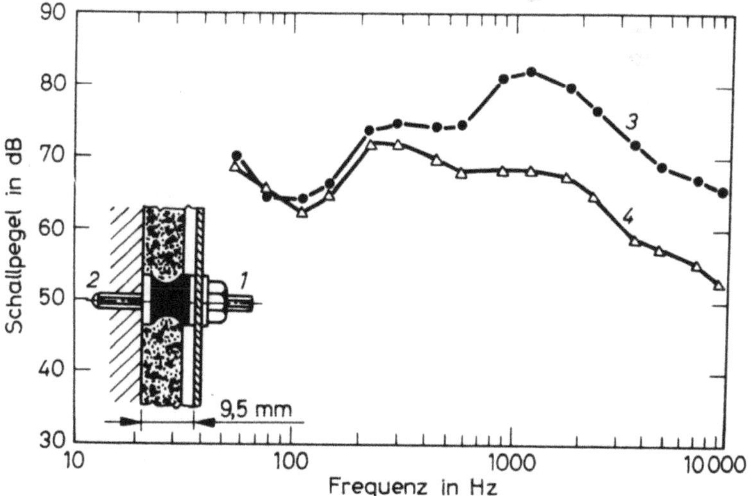

Abb. 3.1. Ortung von Motorgeräuschquellen mit Hilfe einer Motorkapselung. *1* Kapselung, *2* Motorblock, *3* Schallpegel ohne Kapselung, *4* Schallpegel mit Kapselung

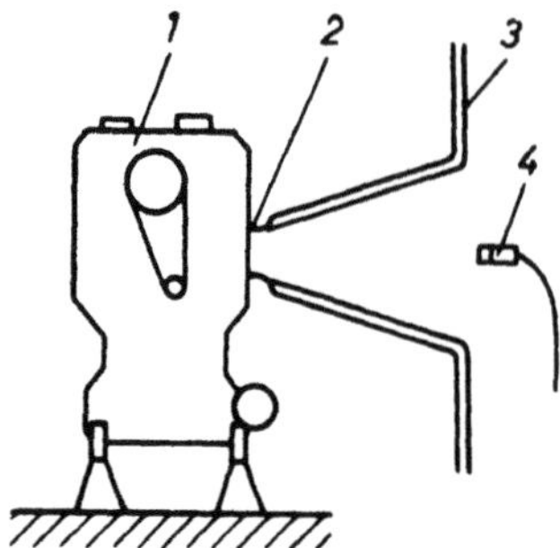

Abb. 3.2. Akustischer Leiter zur Trennung von Geräuschkomponenten. *1* Verbrennungsmotor, *2* elastische Ankopplung, *3* Schalltrichter, *4* Mikrofon

Glaswollebeläge auf der Motoroberfläche verringert. Wegen der besseren Bearbeitungsmöglichkeit werden häufig auch Bleche aus Blei mit aufgeklebtem Absorptionsmaterial benutzt.

„Akustische Leiter" wurden von Thien [3.3] zur Quellensuche vorgeschlagen und ausprobiert. Das Verfahren besteht darin, daß ein Hohlleiter (Rohr) als Meßsonde direkt auf die zu untersuchende Teilschallquelle aufgesetzt wird, so daß durch die Leiterwandung Geräusche anderer Teilschallquellen abgeschirmt werden. Abbildung 3.2 zeigt schematisch den Versuchsaufbau von Thien. Ein Schalltrichter, dessen Austrittsöffnung zusätzlich mit einem Schallschirm kombiniert ist, wird schwingungsisoliert auf ein Maschinenteil aufgesetzt. Der Abschluß Trichter-Maschinenoberfläche ist sorgfältig auszuführen, um das Eindringen von Störgeräuschen, die Körperschalleinleitung in die Trichterwand und eine Beeinflussung des Körperschalls der Motoroberfläche zu vermeiden. Vor Anwendung dieser Anordnung ist noch die Beeinflussung des Schallfeldes durch den Trichter, die Trichterkorrektur, zu ermitteln. Sie ergibt sich durch Vergleich der Pegel eines mit weißem Rauschen gespeisten Lautsprechers am Trichtereingang allein und montiert auf eine große Platte.

Das am meisten verwendete Verfahren zur Schallquellenidentifikation ist die „Frequenzanalyse". Dazu stehen heute schmalbandige und breitbandige Echtzeitanalysatoren mit Filtern absolut oder relativ konstanter Bandbreite zur Verfügung. Sie arbeiten mit parallel geschalteten Terz- oder Oktavfiltern. In den letzten Jahren wurden rechnerunterstützte Echtzeitanalysatoren mit digitalen Filtern und schneller Fourier Transformation (FFT) entwickelt, die sehr viele Einzeldaten liefern. Das Problem ist hier die Reduzierung der Datenmengen und die Interpretation der Daten. Zur Trennung von Geräuschkomponenten wird man z. B. die Drehzahl (Fahrgeschwindigkeit) oder die Last ändern. Reine Töne oder schmalbandige Frequenzanteile, die durch periodische Vorgänge verursacht werden, ändern ihre Lage im Frequenzspektrum parallel z. B. zur Drehzahl. Wenn Spitzen im Spektrum sich nur in ihrer Höhe und nicht in ihrer Frequenzlage ändern, handelt es sich um Eigenfrequenzen (Resonanzen) des Raums, der ganzen Konstruktion oder eines Teils davon. Durch Änderung der Lage des Mikrofons oder Schwingungsaufnehmers kann auch der Resonanzort gefunden werden.

Ein Beispiel für eine Resonanz zeigt Abb. 3.3, wo eine Pegelüberhöhung bei einem defekten oder nicht optimal ausgelegten Auspuffschalldämpfer gezeigt wird [3.4]. (Für die untere der Kurven wurden die Geräuschpegel des Auspuffes bei verschiedenen, konstant gehaltenen Drehzahlen gemessen, die obere Kurve entspricht der Pegel-Drehzahl-Abhängigkeit, wenn das Gas plötzlich weggenommen wird.)

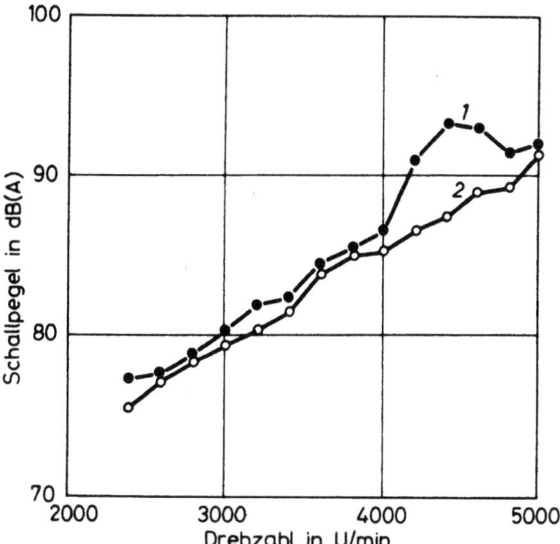

Abb. 3.3. Nahfeldschallpegel des Auspuffes in Abhängigkeit von der Motordrehzahl, *1* bei plötzlicher Gaswegnahme, *2* bei konstanter Drehzahl

Die heutigen durch Rechner unterstützten Geräuschmeßgeräte ermöglichen die Aufnahme von Geräuschkennfeldern, durch die Kurven gleicher relativer Häufigkeit in Abhängigkeit von Pegel und Drehzahl oder Pegel und Geschwindigkeit dargestellt werden. Ein Beispiel dazu zeigt Abb. 3.4 mit Geräuschkennfeldern eines Autobusses mit Automatikgetriebe während Stadtfahrten [3.6]. Deutlich ist zu erkennen, daß die Kennfelder über der Motordrehzahl viel schmäler sind, daß also die dominierende Geräuschquelle der Motor ist.

„Lärmkarten" enthalten Kurven gleichen Geräuschpegels (Isophone) in der Nähe von Lärmquellen. In Abb. 3.5 sind Isophone eines Pkw im Stand aufgenommen [3.4]. Besonders zu erwähnen sind hier der Motor und die Auspuffrohrmündung als Geräuschquellen. (Die höchsten Geräuschpegel befinden sich in der Nähe des Motors. Die seitliche Ausbreitung des Motorgeräusches wird durch die Räder und einzelne Karosserieelemente teilweise abgeschirmt. Die Abstrahlung des Auspuffgeräusches ist in der Nähe der Rohrmündung wegen des Monopolcharakters der Lärmquelle ziemlich isotrop. Unregelmäßigkeiten werden durch die Überlagerung von Komponenten des Motorgeräusches und des Geräusches des ausströmenden Abgasstrahles verursacht.)

„Messungen im Nahfeld" einer Lärmquelle eignen sich gut zur schnellen Quellenidentifizierung. Voraussetzung ist, daß der Beitrag anderer Schallquellen zum gemessenen Geräuschpegel wegen ihrer relativ großen Entfernungen vernachlässigbar ist. (Abb. 3.3 zeigt z. B. Meßergebnisse im Nahfeld der Auspuffrohrmündung.) Schwierigkeiten können sich durch die Richtcharakteristik der Quellen ergeben. Zudem sind bei kleinen Meßentfernungen Phasenunterschiede zwischen Schalldruck und Schallschnelle möglich, so daß die Schallintensität und der Schalldruck nicht mehr proportional zueinander sind. Bei der Auswertung von Nahfeldmessungen sollte man mit Sorgfalt vorgehen und sich eher auf die relativen als auf die absoluten Werte stützen. Abbildung 3.6 zeigt ein Beispiel für eine

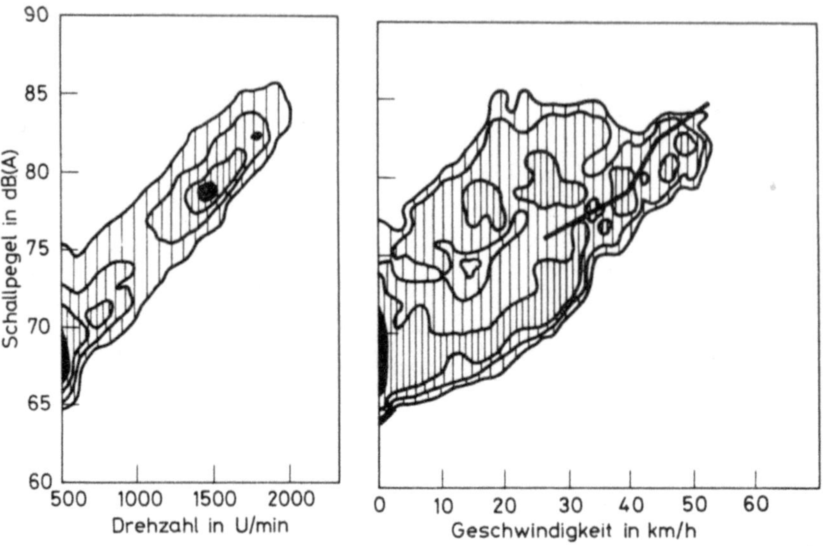

Abb. 3.4. Geräuschkennfelder eines Autobusses mit Automatikgetriebe während Stadtfahrten

erweiterte Anwendung dieser Methode [3.7]. An drei Teilquellen (Motor, Auspuffmündung, Hinterachse) eines Fahrzeugs wurden bei beschleunigter und verzögerter Vorbeifahrt (jeweils dieselbe Geschwindigkeit) Nahfeld- und in einem weiteren Punkt Fernfeldmessungen durchgeführt. Aus den Ergebnissen der Nahfeldmessungen wurden die Fernpegel der Teilquellen errechnet und mit dem gemessenen Fernfeldspektrum verglichen. Deutlich ist zu erkennen, daß während der Beschleunigung das Motorgeräusch fast im ganzen Frequenzbe-

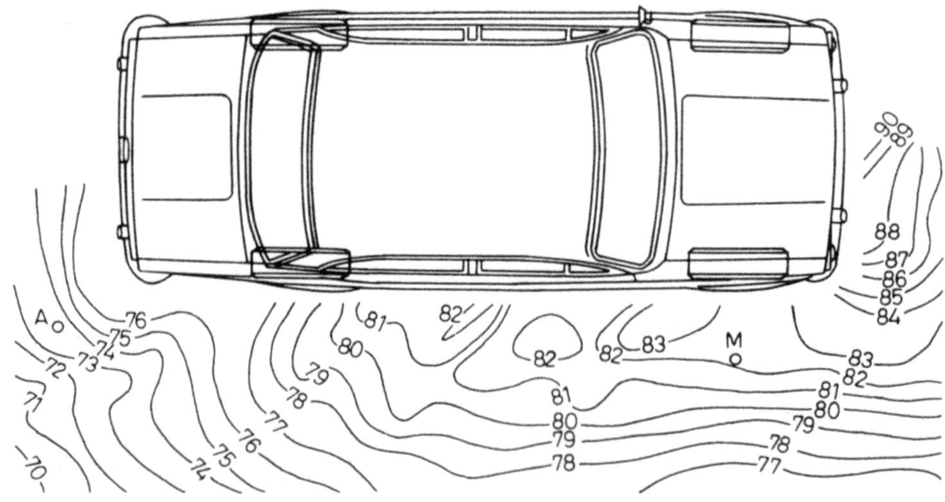

Abb. 3.5. Isophonkurven im Nahfeld eines stehenden Pkw, Motordrehzahl $n = 2200$ U/min, Mikrofonhöhe $h = 0,5$ m, M und A sind Kontrollpunkte für die Messung am Motor und an der Auspuffmündung

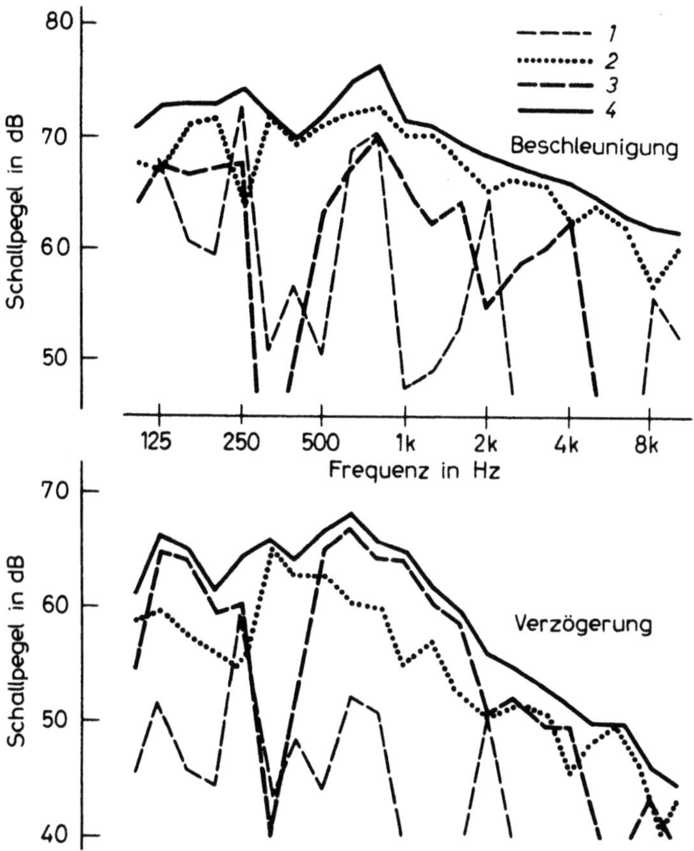

Abb. 3.6. Aus Nahfeldmessungen berechnete und gemessene Geräuschspektren eines Autobusses, *1* Auspuffgeräusch, *2* Motorgeräusch, *3* Hinterachsengeräusch, *4* Gesamtgeräusch

reich pegelbestimmend ist. Dagegen ist während der Verzögerung das Hinterachsengeräusch zur dominanten Teilschallquelle in den Frequenzbereichen 125...250 Hz und 500...2000 Hz geworden.

Die Anwendung der Messung von „Schwinggeschwindigkeiten auf der Quellenoberfläche" basiert auf der Proportionalität zwischen der abgestrahlten Geräuschleistung und dem Erwartungswert der Schwinggeschwindigkeit. Die abgestrahlte Geräuschleistung ist allerdings auch von dem Abstrahlmaß abhängig, dessen Größe bei komplizierten Oberflächen und niederen Frequenzen meist nicht genau bekannt ist. Eine akzeptable Genauigkeit der Meßmethode kann deshalb in der Regel nur oberhalb bestimmter Grenzfrequenzen bei nahezu hundertprozentiger Schallabstrahlung erwartet werden. Dies ist bei Verbrennungsmotoren im allgemeinen oberhalb 800...1000 Hz der Fall.

Von den neuentwickelten Methoden zur Trennung der Geräuschkomponenten sind
— die Anwendung der Korrelationsmeßtechnik und
— die Messung der Oberflächenintensität oder der akustischen Intensität
zu erwähnen.

Gemäß der Definition der Kreuzkorrelation als Maß für die Verwandtschaft zweier Signale ist die „Korrelationsmeßtechnik" ein Mittel, Ausbreitungswege herauszufinden. Nicht geeignet ist sie jedoch zur Analyse periodischer Anregungen, wie der Motoranregung, da dann auch die Korrelationsfunktion periodisch ist, so daß weder eindeutige Laufzeitangaben gemacht noch sicher auf den Entstehungsort von Teilgeräuschen geschlossen werden kann. Abhilfe bringt die Verwendung stochastischer Anregungsgeräte anstelle der Motoranregung.

Der Entstehungsvorgang des Verkehrsgeräusches (Fahrzeug, Motorgeräusch) wird durch ein lineares System mit mehreren Eingängen und einem Ausgang gekennzeichnet. Bei einem Verbrennungsmotor sind die Eingänge z. B. die einzelnen Zylinderdrücke, während der Systemausgang durch den Schalldruck in der Umgebung des Motors dargestellt wird. In diesem Falle liefert die Korrelationstechnik eine Übertragungsfunktion, die es gestattet, den relativen Beitrag der einzelnen Eingänge (Teilquellen) zum Ausgangssignal (Gesamtpegel) abzuschätzen. Voraussetzung dafür ist aber, daß die Eingangssignale nicht korreliert sind und das System frei von Störsignalen ist. In der Praxis arbeitet man oft mit der Kohärenzfunktion, die durch Normierung des Kreuzleistungsdichtespektrums gewonnen wird. Sie ist analog der Korrelationsfunktion und hat Werte zwischen 0 und 1.

Zur Messung der „Oberflächenintensität" ist die Ermittlung von Schalldruck und Schallschnelle an einem Punkt in der Nähe der Schallquellenoberfläche nötig. Da geeignete Schnelleempfänger am Markt nicht erhältlich sind, wird stattdessen die normale Komponente der Schwinggeschwindigkeit auf der schallabstrahlenden Oberfläche gemessen. Diese Methode ist deshalb nur dann anwendbar, wenn ein Geräusch durch Körperschall hervorgerufen wird (d. h. nicht für die Bestimmung von Komponenten aus Strömungsgeräuschen) und Schwingungsaufnehmer auf der Oberfläche angebracht werden können. Sie hat den Vorteil gegenüber der selektiven Abdeckung, daß auch im Bereich niedriger Frequenzen relativ gute Ergebnisse erzielt werden können. Ein Beispiel dazu zeigt Abb. 3.7 [3.2].

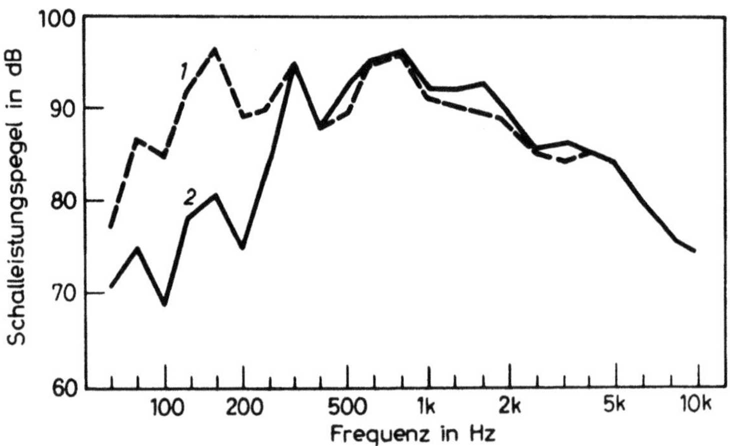

Abb. 3.7. Das von der Ölwanne abgestrahlte Geräusch, gemessen mit Hilfe der Methoden der selektiven Abdeckung und der Oberflächenintensität. *1* selektive Abdeckung durch Blei, *2* Messung der Oberflächenintensität

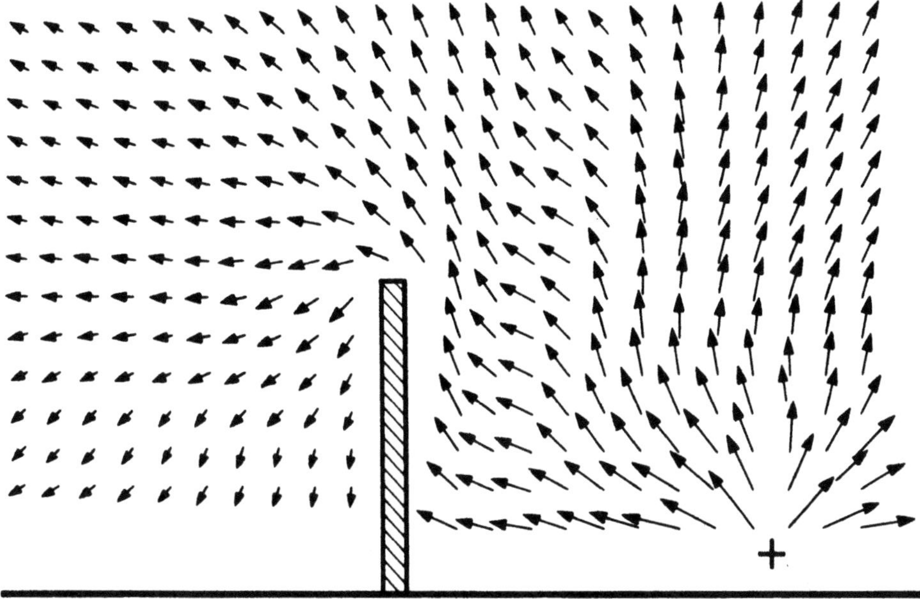

Abb. 3.8. Vektorfeld der Intensität um eine Schallschutzwand

Neuerdings mißt man die „akustische Intensität" in guter Näherung anstatt durch die Schnelle durch den ihr proportionalen Druckgradienten. Die Messung erfolgt breitbandig mit Hilfe einer speziell konstruierten Sonde, bestehend aus zwei dicht beieinander plazierten Druckmikrofonen [3.8]. Der nutzbare Frequenzbereich des Mikrofonpaares ist aber dadurch nach oben und unten begrenzt, daß nicht der echte Druckgradient, sondern eine Druckdifferenz gemessen wird, daß sich die Intensität entlang der Sonde ändert und daß die Phasen in den beiden Mikrofonkanälen nicht völlig identisch sind. Ein Anwendungsbeispiel wird in Abb. 3.8 gezeigt [3.8]. Das Vektorfeld der Intensität veranschaulicht den Energiefluß und die Beugung von Schallwellen über eine Wand.

Die weitere Verbreitung der Intensitätsmeßmethode wird durch die Kompliziertheit des Verfahrens und durch den hohen Preis der Meßgeräte beeinflußt.

Unter den Methoden zur Lokalisierung von Schallquellen sollen noch die „laseroptischen" Verfahren erwähnt werden. Die verschiedenen holographischen Schwingungsmeßverfahren wurden in der letzten Zeit bei der Suche nach Klopfzentren, bei der Analyse von Modenstrukturen auf Motoren und zur Analyse von Schwingungen (Motoren und Bauteile) mit Erfolg angewendet.

4 Verkehrsgeräuschquellen

Die Hauptquellen des Verkehrslärms sind die Kraftfahrzeuge, die Schienenfahrzeuge und die Flugzeuge. Diese Geräuschquellen haben gemeinsame Elemente, unterscheiden sich aber in der Schalleistung, in der Richtcharakteristik und im Spektrum, so daß es zweckmäßig erscheint, ihre Eigenschaften getrennt zu analysieren. Nach der Darlegung der Geräuschemissionen und der Einflußparameter einzelner Verkehrsmittel können die Geräuschquellen verglichen und ihre Gemeinsamkeiten bzw. Differenzen festgestellt werden.

4.1 Geräusche von Kraftfahrzeugen

Das Geräusch eines Kraftfahrzeugs ist in erster Näherung die Summe des Lärms einzelner Punktschallquellen. Sowohl das Außengeräusch als auch das Innengeräusch hängt vom Typ des Kraftfahrzeugs, seiner konstruktiven Gestaltung, dem technischen Zustand, den Betriebsbedingungen, der Fahrweise und weiteren straßenbedingten Umständen ab.

An der Geräuschemission eines Kraftfahrzeugs sind im wesentlichen folgende Geräuschquellen beteiligt (Abb. 4.1)
— der Verbrennnungsmotor (hauptsächlich durch das Geräusch schwingender Oberflächen),
— die Auspuffanlage (durch Abstrahlung von den Oberflächen und durch das Mündungsgeräusch),

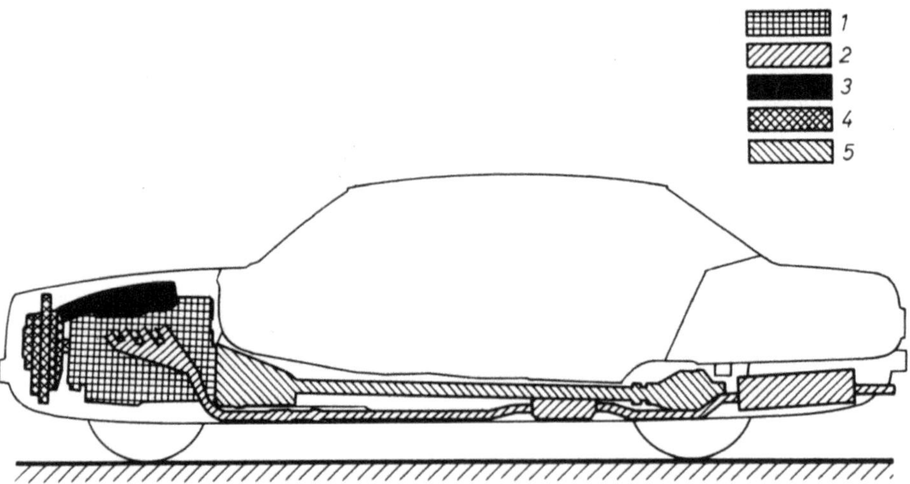

Abb. 4.1. Wesentliche Geräuschquellen am PKW. *1* Motor, *2* Auspuffanlage, *3* Luftansaugung, *4* Kühler, Lüfter, *5* Kraftübertragung

— die Luftansaugung,

— das Kühler-/Lüftersystem,

— das Getriebe und die Hinterachse (Kraftübertragung),

— die Karosserie (durch Abstrahlung von Geräuschen, die durch den Motor und die Straße induziert werden, sowie durch aerodynamische Geräusche),

— die Reifen,

— sonstige Teile (z. B. quietschende Bremsen).

Die Schallpegel der Einzelschallquellen hängen vor allem von der Motordrehzahl und der Fahrgeschwindigkeit ab. Die Abhängigkeiten der Geräuschintensitäten sind, wie Messungen zeigen, Potenzfunktionen, wobei die Höhe der Potenz im wesentlichen durch Konstruktionsmerkmale bestimmt wird und sehr unterschiedlich (besonders nach Schallminderungsmaßnahmen) sein kann. Im folgenden wird [4.1, 4.2, 4.3], hauptsächlich nach Priede, die Abhängigkeit der Schallintensität einzelner Komponenten von der Motordrehzahl (n) und der Fahrgeschwindigkeit (v) angegeben:

Fahrzeuggeräuschkomponente	Abhängigkeit von n und v
Geräusch der Motoroberflächen	n^3 (Dieselsaugmotoren)
(im Bereich mittlerer Frequenzen)	n^4 (aufgeladene Dieselmotoren)
	n^5 (Ottomotoren)
Auspuffgeräusch	$n^2\text{-}n^{4,5}$
Ansauggeräusch	$n^3\text{-}n^{4,5}$
Kühlgebläsegeräusch	$n^5\text{-}n^6$
Rollgeräusch	$v^{2,5}\text{-}v^4$
Geräusche der Kraftübertragung	n^2, v^2
aerodynamische Geräusche	$v^{5,5}$

Die Rangfolge der einzelnen Geräuschquellen ist von Fahrzeugtyp zu Fahrzeugtyp unterschiedlich und bei Nutzfahrzeugen anders als beim Pkw. Im allgemeinen ist aber bei Lastkraftfahrzeugen, im Bereich kleinerer Geschwindigkeiten auch bei Personenkraftwagen, der Motor die wichtigste Geräuschquelle.

4.1.1 Motorgeräusche

Die Geräuschentstehung ist bei Otto- und Dieselmotoren infolge der Arbeitweise sehr ähnlich, so daß beide Motorarten zusammen behandelt werden können.

Für die Kennzeichnung der Motorgeräuschemission wird der Schalleistungspegel bevorzugt, der sich am besten zur weiteren Berechnung der Schalleinwirkung im Straßenumfeld eignet. Die Eingangsgrößen sind unter anderem Drehzahl, mittlere Kolbengeschwindigkeit, Zylinderzahl, Hub, Hubraum, Bohrung, spezifische Leistung, Nennleistung. Nach den Ergebnissen statistischer Untersuchungen ist ein direkter Zusammenhang zwischen dem Geräuschleistungspegel und der Nennleistung von Fahrzeugen gesichert. Eine graphische Darstellung der Meßdaten von 70 verschiedenen Diesel- und Ottomotoren ist in Abb. 4.2 enthalten [4.4]. Für die Berechnung des Schalleistungspegels wird die Formel

$$L_W = 10 \lg (P_N) + 97 \text{ dB (A)} \tag{4.1}$$

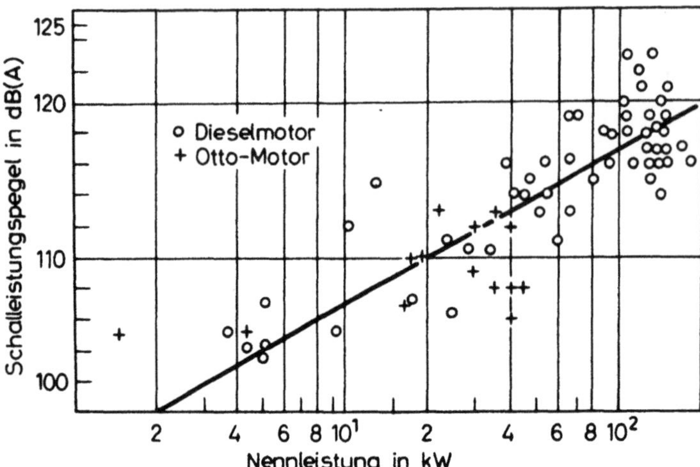

Abb. 4.2. Zusammenhang zwischen Schalleistungspegel und Nennleistung bei Verbrennungsmotoren [4.4]

angegeben. Darin ist die Nennleistung P_N in kW einzusetzen. Diese Formel stimmt mit den von anderen Verfassern gefundenen Abhängigkeiten überein. Ausnahmen sind die aufgeladenen Dieselmotoren, die im Mittel um 4 dB(A) leiser sind als nicht aufgeladene. Bei den untersuchten Motoren ergeben sich Abweichungen zwischen den Meßwerten und der Ausgleichsgeraden von etwa ± 3 dB(A).

Die Entstehung des Geräusches ist aufgrund der periodischen Arbeitsweise und des komplizierten Aufbaus von Verbrennungsmotoren äußerst komplex. Abb. 4.3 zeigt schematisch die Geräuschquellen und die Geräuschursachen [4.5]. Das Motorgeräusch wird entweder als direkt oder indirekt erzeugter Luftschall abgestrahlt. Direkter Luftschall

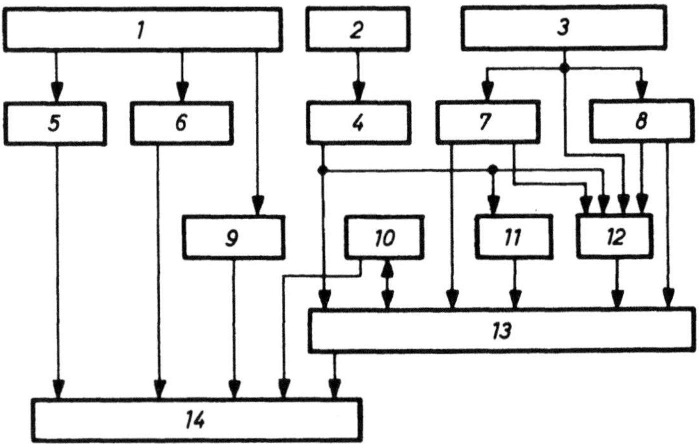

Abb. 4.3. Geräuschquellen und Anregungen eines Motors [4.5]. *1* Anregung durch Strömungspulsationen, *2* Verbrennungsanregung, *3* mechanische Anregung, *4* Brennraumdruck, *5* Abgasaustritt, *6* Verbrennungslufteintritt, *7* Ventilsteuerung, *8* Einspritzausrüstung, *9* Kühlgebläse, *10* Hilfsmaschinen, *11* Kolbenkippen, *12* Triebwerk, *13* Motoroberflächen, *14* gesamtes Motorgeräusch

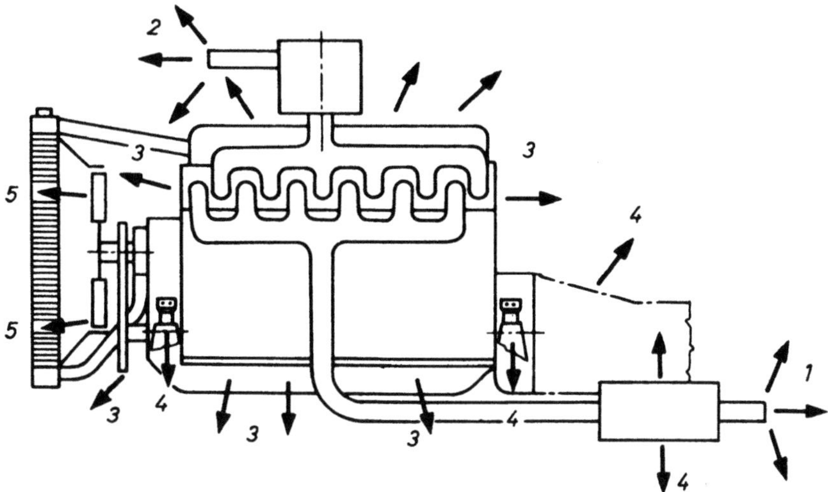

Abb. 4.4. Geräuschkomponenten bei einem Verbrennungsmotor [4.6], direkt erzeugter Luftschall: *1* Abgasaustritt, *2* Verbrennungslufteintritt, indirekt erzeugter Luftschall: *3* Motoroberfläche, *4* mit dem Motor verbundene Teile, *5* Kühleranlage

wird durch Druck- und Geschwindigkeitsschwankungen in strömenden Gasen (Auspuff- und Ansauggeräusch, Kühlgebläse- und Lüftergeräusch) erzeugt, wobei der Entstehungsort und der Abstrahlort mehr oder weniger identisch sind. Indirekter Luftschall entsteht als Folge der Schwingungen fester Oberflächen, wobei die Anregung abstrahlender Oberflächen durch Körperschallfortleitung erfolgt. Die Aufteilung des Geräusches auf direkt und indirekt erzeugte Anteile ist in Abb. 4.4 schematisch dargestellt [4.6].

Die quantitative Aufteilung des gesamten Motorgeräusches hängt von vielen Konstruktionsmerkmalen und den Betriebsbedingungen ab, weshalb Abb. 4.5 nur als Beispiel aufzufassen ist [4.5]. Diese Abbildung verdeutlicht, daß die lauteste Komponente, das Oberflächengeräusch, eine Resultierende mehrerer Teilquellen ist.

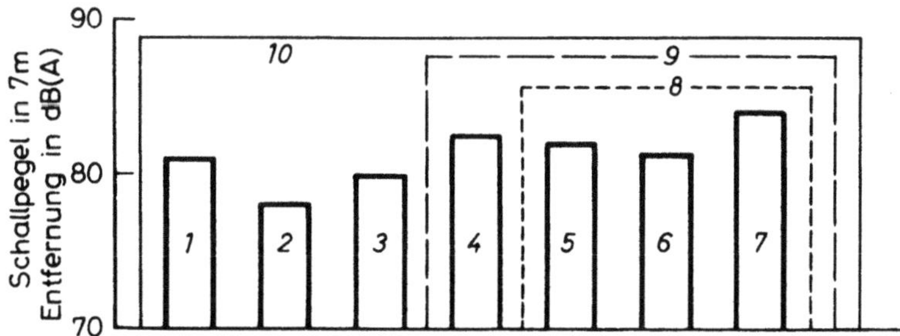

Abb. 4.5. Aufteilung des gesamten Motorgeräusches auf die einzelnen Ursachen [4.5]. *1* Auspuff, *2* Ansaugung, *3* Gebläse, *4* Verbrennung, *5* Kolbenkippen, *6* Triebwerk, *7* Ventilsteuerung, Einspritzung, *8* mechanisches Geräusch, *9* Oberflächengeräusch, *10* Gesamtgeräusch

4.1.1.1 Das Geräusch der Motoroberfläche

Die Größe des von der Oberfläche von Verbrennungsmotoren abgestrahlten Geräusches ist innerhalb gewisser Grenzen durch die Arbeitsweise und Bauart bestimmt. Nach einem Überblick von Priede (aus [4.7]) ist das Vollastgeräusch aller Fahrzeugmotoren von kleinen Pkw-Ottomotoren bis zu großen Lkw-Dieselmotoren bei Nenndrehzahl nur wenig verschieden. Es liegt im Bereich von 95 ... 107 dB(A) in 1 m Abstand. Wenn die einzelnen Betriebsdrehzahlbereiche durchfahren werden, beträgt die Pegelspanne etwa 30 dB (A) bei Ottomotoren, 20 dB(A) bei kleinen und 10 ... 15 dB(A) bei großen Dieselmotoren.

Die Entstehung des von der Motoroberfläche abgestrahlten Geräusches wurde von Thien [4.7] systematisch untersucht. Den schematisch dargestellten Vorgang zeigt Abb. 4.6

Das Geräusch wird durch im Inneren des Motors auftretende, periodisch verlaufende, oft auch schlagende Kräfte hervorgerufen, deren Entstehung auf zwei Hauptursachen zurückzuführen ist: die Verbrennung und mechanische Kräfte. Die Intensität und die Frequenzcharakteristik des Motorgeräusches hängt von den Anregungsspektren, den Schwingungseigenschaften der Motorstruktur und dem Abstrahlmaß der einzelnen Oberflächenbereiche ab.

Die Verbrennungsanregung ist bei Dieselmotoren mittlerer Größe meist und bei Ottomotoren oft die stärkste Erregerkraft. Bei Großmotoren und kleineren Motoren mit hoher Drehzahl dominieren i. allg. mechanische Anregungen. Abb. 4.7 zeigt für einen Dieselmotor qualitativ den Druckverlauf bei der Verbrennung in Abhängigkeit vom Kurbelwinkel und das dazugehörige Anregungsspektrum [4.9]. Auch bei nur unwesentlichen Änderungen der Form des Druckverlaufs kann sich die Geräuschentwicklung wesentlich ändern. An Hand des Druck-Zeitverlaufs lassen sich die Geräuschverhältnisse nicht genügend erläutern. Es ist zweckmäßiger, das Anregungsspektrum in Betracht zu ziehen (Abb. 4.7b). Es zerfällt näherungsweise in drei Hauptfrequenzbereiche. Der erste, tieffrequente Bereich (I) entspricht den Zündfrequenzen. Die Höhe der Druckamplituden wird durch den maximalen Verbrennungsdruck und die Breite des Verbrennungsdruckdiagramms, d. h. durch die Fläche unter dem zeitlichen Zylinderdruckverlauf ($\int p \cdot \mathrm{d}t$) bestimmt. Der mittlere, mittelfrequente Teil des Spektrums (II) weist einen nahezu linearen Abfall der Amplituden mit zunehmender Frequenz auf, dessen Gradient von dem Druckanstieg ($\mathrm{d}p/\mathrm{d}t$) und der Geschwindigkeit des Druckanstiegs ($\mathrm{d}^2p/\mathrm{d}t^2$) bei Zündbeginn bestimmt wird. Dieser Bereich ist akustisch von besonderer Wichtigkeit, da er wegen der A-Bewertung bei allen Motoren pegelbestimmend ist. Der Gradient des Abfalls (Abfallrate) liegt für Dieselmotoren mit Direkteinspritzung bei etwa 20 ... 30 dB/Dekade, für Auflademotoren bei 40 dB/Dekade und für Ottomotoren bei etwa 50 dB/Dekade (in Zusammenhang mit den früher erwähnten Potenzen der Drehzahl). Der Druckanstieg hängt bei Dieselmotoren von dem Einspritzdruck und der Zündverzögerung ab. Ein größerer Zündverzug verursacht eine härtere Verbrennung und einen steileren Druckanstieg. Der dritte Bereich (III) des Spektrums wird durch einige Anhebungen infolge von Druckschwankungen bei Verbrennungsbeginn gekennzeichnet. Die dem Druckverlauf überlagerten Druckschwankungen sind auch in Abb. 4.7a gut zu erkennen. Der hochfrequente Bereich des Verbrennungsdruckspektrums hat akustisch wenig Bedeutung, da er wegen der Filterwirkung der Motorstruktur nur noch unwesentlich zum Gesamtpegel beiträgt [4.8]. Die Frequenz der Druckschwankungen hängt von den Abmessungen und der Form des

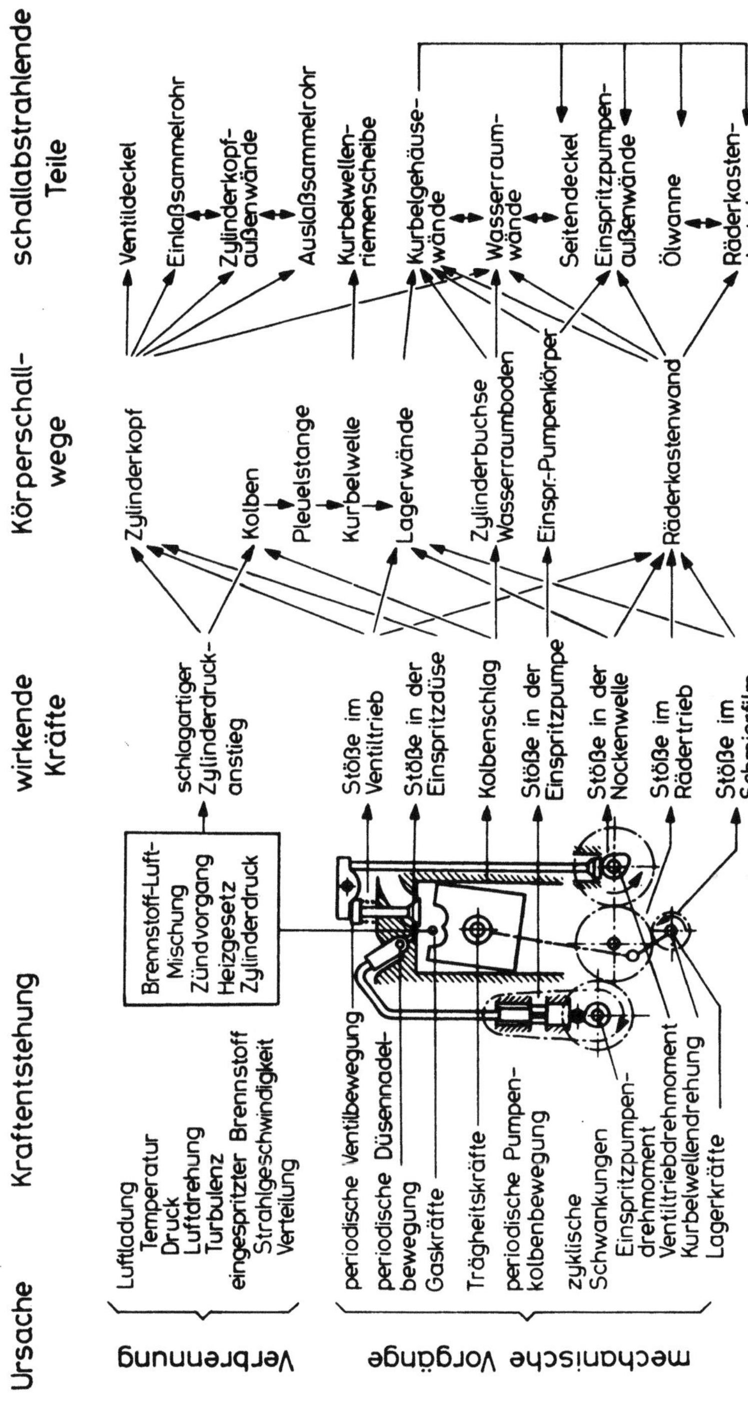

Abb. 4.6. Entstehung des von der Motoroberfläche abgestrahlten Geräusches [4.7]

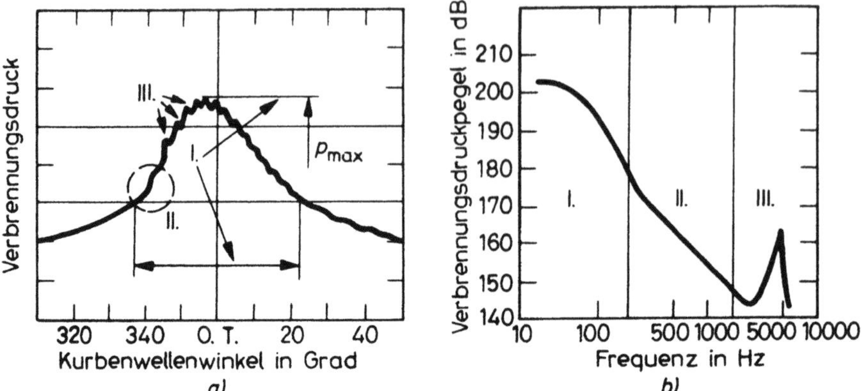

Abb. 4.7.a Der Verbrennungsdruckverlauf über dem Kurbelwellenwinkel und **b** das dazugehörende Anregungsspektrum [4.9]

Brennraums ab, bei Ottomotoren und Dieselmotoren mit Direkteinspritzung im wesentlichen von dem Zylinderdurchmesser, bei Dieselmotoren mit Vor- und Wirbelkammer vom Kammervolumen und den Abmessungen der Bohrung zwischen Kammer und Zylinder (in diesem Fall bildet die Kammer einen Helmholtz-Resonator). Die Frequenzen der Druckschwankungen liegen i. allg. bei Ottomotoren und Dieselmotoren mit Direkteinspritzung zwischen 4 und 12 kHz (letzterer Wert bei Motoren mit höheren Drehzahlen) und bei Kammermotoren zwischen 500 und 2000 Hz. Die Druckschwankungen kommen bei Dieselmotoren immer (aber mit von dem Verbrennungsverfahren abhängigen verschiedenen Amplituden), bei Ottomotoren nur im Falle einer klopfenden Verbrennung vor. Die einzelnen charakteristischen Teile der Frequenz- und Zeitbereiche sind in Abb. 4.8 wiedergegeben. Die Abbildung zeigt deutlich den Einfluß der Motordrehzahl auf das Verbrennungsspektrum. Die Form des Spektrums ändert sich bei Erhöhung der Drehzahl kaum, wird aber dem Drehzahlsprung entsprechend zu höheren Frequenzen verschoben. Eine Verdopplung der Drehzahl bedeutet z. B., daß derselbe Druckpegel jetzt bei der doppelten Bandmittenfrequenz erreicht wird. Dies kann durch die annähernd parallele Spektrumverschiebung erklärt werden. Je steiler der Abfall des Druckpegels mit zunehmender Frequenz im mittleren Frequenzbereich ist, umso größer ist der Anstieg des Druckpegels bei derselben Drehzahlzunahme. Mit anderen Worten bedeutet dies: Die Ursache der Abhängigkeit des Verbrennungsgeräusches von der Drehzahl ist das Ansteigen des Verbrennungsdrucks. Darum ist das Ottomotorengeräusch stärker von der Drehzahl abhängig. Andererseits wird, da der Abfall der Verbrennungspegel relativ steil ist, der von der Motoroberfläche abgestrahlte Verbrennungspegel hauptsächlich durch die Motordrehzahl bestimmt. Durch die unterschiedlichen Abfallraten bei den einzelnen Motoren kann oft der Geräuschunterschied zwischen Otto- und Dieselmotoren, Ansaug- und Aufademotoren sowie Zwei- und Viertaktmotoren erklärt werden.

Abb. 4.9 [4.10] zeigt die Druckspektren von Dieselmotoren mit Direkteinspritzung und mit Vorkammer im Originalzustand und bei veränderter Einspritzwinkeleinstellung. Es zeigt sich deutlich, daß der Vorkammermotor im größten Teil des interessierenden Frequenzbereichs kleinere Druckpegel hat. Der Unterschied zwischen den zwei Motorenarten hängt von

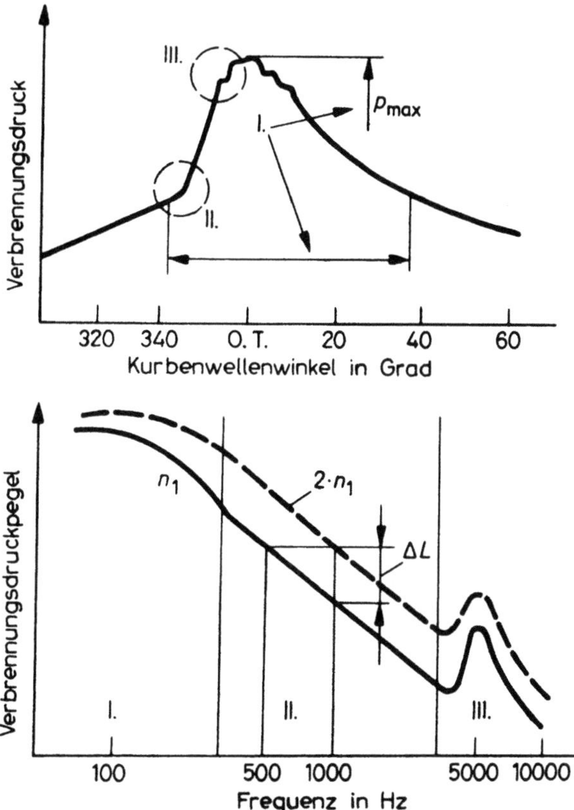

Abb. 4.8. Zusammenhang zwischen Verbrennungsdruckverlauf und Anregungsspektrum [4.8]

der Einspritzwinkeleinstellung ab. Bei Nacheinspritzung wird das Verbrennungsdruckspektrum des Direkteinspritzmotors dem des Kammermotors ähnlich, da der Zündverzug und damit die Steilheit des Druckanstiegs abnimmt. Es gibt einen optimalen Einspritzwinkel mit minimaler Geräuschentwicklung. Unter- und oberhalb dieses optimalen Winkels nimmt der Zündverzug zu. Die Einstellung des Geräuschoptimums hat allerdings eine Zunahme des Kraftstoffverbrauchs und der Rußemission zur Folge. In ähnlicher Weise vermindert auch die Aufladung den Zündverzug und die Steilheit des Druckanstiegs. Die Verringerung des Zündverzugs ist eine Folge der höheren Temperatur der Luftladung, wodurch die schlagartig verbrennende Kraftstoffmenge kleiner wird. Der Zündverzug hängt auch von der Qualität der Einspritzung ab. So besteht zum Beispiel bei veränderter Einspritzgeschwindigkeit ein Zusammenhang mit der Größe der zerstäubten Kraftstofftropfen. Größere Kraftstofftropfen im Brennraum (Verwendung von Einspritzdüsen mit weniger Löchern) bewirken eine „weichere" Verbrennung und damit geringere Pegel, wie dies in Abb. 4.10 [4.11] dargestellt ist. Die Einspritzung des Kraftstoffes an die Brennraumwand (MAN Verfahren) erwies sich als die günstigste Lösung. Es ist eine deutliche Verminderung des Geräusches im Frequenzbereich oberhalb von 500 Hz festzustellen.

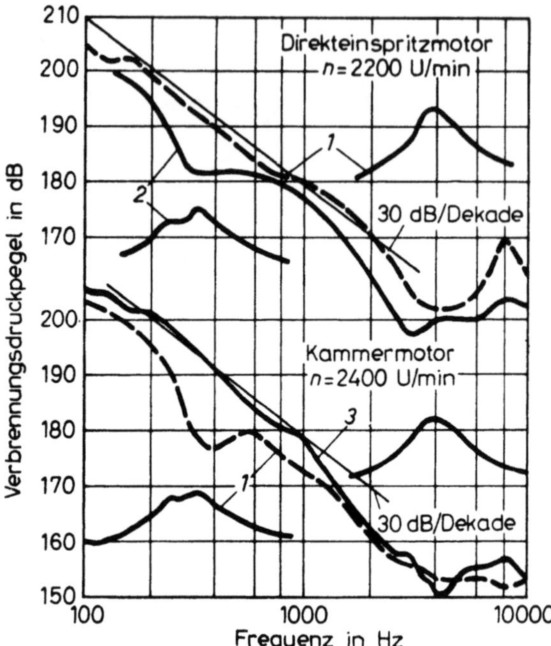

Abb. 4.9. Vergleich der Anregungsspektren von Direkteinspritz- und Vorkammer-Dieselmotoren bei verschiedener Einspritzwinkeleinstellung [4.10]. *1* Originalzustand, *2* 11° Nacheinspritzung, *3* 5° Voreinspritzung

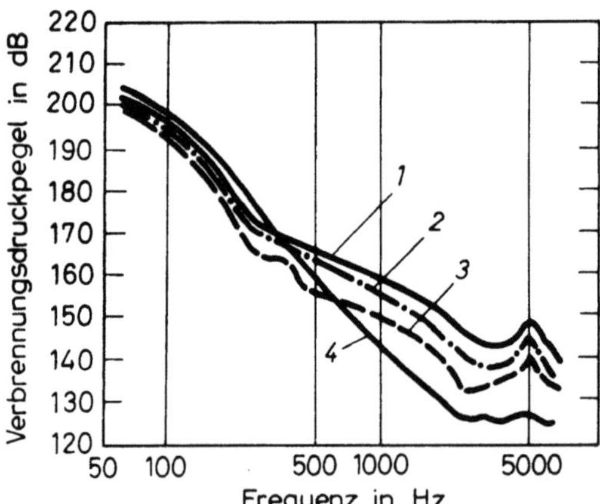

Abb. 4. 10. Verbrennungsdruckspektren eines Direkteinspritz-Dieselmotors bei Verwendung verschiedener Einspritzdüsen [4.11]. *1* Düse mit 6 Löchern, *2* Düse mit vier Löchern, *3* Zweilochdüse, *4* Einspritzung an die Brennraumwand

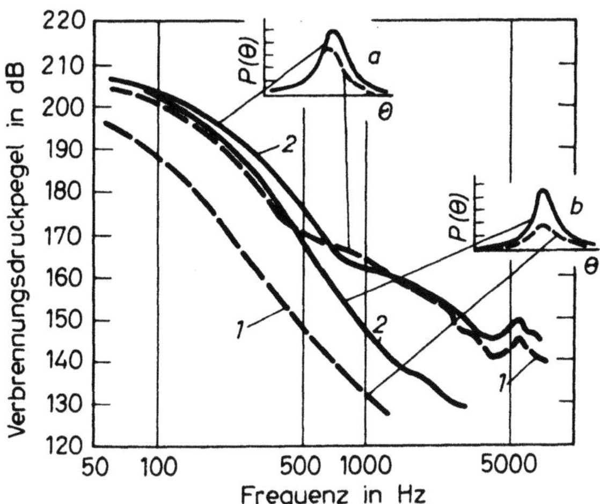

Abb. 4.11. Vergleich der Verbrennungsdruckspektren von Otto- und Dieselmotoren mit gleichem maximalem Verbrennungsdruck bei Vollast [4.11], **a** Ottomotor, **b** Dieselmotor, *1* Leerlauf, *2* Vollast

Die Verbrennungsdruckspektren von Otto- und Dieselmotoren mit gleichem maximalem Verbrennungsdruck stellt die Abb. 4.11 [4.11] dar. Im mittleren Frequenzbereich hat das Druckspektrum des Ottomotors eine größere Abfallrate. (Man darf aber nicht außer acht lassen, daß das geringere Geräusch durch einen größeren spezifischen Kraftstoffverbrauch erkauft wird.) Der Vorteil der Ottomotoren bei normalisiertem Zylinderdruckspektrum geht aber bei Nennleistung teilweise wieder verloren, da sich infolge der hohen Drehzahl auch hier hohe Druckpegel ergeben. Aus der Abbildung ist weiter noch zu ersehen, daß sich bei Lastwechsel das Verbrennungsdruckspektrum von Ansaug-Dieselmotoren kaum, von Ottomotoren dagegen stark verändert. Eine Erklärung dafür ist wieder in den abweichenden Druckkurven zu sehen. Bei Dieselmotoren, wo die Last nicht durch Drosselung geregelt wird, verändert sich das Zylinderdruckdiagramm zwischen den beiden äußersten Lastzuständen kaum, während es bei Ottomotoren große Unterschiede gibt. Das Verbrennungsdruckspektrum wird darum bei Ottomotoren ohne Last nach geringeren Geräuschpegeln verschoben.

Das gilt jedoch nur für Saugmotoren. Bei Turbo-Auflademotoren nimmt dagegen auch der Verdichtungsenddruck mit der Last ab. Dadurch steigt infolge der niedrigeren Temperaturen der Luftladung der Zündverzug an. Das Spektrum verschiebt sich im Bereich mittlerer Frequenzen zu höheren Schalldruckpegeln.

In Abb. 4.12 [4.9] werden die Zylinderdruckdiagramme (Abb. 4.12a) und Verbrennungsdruckspektren (Abb. 4.12b) der Zwei- und Viertakt-Dieselmotoren verglichen. Bei gleicher Zündfrequenz ist das Zylinderdruckdiagramm des Zweitaktmotors breiter als das des Viertaktmotors, was nach Abb. 4.7 auf die harmonischen Komponenten einen ausgeprägten Einfluß ausübt. Gleiche Leistungen vorausgesetzt haben beim Zweitaktmotor die ersten Harmonischen im niederfrequenten Bereich höhere Druckpegel. Die Spektrenverläufe kreuzen sich dann, so daß im höherfrequenten Bereich die Druckpegel des Zweitaktmotors wieder niedriger werden als beim Viertaktmotor.

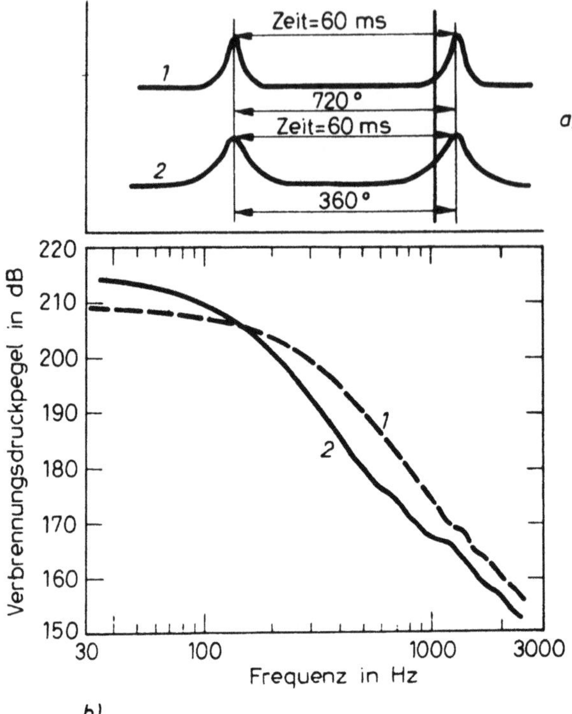

Abb. 4.12. Vergleich der Verbrennungsdruckdiagramme **a** und Zylinderdruckspektren **b** von Zwei- und Viertakt-Dieselmotoren [4.9], *1* Viertaktmotor, *2* Zweitaktmotor

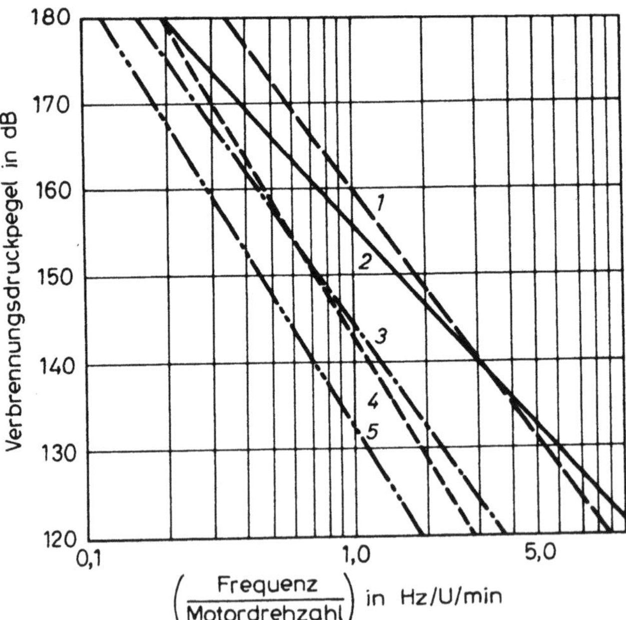

Abb. 4.13. Vereinfachte und gemittelte Zylinderdruckspektren bei verschiedenen Verbrennungsverfahren [4.12]. *1* Zweitakt-Dieselmotor mit Direkteinspritzung, *2* Viertakt-Dieselmotor mit Direkteinspritzung, *3* Dieselmotor mit Wirbelkammer, *4* Dieselmotor mit Turboaufladung, *5* Ottomotor

Die Zylinderdruckspektren aller Verbrennungsverfahren können vereinfacht und gemittelt nach Anderton [4.12] in der Abb. 4.13 verglichen werden. Bei Zwei- und Viertaktmotoren mit Aufladung haben die tieffrequenten Harmonischen höhere Druckamplituden, im mittelfrequenten Bereich aber wegen des steileren Spektrumabfalls geringere Druckamplituden als der Wirbelkammer-Saugmotor.

Beim Betrieb von Fahrzeugen kommen — besonders im Stadtverkehr — sehr oft instationäre Betriebszustände vor. Ein Beispiel dafür zeigt Abb. 4.14 [4.7] mit Diagrammen für das Verbrennungsgeräusch eines Dieselmotors mit direkter Einspritzung bei stationären und instationärem Vollastbetrieb. Während der Beschleunigung ist die Temperatur der Luftladung niedriger als im Stationärbetrieb bei gleichen Lasten und Drehzahlen. Die Folge ist ein vergrößerter Zündverzug, der sich beim Direkteinspritzverfahren im Zylinder, bei Kammermotoren nur in der Vor- oder Wirbelkammer auswirkt. Bei Beschleunigung mit Vollast ergibt sich ein späterer Brennbeginn und entsprechend Abb. 4.14 ein deutlich höheres Geräusch. Mit Abgasturboaufladung können die Unterschiede wegen der Trägheit des Laders noch größer sein. Im Gegensatz dazu verändert sich bei Kammermotoren das Verbrennungsgeräusch in instationären Betriebszuständen i. allg. nicht.

Die Übertragungswege des Körperschalls, der durch den Verbrennungsdruck angeregt wird, führen durch den Kolben, die Pleuelstange und das Kurbelwellenlager zum Motorblock. Dies ist die Erklärung für das bei statistischen Untersuchungen gefundene Ergebnis, daß das Motorgeräusch von der Kühlungsart weitgehend unabhängig ist. Bei wassergekühlten Motoren wird nämlich der Wassermantel vom Körperschall umgangen. (Beim luftgekühlten Motor subjektiv empfundene höhere Schallpegel sind i. allg. nicht durch das Fehlen einer Wasserkühlung verursacht, sondern können z. B. durch Gebläsegeräusche erklärt werden.)

Die andere pegelbestimmende, vom Verbrennungsgeräusch schwer separierbare Komponente des Motorgeräusches ist das mechanische Geräusch.

Mechanische Anregungen erfolgen durch wechselnde Massenkräfte, Federkräfte und Stoßvorgänge mit Spiel zu anschließenden bewegten Maschinenteilen. Bei den Stoßvorgängen, die die hauptsächliche Ursache für das mechanische Geräusch sind, beschleunigen während des Motorbetriebs wirkende Kräfte frei bewegliche Teile. Nach dem Durchlaufen des Spiels stoßen dann bei der Wiederaufnahme des Kraftschlusses Teile aneinander. Solche Stoßanregungen entstehen unter anderem zwischen Kolben und Zylinder, Pleuelstange und Kolbenbolzen, Kurbelwelle und Kurbelwellenlager und zwischen den Zahnflanken von Zahnrädern. Als Beispiel sind die nach Größe und Richtung wechselnden erregenden Kräfte des Kurbeltriebs in Abb. 4.15 dargestellt. Die beim Stoß auftretende Körperschallanregung hängt von der Höhe und der Dauer des Stoßimpulses ab. Einer Beschreibung der allgemeinen Eigenschaften der Stoßanregungsspektren von Föller [4.13] zufolge sind die Amplituden der Anregungsfrequenzen proportional der Höhe des Impulses. Das Kraftspektrum ist bis etwa zur Frequenz $f_\mathrm{S} = 1/\tau_\mathrm{S}$ (τ_S = Stoßdauer) im Mittel konstant. Bei den in der Praxis vorkommenden Stoßdauern bedeutet dies, daß die Strukturen bis zu einigen kHz in voller Stärke angeregt werden. Die Überlagerung von Kraftverlauf und Stoßvorgang ergibt das resultierende Anregungsspektrum, das oberhalb einer gewissen Frequenz allein durch den Stoßvorgang bestimmt wird.

Bei Verbrennungsmotoren, besonders bei größeren Dieselmotoren, ist infolge der relativ großen Massen und Spiele das Kolbenkippgeräusch die pegelbestimmende Komponente des mechanischen Geräusches. Beim Anstoßen des Kolbens an die Zylinderwand wirken zwei körperschallanregende Kräfte. Zum einen werden die frei beweglichen Massen — Kolben, Bolzen und ein Teil der Pleuelstange — beschleunigt und zum anderen durch den Kurbeltrieb eine periodische Seitenkraft erzeugt. Die letztere wird durch die Verbrennung hervorgerufen und ändert sich in Abhängigkeit vom Kurbelwellenwinkel periodisch mit der Drehzahl in Größe und Richtung. Die Änderung erreicht ihren Maximalwert in der Umgebung des oberen Totpunktes beim Anfang des Expansionstaktes und erfährt im Moment des Anstoßes einen Sprung. Die erste der beiden Kräfte stammt aus der kinetischen Energie der bewegten Massen, die andere aus deren potentieller Energie.

Zur Erklärung der Verhältnisse bei der Körperschallanregung haben Lalor und Grover ein vereinfachtes Modell entwickelt [4.14]. Weil die Zeit für die Kolbenbewegung durch das Spiel gering ist, haben sie die Geschwindigkeit der Massenkraftänderung während dieses Zeitraums als konstant angenommen. Dadurch konnten sie aus der Grundgleichung der

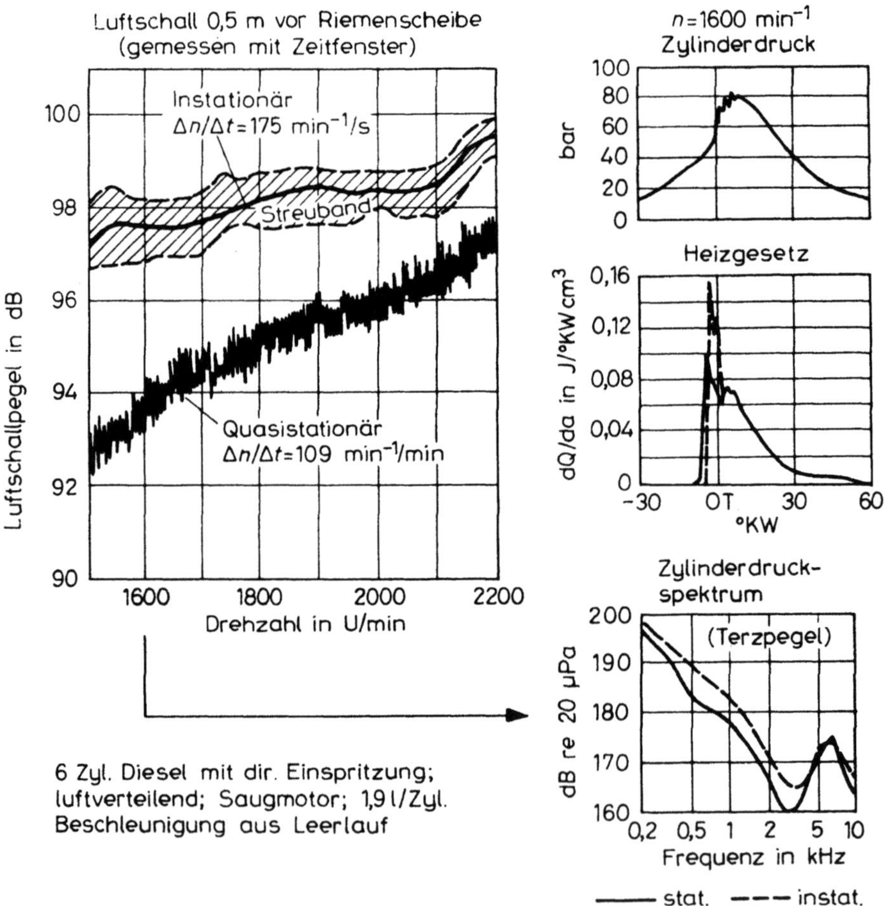

Abb. 4.14. Verbrennungsgeräusch eines Dieselmotors bei stationärem und instationärem Vollastbetrieb [4.7]

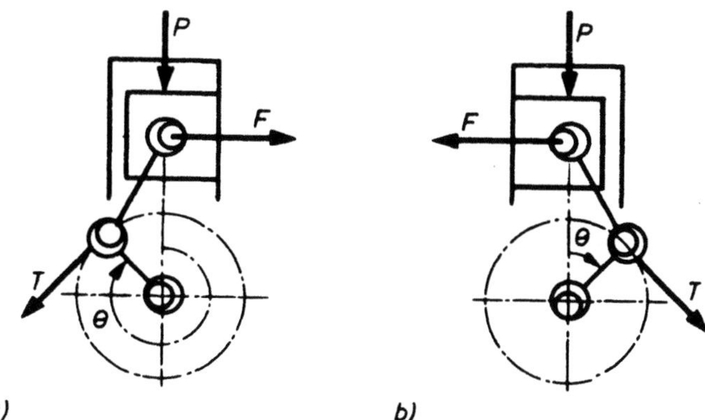

Abb. 4.15. Richtungswechsel der körperschallerregenden Kräfte während der **a** Verdichtung und **b** Expansion

Bewegung nach dem Einsetzen der Grenzbedingungen die Anstoßgeschwindigkeit berechnen. Die Zylinderwände wurden als elastisch vorausgesetzt und die potentielle Kraftamplitude aus dem Masse-Feder-System abgeschätzt. Mit der Annahme, daß die Geräuschintensität dem Quadrat der erregenden Kräfte proportional ist, wurde als Zusammenhang zwischen Motordrehzahl, Spiel δ und Geräuschintensität für die kinetische Kraftkomponente I_{KE} $\sim n^{2/3}\delta^{4/3}$ und für die potentielle Komponente $I_{\mathrm{PE}} \sim n^{10/3}\delta^{2/3}$ gefunden. Die Stoßerregung ist also stärker spielabhängig und daher bei kleinen Drehzahlen und besonders bei großen Motoren von Bedeutung. Die Kraftsprungerregung ist dagegen stärker drehzahlabhängig und wird demnach bei hohen Drehzahlen und bei kleinen Motoren pegelbestimmend. Zur Bestätigung dieser Zusammenhänge wurden Messungen bei variablem Spiel zwischen Kolben und Zylinder durchgeführt. Die Ergebnisse sind in Abb. 4.16 dargestellt [4.14]. In Abb. 4.16a stimmen die Meßdaten bei originalem Spiel sehr gut mit Werten überein, die aus der Überlagerung der Rechenergebnisse zum Verbrennungsgeräusch und zum mechanischem Geräusch gewonnen worden sind. (Für die Drehzahlabhängigkeit des Verbrennungsgeräusches wurde hier eine Abfallrate von 30 dB/Dekade angenommen). Abb. 4.16b zeigt den Zusammenhang zwischen dem Spiel und dem Kolbenkippgeräusch bei Nenndrehzahl und Vollast. Es ist deutlich zu sehen, daß bei dieser Drehzahl das resultierende Geräusch hauptsächlich durch die potentielle Komponente bestimmt wird. Im Bereich kleiner Drehzahlen (Abb. 4.16c) liegen die Verhältnisse anders. Die Geräuschkomponenten aus potentieller und kinetischer Energie haben die gleiche Größenordnung.

Im Gegensatz zu Dieselmotoren wird bei Ottomotoren das mechanische Geräusch meist durch Anstöße im Kurbelwellenlager verursacht. Die Geräuschcharakteristiken von Ottomotoren sind, wenn sie in Abhängigkeit von der Drehzahl aufgetragen werden, geknickt. Dies ist nicht der Verbrennung zuzuschreiben, weil der Geräuschpegel oberhalb bestimmter Drehzahlen praktisch unabhängig von der Last wird (Abb. 4.17). Ursache ist vielmehr die Schallabstrahlung des leitenden Kurbelwellenhauptlagers. Bei Schwingungsmessungen wurden identische Zusammenhänge zwischen Geräuschpegel und Drehzahl sowie Schwingungspegel und Drehzahl gefunden (Abb. 4.18). Am ISVR [4.15] wurde außerdem durch Vergleich der äquivalenten Verbrennungsdruckspektren und der Schmierfilmdruckspektren, die sich am Kurbelwellenhauptlager ausbilden, bewiesen, daß die

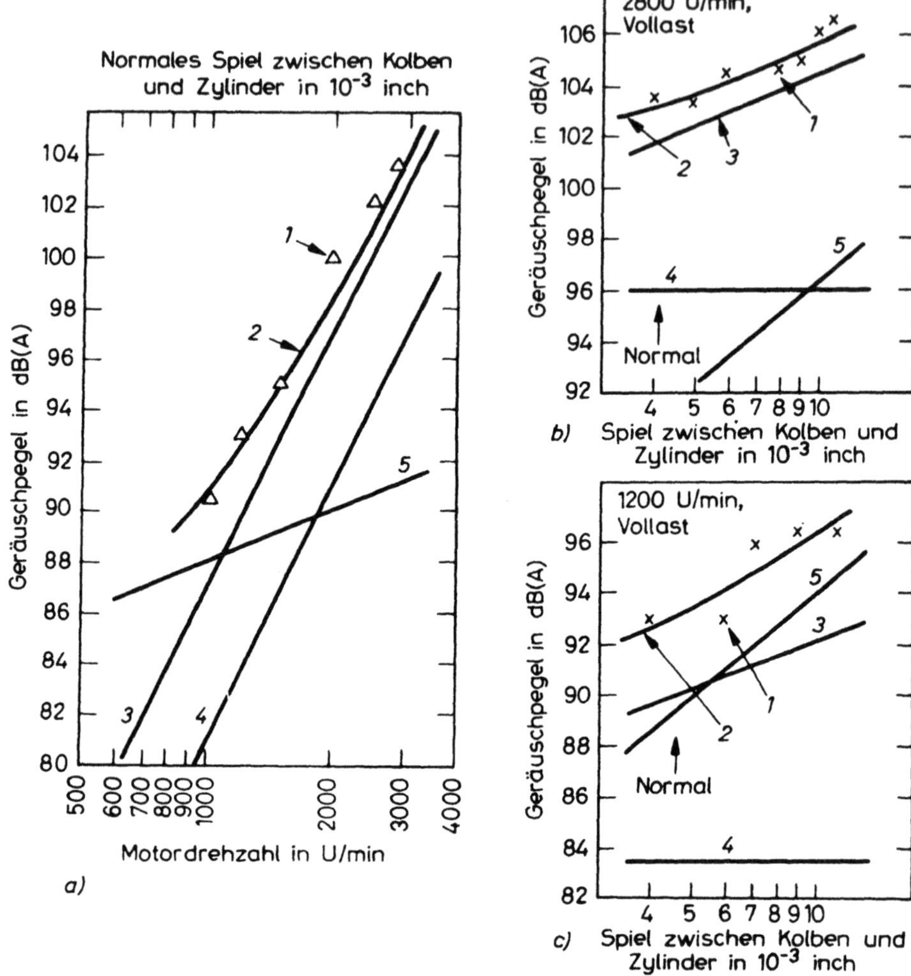

Abb. 4.16. Zusammenhang zwischen Motordrehzahl, Spiel und Kolbenkippgeräusch bei einem Dieselmotor [4.14]. **a** Zusammenhang zwischen Motordrehzahl und Geräusch bei originalem Spiel, **b** Zusammenhang zwischen Spiel und Geräusch bei Nenndrehzahl, **c** Zusammenhang zwischen Spiel und Geräusch bei kleiner Drehzahl. *1* gemessenes Geräusch, *2* Summengeräusch aus Verbrennung, kinetischer und potentieller Energie, *3* Geräusch aus potentieller Energie, *4* Verbrennungsgeräusch, *5* mechanisches Geräusch aus kinetischer Energie

stoßartigen Druckänderungen im Schmierfilm für die pegelbestimmenden Komponenten bei höheren Drehzahlen verantwortlich sind (Abb. 4.19). Die Erhöhung des Kurbelwellenlagerspiels beeinflußt das Motorgeräusch in ähnlicher Weise wie nach Abb. 4.16.

Ventiltrieb (und Einspritzsystem) sind weitere Quellen des mechanischen Geräusches z. B. durch Stöße nach dem Spieldurchlauf beim Öffnen und Schließen der Ventile, sowie durch Anschlagen am Hubende und durch Aufsetzen der Düsennadel. Die seitliche Schallabstrahlung des Ventilgeräusches vom Zylinderkopf ist bei Ottomotoren ähnlich hoch wie das

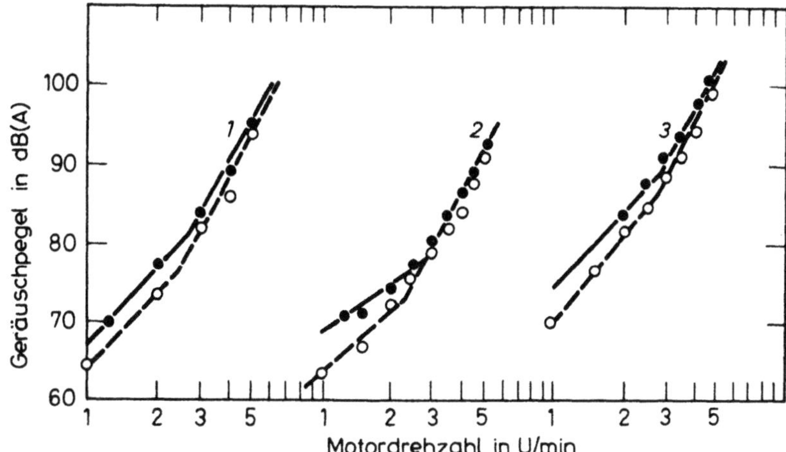

Abb. 4.17. Einfluß der Last auf den Geräuschpegel bei Ottomotoren [4.15]. ●—● Vollast, o—o Leerlauf. *1* Motor A, *2* Motor B, *3* Motor C

Triebwerksgeräusch vom Block, während bei der Abstrahlung nach oben der Zylinderkopf eindeutig dominiert.

Ein Beispiel für den Einfluß des Ventilspiels zeigt Abb. 4.20 [4.16]. Mit zunehmendem Ventilspiel treten die hohen Frequenzen immer deutlicher hervor.

Ein Vergleich von an der Stirnseite eines Pkw-Motors gemessenen Geräuschpegeln verschiedener Antriebsarten der Nockenwelle ist in Abb. 4.21 [4.16] dargestellt. Der Zahnriemenantrieb hat zwar die geringste Geräuschemission, kann aber bei Resonanzen mit

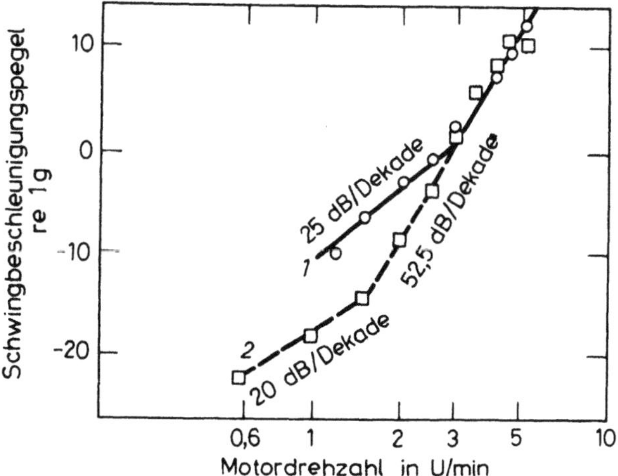

Abb. 4.18. Am Kurbelwellenlager gemessene Schwingbeschleunigungspegel in Abhängigkeit von der Drehzahl des Motors B [4.15]. *1* Vollast, *2* Leerlauf

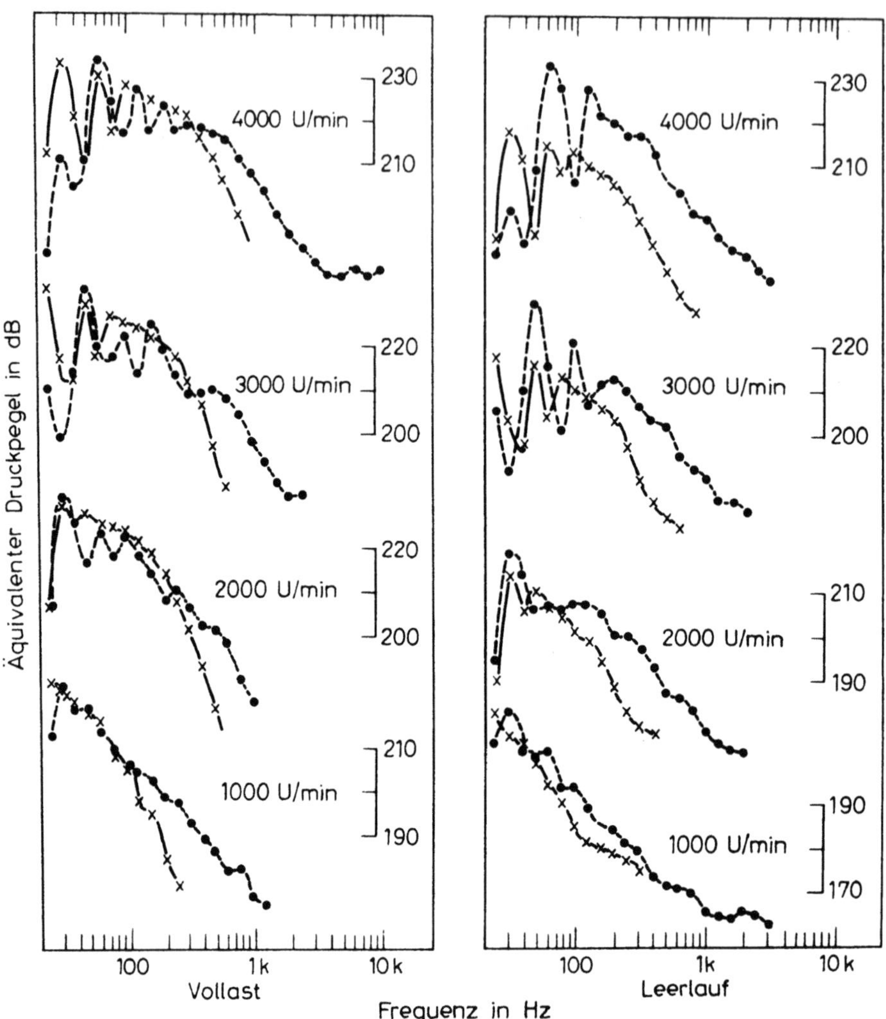

Abb. 4.19. Äquivalente Verbrennungs- und Schmierfilmdruckspektren in Abhängigkeit von der Motordrehzahl bei zwei Lastzuständen [4.15]. ●—● Schmierfilmdruckspektren, x ——— x Verbrennungsdruckspektren

der Zahneingriffsfrequenz tonale Geräusche erzeugen, deren Entstehungsmechanismus bis jetzt nicht umfassend geklärt ist.

Das mechanische Geräusch wird besonders bedeutend bei Auflademotoren. Es ist schon erläutert worden, daß durch die Abgasturboaufladung der Pegel des Zylinderdruckes im pegelbestimmenden Frequenzbereich wesentlich geringer wird. Der infolge der Aufladung vergrößerte Verbrennungsspitzendruck erhöht dagegen das mechanische Geräusch (den potentiellen Kraftanteil), so daß der Vorteil im Verbrennungsgeräusch mehr oder weniger stark verringert wird.

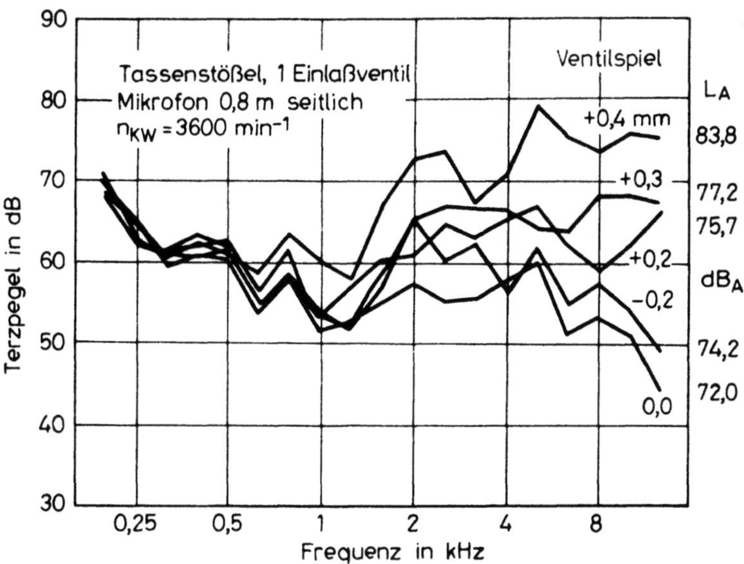

Abb. 4.20. Einfluß des Ventilspiels auf das Geräuschspektrum [4.16]

Im folgenden soll der Einfluß des Motoraufbaus auf das Motorgeräusch näher erläutert werden.

Der Motor besteht aus kraftführenden (z. B. Zylinderkopf, Kurbelgehäuse, Zylinderblock) und nicht kraftführenden Bauteilen (z. B. Ölwanne, verschiedene Deckel, Sammelröhre). Der erregte Körperschall breitet sich durch die starren Bauteile und Verbindungen im

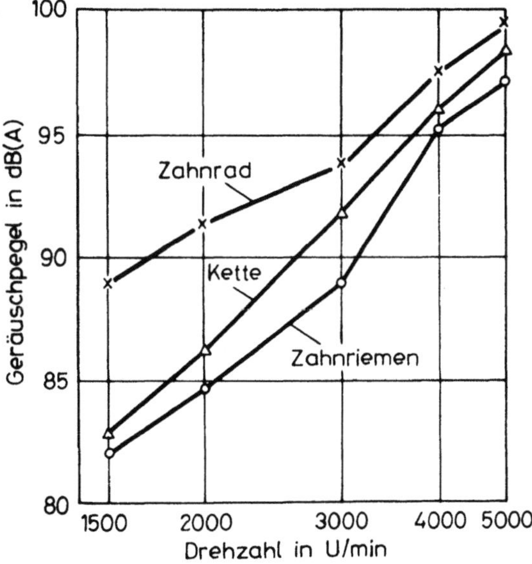

Abb. 4.21. Das Geräusch verschiedener Nockenwellenantriebe [4.16]

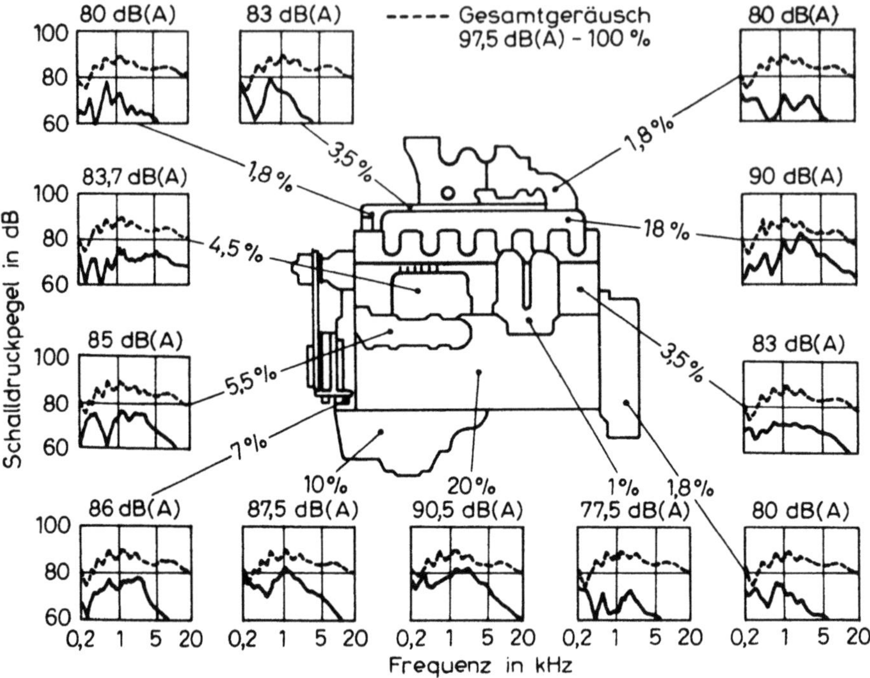

Abb. 4.22. Das Geräusch von Bauteilen der Oberfläche eines wassergekühlten 6-Zylinder-Dieselmotors, gemessen an der Seite der Einspritzpumpe (1 m Abstand, 80% Vollast, 2000 U/min) [4.6]

ganzen Motoraufbau aus, so daß alle äußeren Motorteile Luftschall abstrahlen und zum Gesamtgeräusch beitragen [4.7].

Der Beitrag einzelner Bauteile der Motoroberfläche zum Luftschall wurde unter anderem von Thien [4.6] untersucht. Abb. 4.22 zeigt ein Beispiel eines wassergekühlten 6-

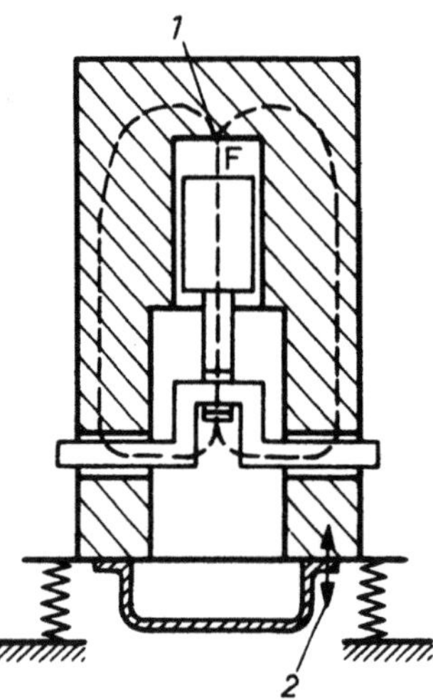

Abb. 4.23. Ein schematisches Modell des Motoraufbaus mit Kraft- und Geschwindigkeitsanregung [4.17]. *1* Kraftanregung, *2* Geschwindigkeitsanregung

Zylinder-Dieselmotors. Die Anteile der großflächigen Ölwanne (hier 10%), des Einlaßsammelrohres (hier 18%) und des Zylinderblock-Kurbelgehäuses (20%) sind dominierend, aber auch kleinere Anbauteile (z. B. Ölkühler) sind von Bedeutung.

Zur Erklärung der Geräuschabstrahlung soll das dynamische Verhalten des Motoraufbaus betrachtet werden. Der Motoraufbau besteht aus einer Reihe einzelner Massen und Federn und hat eine Vielzahl von Eigenschwingungen. Die Schwingungsanregung erfolgt durch die schon behandelten periodischen Kräfte infolge der Verbrennung und mechanischer Vorgänge. Die Bewegungen der kraftführenden Teile regen an Verbindungsstellen Deckel und Anbauteile zu Schwingungen an. Abb. 4.23 zeigt schematisch die beiden Formen der Schwingungsanregung nach Thien [4.17].

Die eingeleitete Körperschalleistung verteilt sich abhängig von der Frequenz, der Kraftangriffsstelle und den Eigenresonanzen des Motoraufbaus in verschiedener Weise über den Motoraufbau. Sie wird als Luftschallenergie abgestrahlt, durch Dämpfung in Wärmeenergie umgewandelt und als Körperschallenergie fortgeleitet.

Die Eigenschwingungsformen und Körperschallübertragungsimpedanzen sind hauptsächlich durch die Struktur des Motoraufbaus bestimmt. Die konventionellen Verbrennungsmotoren sind alle ähnlich aufgebaut. Ein Motor in Reihenbauweise ist in vereinfachter Form ein Kasten, der oben durch den steifen Zylinderkopf und unten durch die schwache Ölwanne geschlossen ist. Wenn diese Struktur als Biegebalken aufgefaßt wird, ist sie in

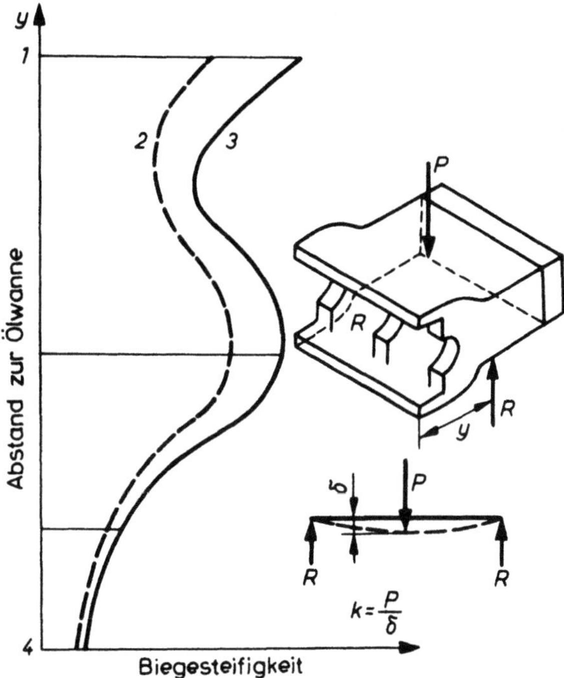

Abb. 4.24. Die Änderung der horizontalen Biegesteifigkeit des Motorblocks in Abhängigkeit vom Abstand zur Ölwanne [4.18]. *1* Zylinderkopfebene, *2* ohne Zylinderkopf, *3* mit Zylinderkopf, *4* Ölwannenebene

senkrechter Richtung sehr viel steifer als in horizontaler. Die große Steifigkeit in senkrechter Richtung ist aus Konstruktionsgründen vorteilhaft. Die geringere Biegesteifigkeit in waagerechter Richtung wirkt sich nachteilig auf das akustische Verhalten des Motors aus. Abb. 4.24 zeigt die Änderung der horizontalen Biegesteifigkeit eines 6-Zylinder-Reihenmotors in Abhängigkeit des von der Ebene der Ölwanne gemessenen Abstandes [4.18]. In der Zylinderkopfebene ist die Biegesteifigkeit ohne Zylinderkopf noch größer als in der Ölwannenebene. Infolge der geringeren Biegesteifigkeit in der Umgebung der Kurbelwellenlagerung entstehen hier größere Schwingungspegel als am oberen Teil des Motorblocks. V-Motoren und liegende Motoren mit entgegengesetzten Zylindern bestehen aus zwei Reihenmotoren. Bei V-Motoren sind die Differenzen der horizontalen und vertikalen Steifigkeit geringer, bei Boxermotoren können sie aber, bedingt durch die Konstruktion, sehr verschieden sein. Solche Strukturen weisen i. allg. bei periodischer Anregung mit gleitenden Frequenzen an jedem Punkt der Oberfläche viele Resonanzspitzen auf.

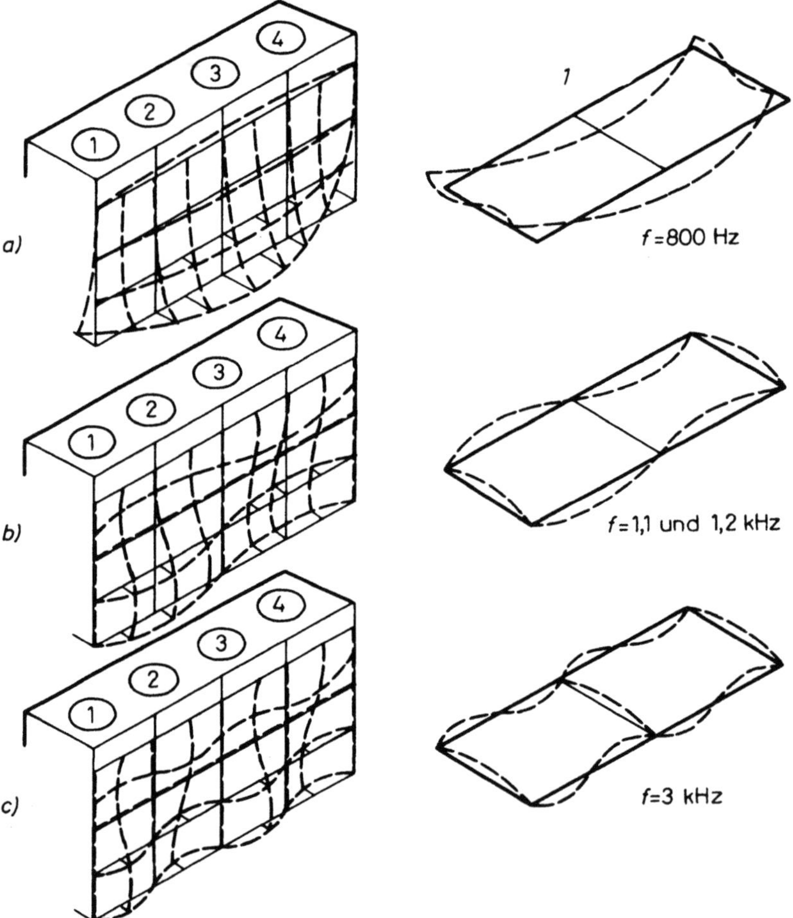

Abb. 4. 25. Typische Schwingungsformen eines 4-Zylinder- Pkw-Dieselmotors [4.19]. *1* Schwingungsverhalten in der Ölwannenebene

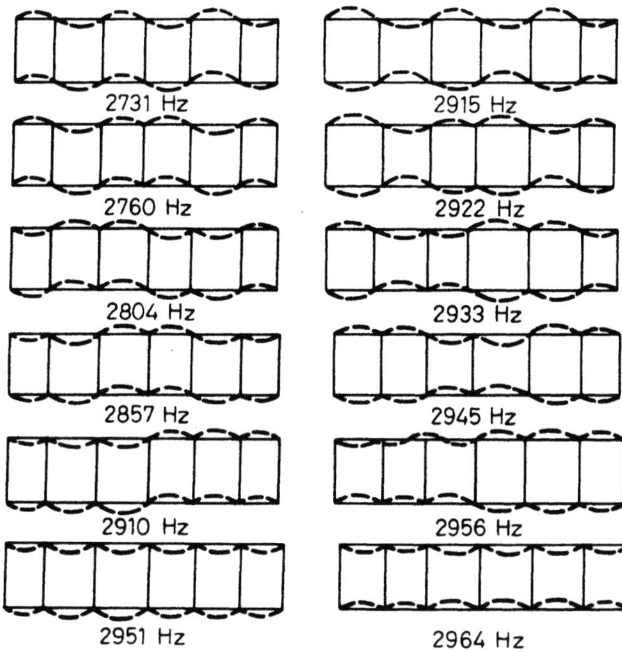

Abb. 4.26. Seitenwand-Eigenschwingungen eines 6-Zylindermotors [4.9]

Die Schwingungsformen des Motorgestells sind bei jeder Resonanzfrequenz verschieden. Im allgemeinen liegt die erste Resonanz bei einer Frequenz von etwa einigen hundert Hz und hat die Form einer Torsionsschwingung parallel zur Kurbelwellenachse. Bei höheren Frequenzen (z. B. bis 1000 Hz) verhält sich das Motorgestell wie ein fester Balken und schwingt mit der ersten Biege-Eigenform senkrecht zur Längsachse. Bei einer weiteren Frequenzsteigerung beginnen die Seitenwandbereiche unabhängig voneinander zu schwingen. Die Seitenwandeigenfrequenzen können Schwingungsgruppen bilden, deren Elemente sich nur im Detail unterscheiden. Für typische Schwingungsformen zeigt Abb. 4.25 ein Beispiel [4.19]. Bei dem skizzierten 4-Zylindermotor mit drei Hauptlagern wurde die erste Biegeform bei 800 Hz, die erste Seitenwandeigenfrequenz bei 1,2 kHz und die zweite bei 3,0 kHz gefunden. Abb. 4.26 zeigt für einen 6-Zylindermotor die möglichen berechneten Schwingungsformen der Seitenwandschwingungen [4.9]. Die zwölf Schwingungsformen weichen in der Eigenfrequenz wenig voneinander ab. Sie liegen in einem Frequenzbereich von etwa 230 Hz. In Abb. 4.27 sind die Anregungsmöglichkeiten von Biegeschwingungen dargestellt [4.18]. Der Zylinderdruck wirkt auf den mittleren Teil des Zylinderkopfes und biegt ihn in Querrichtung (Abb. 4.27a). Die Biegebeanspruchung des Zylinderkopfes verursacht ähnliche Deformationen des oberen Teils des Motorblocks, so daß sich die Seitenwände auf die in der Abbildung gezeigten Art und Weise verbiegen. Gleiches geschieht infolge der Kurbelwellenlagerkräfte, wenn sich der untere Teil des Motorblocks nach unten bewegt (Abb. 4.27b). Die Außenwände des Motorblocks erfahren eine Seitenrichtungsdeformation immer dann, wenn die Aktions- und Reaktionskräfte nicht in derselben Richtung wirken, so daß in der Struktur Biegemomente entstehen können. Dies kommt z. B. dann vor,

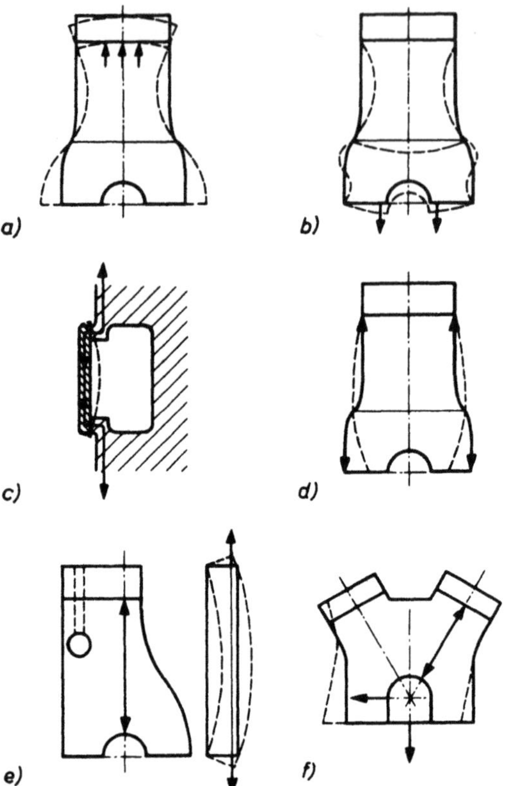

Abb. 4.27a-f. Anregungskräfte der Biegeschwingungen bei verschiedenen Motorformen [4.18]

wenn ein Deckel in der in Abb. 4.27c gezeigten Weise befestigt wird. Das an der Befestigung angreifende Biegemoment verbiegt den Deckel. Abbildung 4.27d zeigt ähnliche Wirkungen am gesamten Motorblock. Weil der obere Teil des Motorblocks breiter ist als der untere, haben die über die Lager eingeführten erregenden Kräfte und die durch die Seitenwände des Motorblocks aufgenommenen Reaktionskräfte verschiedene Wirkungslinien. Das entstehende Biegemoment verursacht in der Ebene des Ölwannenrandes Deformationen nach innen und bei den Seitenwänden nach außen. Wenn die Nockenwelle unten liegt, wird die Zylindermitte auf die andere Seite verschoben. Unter Belastung verhält sich der Motorblock wie ein exzentrisch belasteter Träger und nimmt eine „Bananenform" an (Abb. 4.27e). Bei Reihenmotoren kann man meist fast alle gezeigten Anregungsarten zusammen vorfinden, aber die Rangfolge ihrer Bedeutung für die Geräuschemission ändert sich von Motor zu Motor. V-Motoren verhalten sich hinsichtlich der Blockdeformationen ähnlich wie Reihenmotoren, wobei aber wegen der großen horizontalen Komponente der Belastung durch die Kurbelwelle die größte Deformation in der Richtung entgegen dem belasteten Zylinderblock eintritt. Die Abb. 4.27f läßt auch erkennen, daß diese Deformation des unteren Teils des Motorblocks noch eine kleinere Deformation des unbelasteten Zylinderteils und des belasteten Blockunterteils nach innen zur Folge hat.

Die Anregung des Motorgestells zu Biegeschwingungen wird durch Konstruktionsmerkmale beeinflußt. Bei nassen Zylinderbuchsen vermindert sich die Biegesteifigkeit des Motorblocks in der Ölwannenrandebene merklich im Vergleich zu trockenen Laufbuchsen. Die größten Unterschiede zwischen den beiden Konstruktionen treten in der ersten Biege-Eigenform auf. Die Schwingbeschleunigungspegel zweier leichter Dieselmotoren mit trockenen und nassen Buchsen sind für zwei Terzfrequenzen in Abb. 4.28 dargestellt [4.9]. Infolge des Biegesteifigkeitsunterschieds von 30% differieren die Eigenfrequenzen (hier 525 Hz bei nassen und 800 Hz bei trockenen Buchsen). Die Differenzen der Schwingungspegel sind frequenzabhängig.

Die Schwingungseigenschaften der Motorstruktur werden unter anderem auch noch durch die Zahl der Kurbelwellenlager beeinflußt. Wenn die Zahl der Kurbelwellenlager zunimmt, vergrößert sich auch die Eigenfrequenz der ersten Biegeschwingungsform und die Zahl der Knotenpunkte bei der Seitenwand-Eigenform. In der Abb. 4.29 [4.20] können z. B. die erhöhten Schwingbeschleunigungspegel des 3-Kurbelwellenlager-Motors zwischen 630 Hz und 1250 Hz durch die starke Schwingungsanregung der Seitenwand erklärt werden.

Beträchtliche Teile der Motoroberfläche beeinflussen die Steifigkeit der Motorstruktur nur unwesentlich. Sie werden aber durch die an der Befestigung vorhandene Körperschallschnelle der kraftführenden Motorteile angeregt. Bei Geschwindigkeitsanregung ist die Körperschallschnelle, die sich auf einem Bauteil einstellt, unabhängig von seiner Steifigkeit und Massenbelegung. Die wichtigsten durch die Körperschallschnelle angeregten Bauteile am Motor sind der Ventildeckel, die Ölwanne und der Steuerungsdeckel. An einem Beispiel sind in Abb. 4.30 [4.9] ihre Schwingbeschleunigungspegel dargestellt. Die Schwingungspegel an Deckeln sind denen am Kurbelgehäuse vergleichbar. In dem Beispiel wurden der Steuerungsdeckel und die Ölwanne aus Aluminiumguß und der Ventildeckel aus Blech hergestellt. Es ist deutlich zu sehen, daß die maximalen Schwingungspegel an allen Deckeln größer sind als am Kurbelgehäuse. Sie sind z. B. an der Ölwanne im Frequenzbereich von 800 Hz...4000 Hz um bis zu 8 dB höher als am Kurbelgehäuse. Andererseits sind auch die Frequenzen, bei denen der Spitzenpegel am Aluminiumgußdeckel auftritt, höher als am aus Blech gepreßten Deckel. Das bedeutet, daß der Schwingbeschleunigungspegel durch Verwendung von Blech verringert werden kann.

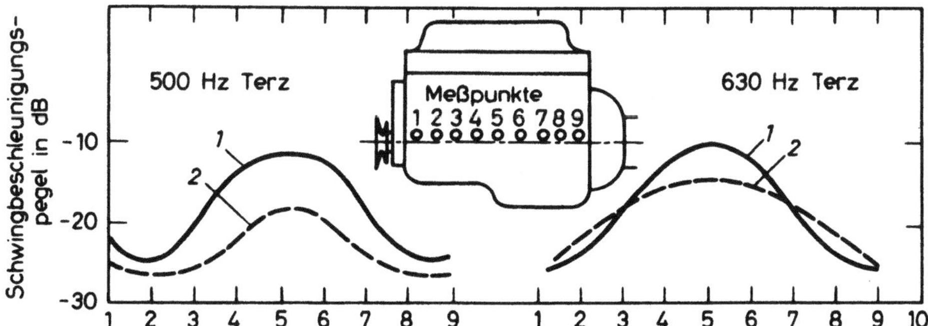

Abb. 4.28. Schwingbeschleunigungspegel kleiner Dieselmotoren mit nassen und trockenen Buchsen in Abhängigkeit vom Ort der Messung [4.9]. *1* nasse Buchse, *2* trockene Buchse

Die Beispiele in den Abb. 4.28 bis 4.30 zeigen die Schwingungsverhältnisse einzelner Bauteile auf eine sehr vereinfachte Weise. Die verschiedenen Baugruppen schwingen nämlich nicht unabhängig voneinander, sondern sind gekoppelt. Änderungen am Kurbelgehäuse und am Triebwerk können infolge des komplexen dynamischen Verhaltens des Motoraufbaus je nach Frequenzbereich Verbesserungen aber auch Verschlechterungen bewirken.

Der Körperschall wird von der Motoroberfläche als Luftschall abgestrahlt. Die Luftschalleistung hängt nicht allein von der Körperschalleistung, sondern auch vom

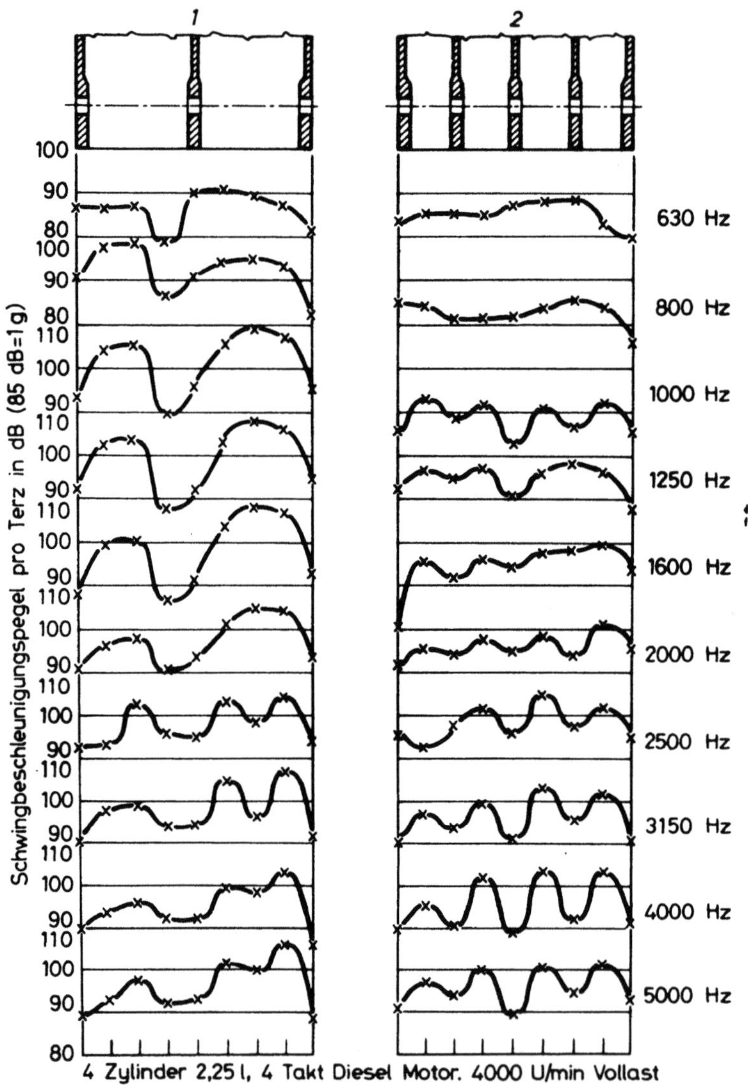

Abb. 4.29. Vergleich der gemittelten Schwingbeschleunigungspegel von Dieselmotoren mit drei und fünf Kurbelwellenlagern (in der Ebene der Kurbelwellenachse, 4-zylindrische Viertaktmotoren, Vollast, 4000 U/min) [4.20]. *1* Motor mit drei Kurbelwellenlagern; *2* Motor mit fünf Kurbelwellenlagern

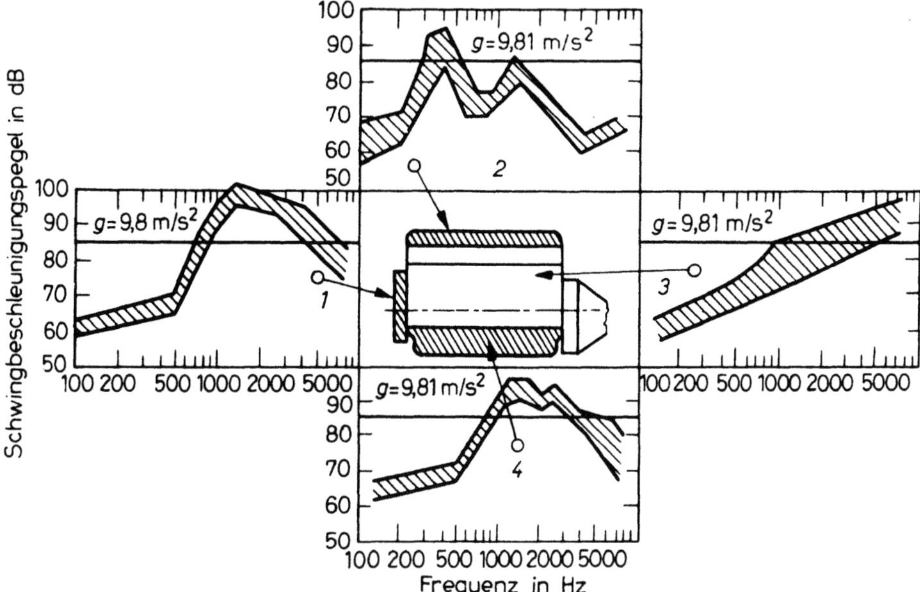

Abb. 4.30. Vergleich der Schwingbeschleunigungspegel an verschiedenen Bauteiloberflächen eines 4-Zylinder-Dieselmotors (500 U/min) [4.9]. *1* Steuerungsdeckel, *2* Ventildeckel, *3* Kurbelgehäuse, *4* Ölwanne

Wirkungsgrad der Umwandlung von Körperschall in Luftschall ab. Die Abstrahlung von Biegewellen wird durch die Biegewellen-Grenzfrequenz bestimmt. Während oberhalb dieser Frequenz die Abstrahlung maximal erfolgt, ist sie unterhalb der Grenzfrequenz wegen des akustischen Kurzschlusses schlechter. Eine Maschinenoberfläche strahlt umso weniger Schalleistung ab, je schwerer und biegeweicher sie ist [4.13]. (Der Einfluß der Steifigkeit auf den Luftschall ist gegenläufig, da bei kraftführenden Bauteilen der Körperschall mit zunehmender Steifigkeit abnimmt). Die luftgekühlten Motoren haben bei gleichen Frequenzen im mittleren Frequenzbereich infolge der höheren Grenzfrequenzen der dünnen Blechteile geringere Abstrahlmaße als die wassergekühlten Motoren.

Bei konventionellen Motorkonstruktionen ist das Abstrahlmaß infolge der erforderlichen dickeren Wandstärke im pegelbestimmenden Frequenzbereich fast eins. Daher wird die Emission von Luftschall im wesentlichen nur vom Körperschallverhalten beeinflußt. Eine für die akustische Bewertung der gesamten Motorkonstruktion brauchbare Größe ist das Übertragungsmaß. Es gibt die Pegeldifferenz zwischen Anregungs- und Luftschall-Amplituden an. Abb. 4.31 zeigt nach Messungen von Anderton und Baker [4.21, 4.8] das Streuband des Übertragungsmaßes von Motoren unterschiedlichster Konstruktion (Zwei- und Viertakt-, Saug- und Auflade-, V- und Reihenmotoren) in Abhängigkeit von der Frequenz. (Die Kurven beziehen sich aus meßtechnischen Gründen nur auf den Verbrennungsanteil.) Das Übertragungsmaß, d. h. effektiv die akustische Filterwirkung eines Motors ist im mittleren Frequenzbereich am geringsten. Daher sollten die Geräuschpegel aller Motoren in diesem Bereich gemessen werden.

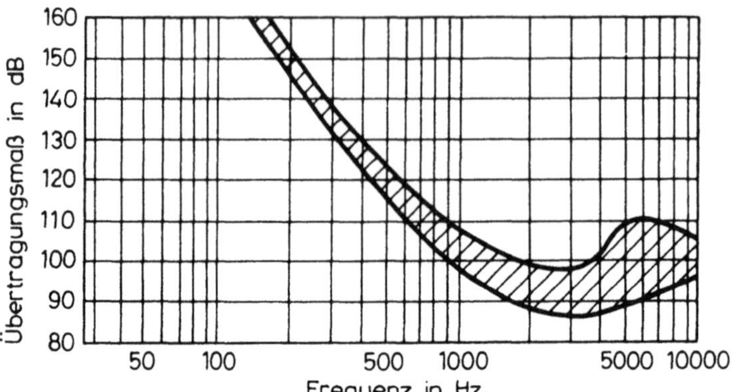

Abb. 4.31. Streuband des Übertragungsmaßes für Motoren unterschiedlicher Arbeitsweise und Konstruktion [4.8]

4.1.1.2 Ansaug- und Auspuffgeräusche

Die Ansaug- und Auspuffgeräusche haben viele gemeinsame Merkmale, weil beide durch Strömungspulsationen während des Ladungswechsels erzeugt werden. Das Auspuffgeräusch, das hauptsächlich im Moment des Öffnens des Auspuffventils durch das stoßartige Ausströmen der Verbrennungsprodukte entsteht, wäre ohne Schalldämpfer die lauteste Komponente des Kraftfahrzeuglärms. Das Schließen des Auspuffventils erzeugt ebenfalls Geräusche, die aber, wegen der geringeren Änderung der Strömungsgeschwindigkeit, weniger intensiv sind.

Die physikalischen Grundlagen der Entstehung des Auspuffgeräusches sind vielseitig. Beim Öffnen und Schließen der Auslaßventile werden Schwingungen im Abgasstrom erregt, die für jeden Einzelzylinder ein breites Frequenzspektrum enthalten, und die durch den Aufbau des nachfolgenden Abgassystems vielen Reflexionseinflüssen in Rohrleitungen (und Schalldämpfer) unterliegen.

Das Auspuffgeräusch ist, in vereinfachter Form, eine Impulsfolge, die ein breites Spektrum vom niederfrequenten Bereich der Motor-Grundfrequenz mit Oberschwingungen bis in den mittelfrequenten Bereich erzeugt und durch Überlagerungen und Reflexionen auch höherfrequente Anteile enthält. Die Grundfrequenz wird durch die Motordrehzahl, die Zahl der Zylinder und das Arbeitsverfahren bestimmt:

$$f = \frac{nzi}{120}\ \text{Hz}$$

mit n = Drehzahl pro Minute des Motors,

mit n = Drehzahl pro Minute des Motors,

z = Zahl der Zylinder, die an ein unabhängiges Abgassystem anschließen,

i = Kennzahl für das Arbeitsverfahren mit $i = 1$ bei Viertakt-Motoren und $i = 2$ bei Zweitakt-Motoren.

Die einzelnen Schallpegelkomponenten können gut durch eine Schmalbandanalyse getrennt werden. Bei den Spektren der Abb. 4.32 wurde ein Auspuffgeräusch nacheinander

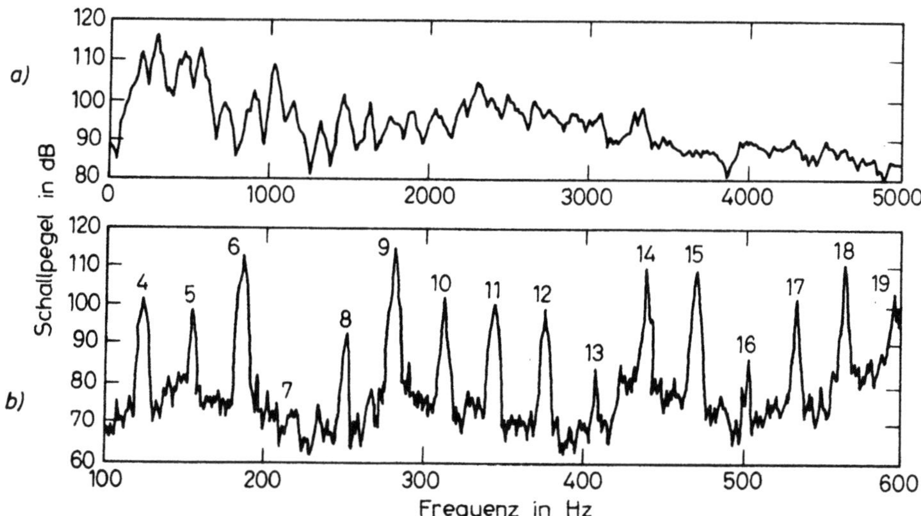

Abb. 4.32. Ein typisches Auspuffgeräuschspektrum im Abstand von 1 m zur Mündung. **a** Filterbreite 50 Hz, **b** Filterbreite 3 Hz

mit Filtern von 50 Hz und 3 Hz Bandbreite analysiert [4.22]. Der obere Teil des Bildes zeigt, daß der niederfrequente Bereich im Auspuffgeräusch überwiegt. Im unteren Teil des Bildes ist dieser von 100 Hz...600 Hz durch die Verwendung der um eine Größenordnung schmäleren Filter von 3 Hz sehr viel stärker aufgelöst, so daß die einzelnen Oberschwingungen gut erkennbar werden.

Das Auspuffgeräusch wird zum Teil von der Auspuffmündung, zum Teil von der Oberfläche des Leitungssystems abgestrahlt. Die Auspuffmündung stellt in guter Näherung eine punktförmige Geräuschquelle dar (Abb. 3.5). Messungen zufolge wird aber besonders bei Lastkraftwagen der wesentliche Teil des Geräusches von den Oberflächen abgestrahlt. So wurden bei einem Lastwagen mit einem 21-Kammer-Dieselmotor die folgenden Auspuffgeräuschanteile gefunden [4.23]:

gesamter Auspuff	79,7 dB(A)
Mündung	68,7 dB(A)
gesamte Oberfläche	79,4 dB(A)
Oberfläche des vorderen Rohres	76,0 dB(A)
Oberfläche des hinteren Rohres	68,2 dB(A).

Bei der Beurteilung dieser Meßergebnisse sollte man aber berücksichtigen, daß ein Teil des abgestrahlten Oberflächengeräusches durch die Schwingungen des Motorblocks angeregt wird.

Die wichtigsten Kenngrößen, die den Pegel des Auspuffgeräusches beeinflussen können, sind die Motordrehzahl, der Zylinderdruck im Moment des Öffnens des Ventils, die Abmessungen des Auspuffventils und die Ventilsteuerungskurven.

In Abb. 4.33 sind Nahfeld-Mündungsgeräuschwerte (Meßentfernung 0,5 m, Meßwinkel 45°) bei zwei Personenkraftwagen in Abhängigkeit von der Drehzahl aufgetragen [3.4]. Weil

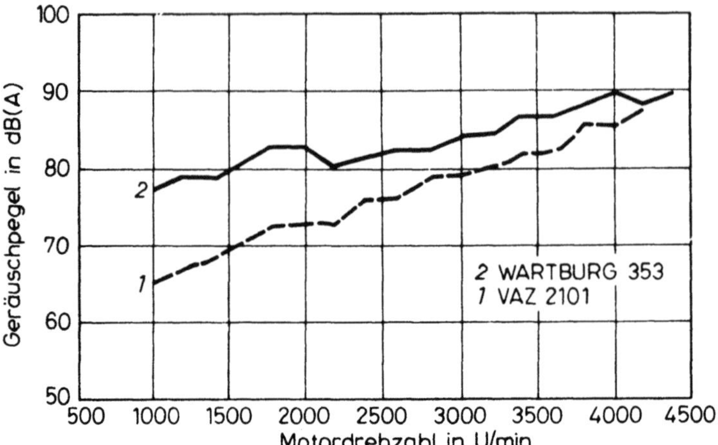

Abb. 4.33. Das Auspuffgeräusch in Abhängigkeit von der Drehzahl bei zwei verschiedenen Pkw-Typen

sich aber der Zylinderdruck am Ende des Expansionstaktes mit der Drehzahl vergrößert, zeigt das Bild eigentlich den gemeinsamen Einfluß von Drehzahl und Zylinderdruck auf das Geräusch. Bei dem Fahrzeug 1 steigt der Geräuschpegel um etwa 35 dB(A) an, wenn die Drehzahl auf das Zehnfache gesteigert wird.

Die Zunahme des Geräuschpegels bei Vergrößerung der Drehzahl auf das Zehnfache liegt nach Priede [4.2] im Bereich von 20...45 dB(A) bei Motoren verschiedenen Typs und Arbeitsweise, wobei die Zunahme durch den Aufbau des Auspuffsystems kaum beeinflußt wird (Abb. 4.34). Die Geräuschpegel mit und ohne Last unterscheiden sich sehr, weil der Zylinderdruck im Augenblick des Öffnens des Auslaßventils stark lastabhängig ist. In Abb. 4.34 z. B. liegen die Geräuschpegel mit Last bei gleichen Drehzahlen um 10...15 dB(A) höher. Bei belasteten Motoren ist die Drehzahlabhängigkeit des Auspuffgeräusches weniger steil, so daß der Geräuschunterschied zwischen den Betriebszuständen mit und ohne Last bei höheren Drehzahlen geringer wird.

In Abb. 4.35 sind die Spektren des Auspuffgeräusches des Fahzeugs der Abb. 4.33 Kurve 1 ohne Last bei verschiedenen Drehzahlen dargestellt. Es ist zu sehen, daß die Drehzahlabhängigkeit im wesentlichen durch die Pegelwerte im mittelfrequenten Bereich bestimmt wird. Gut erkennbar sind auch die Zündfolgefrequenzen (f_z).

Wie die Kurve der Abb. 4.33 zeigt, kann sich der annähernd lineare Zusammenhang zwischen Geräuschpegel und Drehzahl verzerren, wenn der Schalldämpfer, der Motor und das Rohrsystem nicht in geeigneter Weise aufeinander abgestimmt werden. In dem gezeigten Beispiel fallen die Erregerfrequenz und eine der Eigenfrequenzen des Auspuffsystems bei der Drehzahl von 1900 min^{-1} zusammen und verursachen eine Anhebung im Geräuschpegel von etwa 5 dB(A).

Die bisherigen Feststellungen gelten nur für Saugmotoren. Bei Motoren mit Turboaufladung verändert sich das Geräuschbild. Die Amplituden der niederfrequenten Komponenten werden geringer. Die größeren Druckänderungen im Abgasstrom und die höheren Massengeschwindigkeiten infolge der hohen Turbinendrehzahlen stellen aber

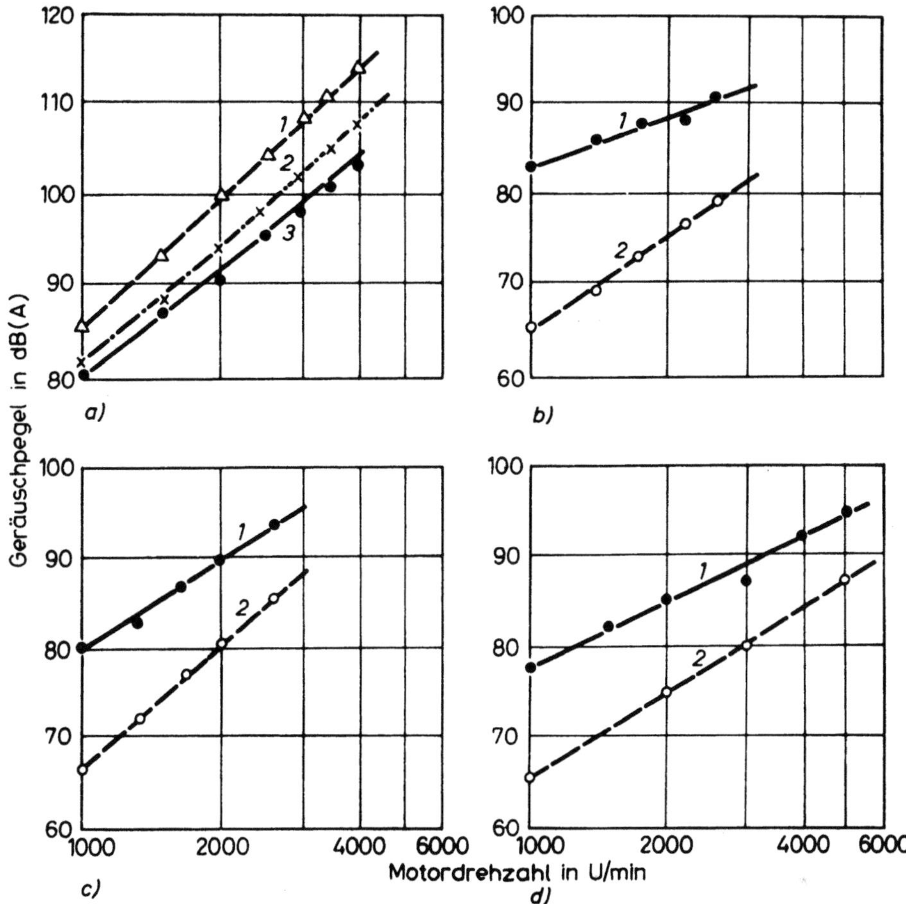

Abb. 4.34. Der Einfluß von Drehzahl, Last und Aufbau des Auspuffsystems auf das Auspuffgeräusch. **a** 21-Kammer-Dieselmotor, *1* ohne Sammelrohr beträgt der Pegelgradient 46 dB(A)/Dekade, *2* mit Sammel- und Verbindungsrohr 45 dB(A)/Dekade, *3* mit Schalldämpfer 43 dB(A)/Dekade; **b** 101-V8-Direkteinspritz-Dieselmotor, *1* bei Vollast beträgt der Pegelgradient 20 dB(A)/Dekade, *2* ohne Last 35 dB(A)/Dekade; **c** 8,21-6Zylinder-Direkteinspritz-Dieselmotor, *1* bei Vollast beträgt der Pegelgradient 25 dB(A)/Dekade, *2* ohne Last 45 dB(A)/Dekade; **d** 21-4Zylinder-Ottomotor, *1* bei Vollast beträgt der Pegelgradient 25 dB(A)/Dekade, *2* ohne Last 31 dB(A)/Dekade

andere Anforderungen an den Schalldämpfer. Dazu kommt, daß die Turbine selbst eine zusätzliche Geräuschquelle darstellt, deren Spektren reich an höherfrequenten Komponenten (4...20 kHz) sind.

Das Ansauggeräusch spielt bei Saugmotoren eine geringere Rolle im Gesamtgeräusch als das Auspuffgeräusch. Es entsteht infolge des Öffnens und Schließens der Saugventile. Beim Öffnen des Ventils ist der Zylinderdruck größer als der Umgebungsdruck. Die entstehenden scharfen Druckimpulse versetzen die im Saugrohr befindliche Luft in Schwingungen, die allerdings wegen der Volumenänderung während der Kolbenbewegung zum unteren Totpunkt schnell gedämpft werden. Die durch den Öffnungsquerschnitt des Ventils mit

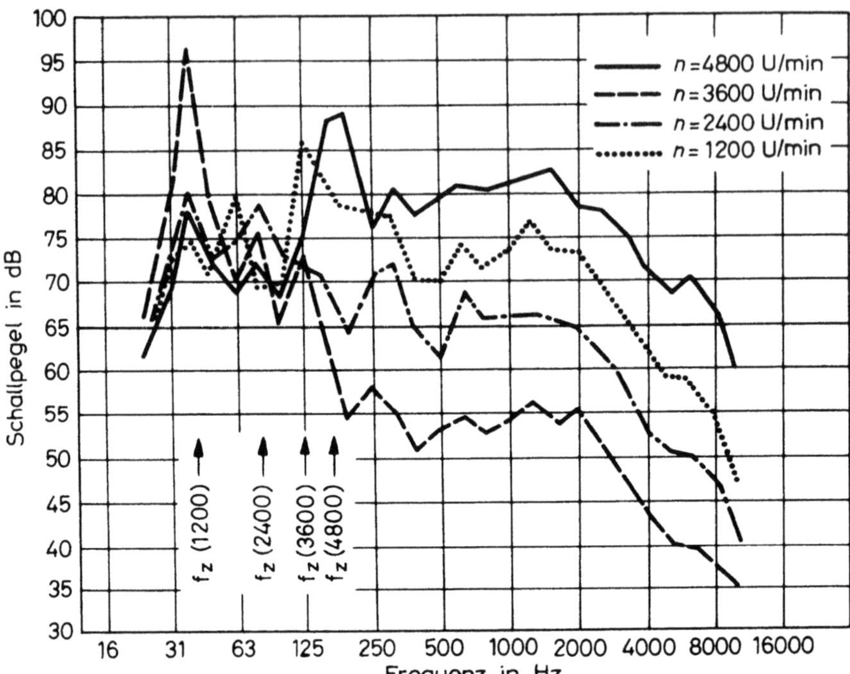

Abb. 4.35. Auspuffgeräusch-Spektren eines Personenkraftwagens bei verschiedenen Drehzahlen

großer Geschwindigkeit strömende Luft erzeugt ein Geräusch, das reich an höherfrequenten Komponenten ist. Das Schließen des Ventils setzt einen gleichen, aber weniger gedämpften Schwingungsprozeß in Gang. Die Frequenzen liegen bei Dieselmotoren i. allg. im unteren und mittleren Bereich. Bei Ottomotoren können wegen des Vergasers auch hochfrequente Komponenten von Bedeutung sein.

Im Vergleich zum Abgasausstoß wirken sich bei der Ansaugung einige Einflüsse geräuschmindernd aus. Die Änderungen der Strömungsgeschwindigkeiten sind geringer. Das angesaugte Luftvolumen ist kleiner als das hochtemperierte ausgestoßene Volumen. Die Strömungsrichtung und die Schallausbreitungsrichtung sind gegensätzlich. Zudem wirkt das Luftfilter wie eine geräuschdämpfende Expansionskammer (s. Abschn. 7) und ergibt eine beachtliche Pegelminderung.

Der Einfluß der Motordrehzahl auf den Ansauggeräuschpegel wird in Abb. 4.36 veranschaulicht [4.2]. Die Ansauggeräuschpegel haben eine ausgeprägte Drehzahlabhängigkeit (35...45 dB (A) / Verzehnfachung der Drehzahl). Das Sammelrohr vermindert die Geräuschamplituden wesentlich. Der Einbau eines Ansaugdämpfers ergibt eine weitere beträchtliche Pegelverringerung, wobei die Zunahme des Geräusches mit steigender Drehzahl aber unverändert bleibt. (Die niederfrequenten Resonanzerscheinungen reichen i. allg. nicht aus, den A-bewerteten Schallpegel zu verändern). Weil die Motorlast nur den Druckimpuls im Augenblick des Ventilöffnens beeinflußt und nach Abb. 4.36 die Lastabhängigkeit des Geräusches offenbar vernachlässigbar ist, ist anzunehmen, daß das Ansauggeräusch überwiegend durch die nach dem Ventilschließen zustandekommenden

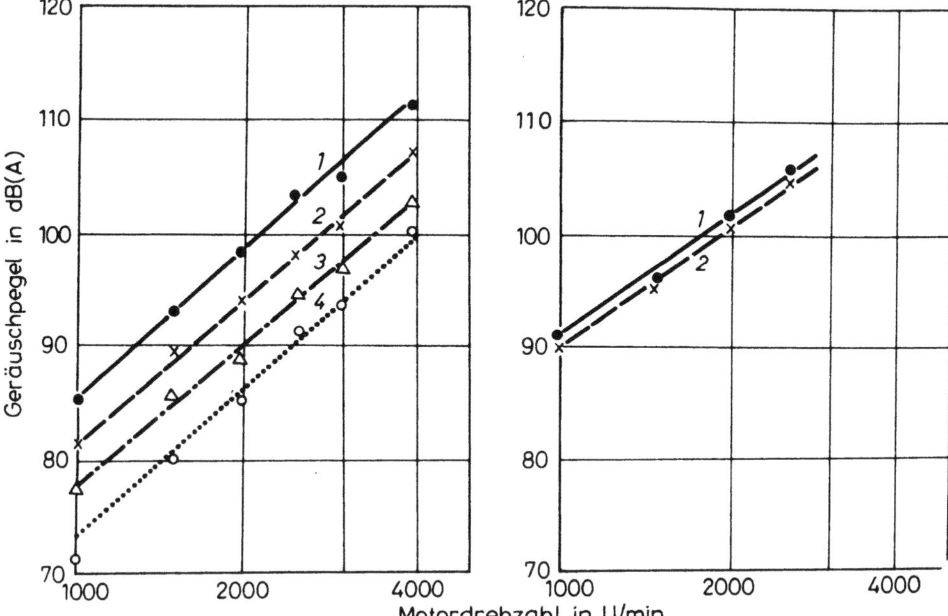

Abb. 4.36. Einfluß von Drehzahl, Last und Aufbau des Ansaugsystems auf das Ansauggeräusch; links: Einfluß des Aufbaus des Ansaugsystems, *1* ohne Sammelrohr beträgt der Pegelgradient 45 dB(A)/Dekade, *2* mit Luftfilter, *3* mit kleinvolumigem Schalldämpfer, *4* mit großvolumigem Schalldämpfer; rechts: Einfluß der Last, *1* bei Vollast beträgt der Pegelgradient 36 dB(A)/Dekade, *2* ohne Last

Prozesse bestimmt wird. Die Last hat nur dann Einfluß auf das Ansauggeräusch, wenn sich die Öffnungszeiten der Einlaß- und Auslaßventile weit überlappen.

Einen Vergleich von Geräuschen aus dem Ladungswechsel und dem Motorbetrieb enthält Abb. 4.37 aus [4.24]. Hier zeigt sich, daß bei einem Personenkraftwagen mit Ottomotor sowohl die Last als auch die Drehzahl das Gaswechselgeräusch beeinflussen, daß es aber bedeutender von der Last abhängt als das Motorgeräusch. Bei niederen Drehzahlen und hoher Last übertreffen die Gaswechselgeräusche das Motorgeräusch, bei hohen Drehzahlen ist dies umgekehrt.

4.1.1.3 Geräusche von Hilfsmaschinen

Für den Betrieb von Verbrennungsmotoren sind i. allg. eine Reihe von Hilfsmaschinen erforderlich:
— ein Lüfter bei wassergekühlten Motoren,
— ein Kühlgebläse bei luftgekühlten Motoren,
— eine Einspritzpumpe,
— ein Spülgebläse bei Zweitaktmotoren,
— ein Turbolader bei aufgeladenen Motoren,
— ein Startermotor,

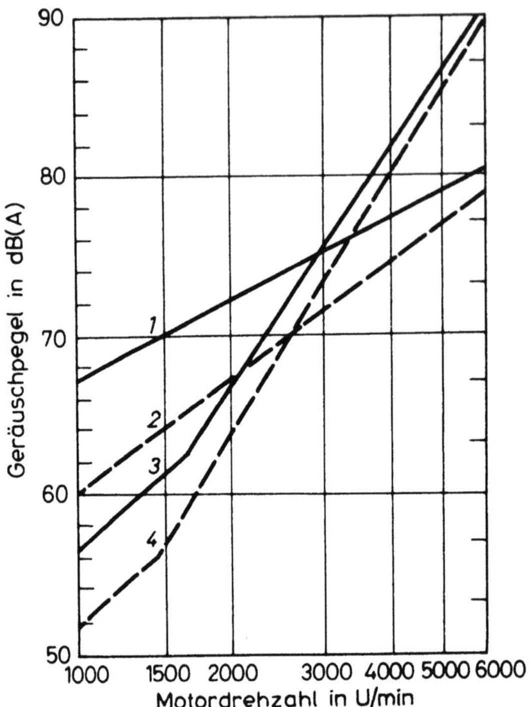

Abb. 4.37. Einfluß der Betriebsparameter auf Motor- und Gaswechselgeräusche. *1* Einlaß-Auslaß bei Vollast, *2* Einlaß-Auslaß ohne Last, *3* Motor Vollast, *4* Motor ohne Last [4.24]

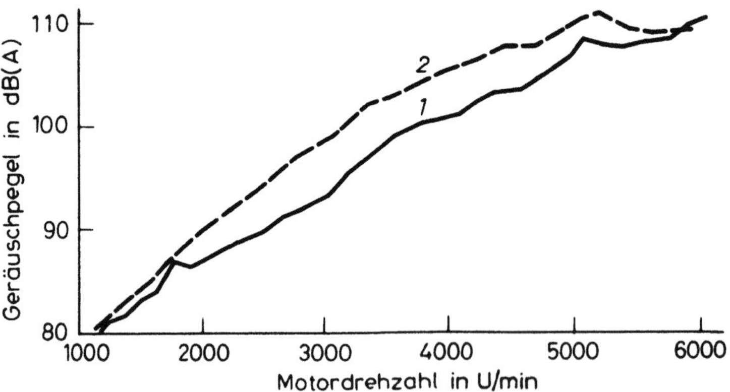

Abb. 4.38. Einfluß des Viskolüfters auf das Motorgeräusch. *1* Lüfterdrehzahl const 900 U/min, *2* Lüfter über Viskokupplung zugeschaltet

— eine Lichtmaschine,
— ein Luftkompressor.

Diese Hilfsmaschinen erzeugen einerseits selbst Geräusche, leiten andererseits aber auch den Körperschall vom Motor aus weiter und strahlen ihn als Luftschall von ihren Oberflächen ab.

Das *Lüftergeräusch* ist infolge des zur Verfügung stehenden kleinen Bauraums, besonders bei größeren Leistungen, in der Größenordnung des Motorgeräusches. Es besteht aus dem Strömungsgeräusch des durchströmten Kühlers (sowie Geräuschen von der Wasserpumpe, dem Keilriemen und durch das strömende Wasser) und dem bedeutenderen durch die Lüfterschaufeln erzeugten Geräusch. Dabei stellt bei modernen Lüftern der Drehklang, die Harmonischen der Schaufelzahl, kein Problem mehr dar. Das durch die Schaufeln erzeugte Geräusch kann als Wirbelgeräusch, d. h. als breitbandiges Rauschen gekennzeichnet werden. Es wird durch Turbulenzen im Anstrom des Lüfters und Wirbelablösung im Grenzschichtbereich zwischen ruhenden und strömenden Medien hervorgerufen.

In Abb. 4.38 [4.25] ist das „Motorgeräusch" mit zugeschaltetem und abgeregeltem Lüfterrad bei einem Pkw-Viskolüfter über der Drehzahl dargestellt. Das eigentliche Motorgeräusch wird durch das Geräusch des Kühler-Lüftersystems nahezu verdoppelt.

Die wichtigsten Einflußparameter auf das Lüftergeräusch sind die Umlaufgeschwindigkeit der Schaufeln, die Gestaltung der Strömungsführung, der Spalt zwischen Lüfter und Lüfterring sowie zwischen Kühler und Lüfter. Die Geräuschpegelzunahme bei Erhöhung der Drehzahl auf das Zehnfache liegt im Bereich von 50 dB (A) ... 55 dB (A) [4.15]. Der Schalleistungpegel L_p wird empirisch aus dem Fördervolumen Q (m³/s) und dem Gesamtdruck Δp (N/m²) berechnet:

$$L_p = K + 10 \lg Q + 20 \lg \Delta p.$$

wobei K ein spezifischer Schalleistungspegel ist, der von der Lüfterausführung, der Einbausituation und dem Betriebspunkt abhängt [4.17].

Die von einem *Kühlgebläse* erzeugte Schalleistung liegt i. allg. in der Größenordnung der von der Motoroberfläche abgestrahlten Schalleistung.

Das *Geräusch der Einspritzpumpe* trägt normalerweise sehr wenig zum Gesamtgeräusch von Dieselmotoren moderner Bauart bei. Andererseits hat dieses Geräusch Impulscharakter und kann daher subjektiv sehr störend empfunden werden. Das Geräusch des Einspritzsystems wird durch die plötzlich auftretende Pumpenlast und durch mechanische Stoßvorgänge verursacht. Bei höheren Drehzahlen gerät die Rate der Druckerhöhung im Pumpenelement in die Nähe der Druckabfallrate, was bedeutend zur Körperschallerregung der Struktur beiträgt. Das Druckspektrum im Zylinder eines Pumpenelements hat eine Abfallrate von etwa 40 dB/Dekade [4.26], was auch gut im Geräusch der Einspritzpumpe bei Vollast in Abb. 4.39 erkannt werden kann. Die Abbildung zeigt die Überlagerung zweier Erregerwirkungen, nämlich der plötzlichen Druckänderung in der Pumpe (linearer Geräuschanstieg) und der Stoßvorgänge (flache Kurve).

Der *Turbolader* erhöht einerseits als zusätzliche Schallquelle das Ansauggeräusch, verringert andererseits aber auch das Auspuffgeräusch, wenn er durch den Druck in der Abgasleitung angetrieben wird. Infolge der hohen Drehzahlen hat das vom Turbolader hervorgerufene Geräusch Komponenten im oberen Frequenzbereich von 4 kHz ... 20 kHz.

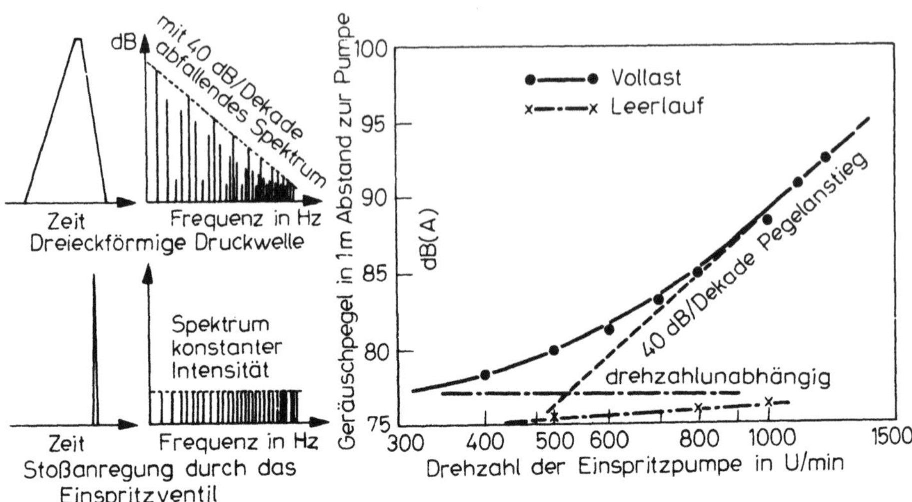

Abb. 4.39. Das Geräusch der Einspritzpumpe in Abhängigkeit von der Pumpendrehzahl in 1 m Abstand [4.26]

4.1.2 Rollgeräusche

Das Rollgeräusch, d. h. das Geräusch eines mit abgestelltem Motor rollenden Fahrzeugs, ist neben dem Antriebsgeräusch die wesentlichste, in bestimmten Betriebszuständen sogar die pegelbestimmende Geräuschquelle. Dies gilt umso mehr bei Kraftfahrzeugen mit gekapseltem Antrieb.

Wenn man von dem Rollgeräusch die i. allg. wenig bedeutenden aerodynamischen Geräusche der Karosserie und die Getriebegeräusche abzieht, bleibt das Reifengeräusch übrig, das beim Abrollen eines Reifens auf der Straßenoberfläche entsteht. Die Bedeutung des Reifengeräusches in der Gesamtemission des Fahrzeugs zeigt Abb. 4.40, in der das Reifengeräusch und die Streubereiche der Antriebsgeräusche bei den einzelnen Gängen über der Fahrgeschwindigkeit dargestellt sind. Unter dem Antriebsgeräusch ist hier die Summe des Gaswechsel- und Motorgeräusches zu verstehen. Die Verläufe der Antriebsgeräusche in den einzelnen Gängen ergeben sich durch Parallelverschiebung im Verhältnis der Übersetzungen. Der Streubereich entsteht durch Variation der Last. Der Verlauf der Antriebsgeräusche gilt zwar nur für ein bestimmtes Fahrzeug und auch das Reifengeräusch nur für eine bestimmte Reifen/Fahrbahn-Kombination exakt, ist bei dem derzeitigen Stand der Technik nicht gekapselten Antriebs aber bei anderen Fahrzeugen in ähnlicher Form vorzufinden. Bei der Fahrt im 1. und 2. Gang dominiert stets der Antrieb, während bei der Fahrt im 4. Gang das Reifengeräusch lauter als der Antrieb ist. Im 3. Gang sind die zwei Geräuschkomponenten bei Pkw i. allg. vergleichbar laut. Die Dominanz hängt vom Fahrzeugtyp, Reifentyp und der Art der Straßenoberfläche ab [4.24]. Die Geschwindigkeiten im 3. Gang sind typisch für den Stadtverkehr, so daß hier beide Geräuschquellen wahrnehmbar sind. Im Autobahnverkehr überwiegt dagegen beim Pkw der Reifenlärm.

Bei Lastkraftwagen sind die Verhältnisse anders gelagert. Das Antriebsgeräusch ist immer pegelbestimmend. Doch können bei voller Fahrzeugbeladung und/oder Benutzung von

Lkw-Hängern im Autobahnverkehr die Rollgeräusche in die Nähe des Antriebsgeräusches kommen. Wenn die geplanten drastischen Verminderungen des Motorgeräusches zukünftig Wirklichkeit werden, wird sich aber auch hier die Dominanz verändern. Eine Minderung des Reifengeräusches ist leider derzeit nicht möglich. Noch sind nicht alle Einflußparameter so genau erforscht, daß sich Ansatzmöglichkeiten für Minderungsmaßnahmen ergeben hätten.

Zur Erklärung der Entstehung von Reifengeräuschen wurden bisher mehrere Ansätze gemacht. Aber trotz großer Anstrengungen ist der Entstehungsmechanismus bis heute nicht ganz bekannt. Es ist anzunehmen, daß mehrere Mechanismen, wie der Air-Pumping-Effekt, Reifenschwingungen oder die Luftresonanzabstrahlung zur Geräuschentstehung beitragen. Es ist aber noch zu klären, welche Einzelmechanismen mit welchen Anteilen das Reifengeräusch auf einer bestimmten Straßendecke verursachen.

Die Entstehung des Reifengeräusches nach dem Air-Pumping-Modell von Hayden ist in Abb. 4.41 dargestellt. Beim Abrollen eines Reifens auf einer Straßenoberfläche wird die in einzelnen Profilöffnungen befindliche Luft zusammengedrückt und nach Durchlaufen der Kontaktfläche Reifen/Straße unter Geräuschemission entspannt. Nach diesem Prinzip hat das Reifengeräusch die folgenden Eigenschaften:

— Es wächst mit der vierten Potenz der Fahrgeschwindigkeit an (Monopol-Geräuschquelle), d. h. bei einer Verdoppelung der Geschwindigkeit steigt der Pegel um 12 dB an (Abb. 4.40).

— Das Frequenzspektrum der Reifengeräusche verschiebt sich mit zunehmender Fahrgeschwindigkeit zu höheren Frequenzen.

— Ein Reifen ohne Profil ist geräuschärmer als ein Reifen mit Profil.

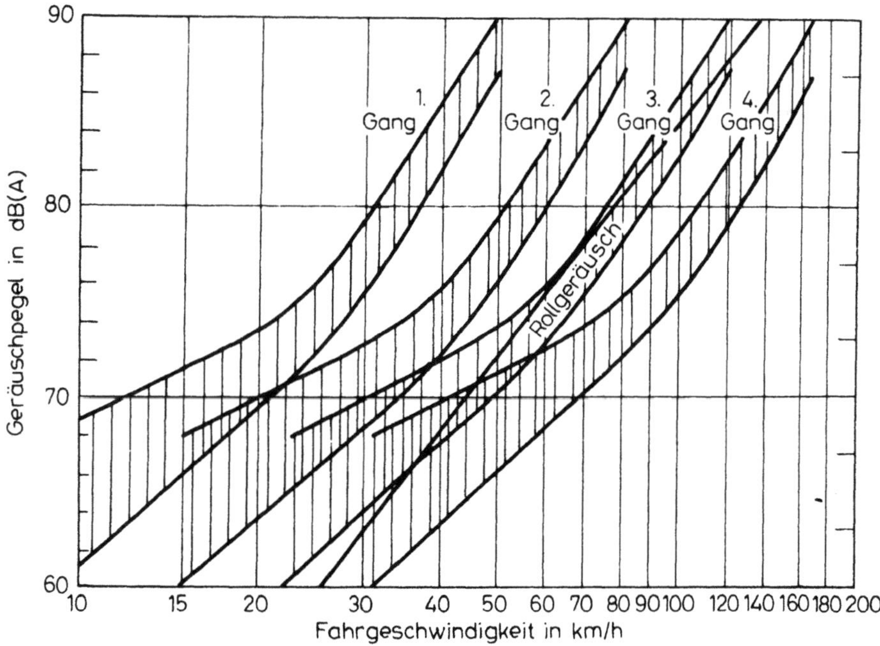

Abb. 4.40. Abhängigkeit der Antriebs- und Reifengeräusche beim Pkw von der Geschwindigkeit [4.24]

— Wegen der Rauhigkeit der Straßenoberfläche kann das Haydensche Prinzip auch auf die Straße angewendet werden.

— Die Bauart und die Baumaterialien spielen bei der Rollgeräuscherzeugung eine untergeordnete Rolle.

Nach dem Vibrationsmodell wird die Decke eines abrollenden Reifens durch die Rauhigkeit der Straßenoberfläche in tangentiale und radiale Schwingungen versetzt. Der entstehende Körperschall wird als Luftschall abgestrahlt. Das Abstrahlungsverhalten der Reifen ist von den Schwingungsmoden abhängig. Bei niedrigen Frequenzen (unter der ersten Karkassen-Schwingungsmode) sind die Reifenschwingungen nur auf die nähere Umgebung der Kontaktfläche begrenzt. Bei höheren Frequenzen breitet sich die Schwingung über den ganzen Reifen aus, wie dies in Abb. 4.42 für die erste Schwingungsmode dargestellt ist. (Der Reifentorus ist in der Aufstandsfläche in radialer Richtung zusammengedrückt, der obere unbelastete Teil des Torus dehnt sich dagegen in radialer Richtung aus.) Das Abstrahlmaß ist von dem Abstand der sich zusammendrückenden und ausdehnenden Teile und der Frequenz der Schwingungen abhängig. Ein Beispiel für die Form der Reifenkarkasse bei höheren Frequenzen ist in Abb. 4.43 zu sehen.

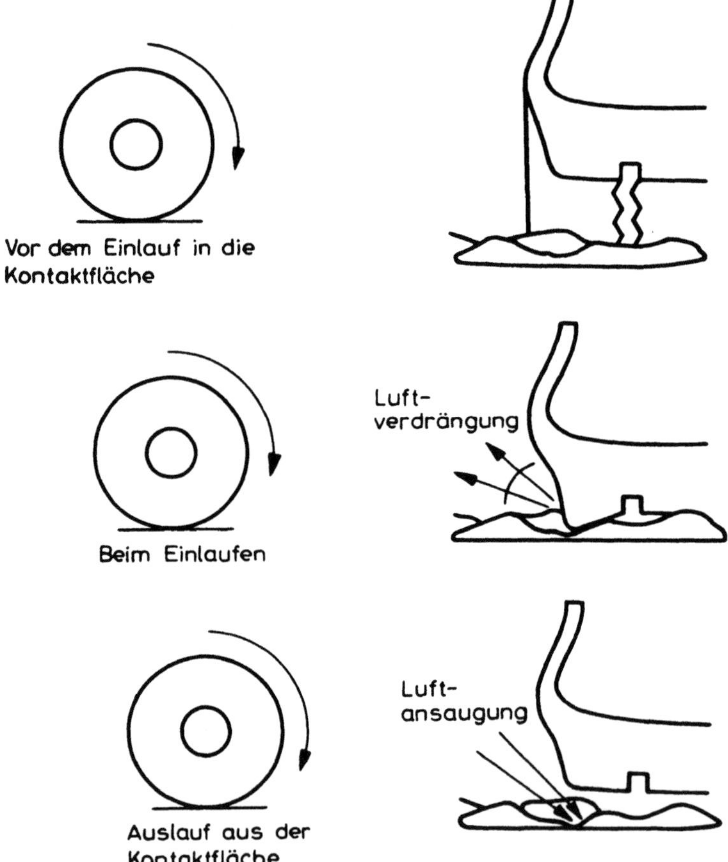

Abb. 4.41. Entstehung des Reifenlärms nach dem Air-Pumping-Modell [4.27]

Nach dem Vibrationsprinzip hat der Reifenlärm die folgenden Eigenschaften:
— Der durch den Innendruck vorgespannte Reifen wirkt wie ein mechanisches Filter mit einem Durchlaßbereich und Sperrbereich. Das bedeutet, daß sich das Frequenzspektrum mit zunehmender Fahrgeschwindigkeit nicht zu höheren Frequenzen verschiebt. (Das führt zu einem Widerspruch zum Air-Pumping-Modell).
— Die Lage der Schwingungsresonanzen der Reifendecke hängt vom Material und den elastischen Eigenschaften des Reifens ab, so daß die Bauart und das Baumaterial der Reifen das Reifengeräusch beeinflussen können.
— Ein Reifen ohne Profil könnte ähnlich hohe oder höhere Geräuschpegel aufweisen als ein Reifen mit Profil, da die Breite der Kontaktfläche zwischen Reifen und Straßenoberfläche größer ist (Eine Ausnahme bildet ein Reifen mit Blockprofilen, wo zusätzlich auch noch „Profilgeräusche" entstehen können).

Das Frequenzspektrum des Reifengeräusches folgt i. allg. der in Abb. 4.44 gezeigten Form [4.28]. Die höchsten Amplituden sind im Frequenzbereich von 500 Hz . . . 2 kHz enthalten. Oberhalb dieser Frequenzen ist eine starke Dämpfung wirksam. Das Spektrum kann, besonders bei äquidistanter Profilteilung, von mehreren Resonanzen überlagert sein. Die Form des Spektrums verändert sich kaum mit der Fahrgeschwindigkeit, doch hängt die Intensität des Geräusches stark von der Geschwindigkeit ab. Das Reifengeräusch in Abb. 4.44 entspricht in seinem Verhalten den Erwartungen nach dem Vibrationsmodell.

Bei nasser Straße und Reifenoberfläche verändert sich sowohl das Spektrum als auch der Pegel des Reifengeräusches. Der Geräuschpegel steigt je nach Reifenprofil und Textur der Straßenoberfläche mehr oder minder stark an. Im Spektrum erscheint eine Pegelzunahme besonders im Frequenzbereich oberhalb 1 kHz, die zum Teil auf die Differenz zwischen „Air-Pumping" und „Water-Pumping" zurückgeführt werden kann. Andere Erklärungen für das

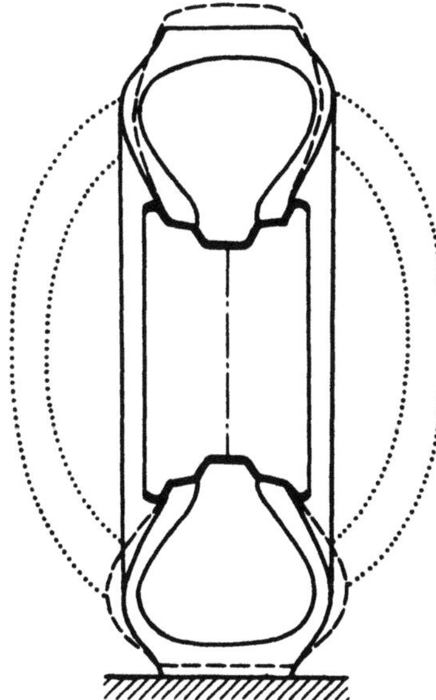

Abb. 4.42. Erste Schwingungsmode des Reifens [4.27]

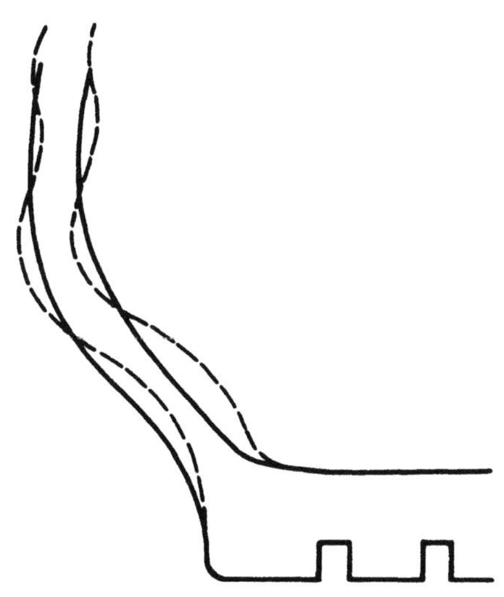

Abb. 4.43. Reifenschwingungen bei höheren Frequenzen [4.27]

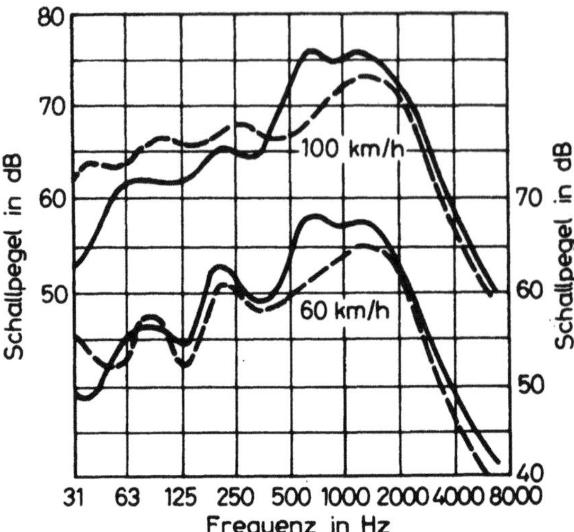

Abb. 4.44. Rollgeräuschspektren von Pkw mit profillosen Diagonalreifen auf einer Gußasphaltdecke mit Splittbelag in 7,5 m Entfernung. (linke Skala: oberes Kurvenpaar, rechte Skala: unteres Kurvenpaar) [4.28]

Wassergeräusch sind: Geräuschentstehung beim Zerreißen des Wasserfilmes durch das Reifenprofil und Geräuschabstrahlung durch die Bildung und das beschleunigte Wegschleudern von Wassertröpfchen. Das Frequenzspektrum des Reifengeräusches enthält bei nassen Abrolloberflächen außerdem noch höhere Pegel im Frequenzbereich unterhalb 500 Hz.

Die Intensität des Geräusches von Reifen ist proportional der Breite der Kontaktfläche Reifen/Straße. Doppelte Reifenbreite bedeutet ein um 3 dB (A) höheres Geräusch. Diese Abhängigkeit kann durch beide Modelle erklärt werden. Nach dem Vibrationsmodell ist die Geräuschintensität proportional der Zahl der anregenden Rauhigkeitselemente der Straßenoberfläche, nach dem Air-Pumping-Modell der Zahl der anregenden Rauhigkeitselemente des Reifenprofils, die proportional der Reifenbreite sind.

Beispiele für den Einfluß des Reifenprofils auf das Rollgeräusch zeigt Abb. 4.45 [4.27]. Es ist der Rollgeräuschpegel eines Lastkraftwagens mit verschiedenen Zwillingsreifen im belasteten Zustand auf einer Betonfahrbahn in Abhängigkeit von der Fahrgeschwindigkeit dargestellt. Bei größeren Reifenbreiten sind die Pegel höher. Auffallender sind aber die Differenzen bei den verschiedenen Reifenprofilen. Nach der Abbildung treten große Geräuschdifferenzen zwischen den Reifengruppen mit Taschen- und Querstollenprofilen sowie mit Längsrillen auf. Innerhalb der einzelnen Reifenprofil-Gruppen weichen jedoch die Reifentypen wenig voneinander ab. Reifen mit Längsrillen ergeben beispielsweise ein um 12 dB (A) niedrigeres Rollgeräusch als Reifen mit Querrillen. Reifen mit Taschenprofilen sind die lautesten. Hier liefert das Air-Pumping-Modell eine einfache Erklärung: Bei Längsrillen kann die Luft aus dem zusammengedrückten Profil in der Kontaktfläche Reifen/Straße leicht ausströmen, so daß die Strömungsgeschwindigkeit der Luft klein bleibt und wenig Geräusch entsteht. Abb. 4.45 zeigt weiter, daß die theoretische Abhängigkeit des Reifengeräuschpegels von 12 dB (A)/Verdoppelung der Geschwindigkeit, die nach beiden Modellen erklärt werden kann, nur annähernd gilt.

Neben der Art der Reifenprofilierung spielt bei der Geräuscherzeugung auch die Profiltiefe eine — allerdings ungeklärte — Rolle. Je nach Reifentyp und Straßenoberfläche kann ein Reifen mit abgefahrenem Profil lauter, leiser oder gleichlaut wie ein analoger Reifen mit Profil sein. Mit geringer werdender Profiltiefe ändern sich die mechanischen Eigenschaften des Reifens, z. B. die Elastizität der Reifendecke oder die Stärke der elastischen Kopplung zwischen Reifenprofilblöcken und der Reifendecke. Insbesondere kann auf rauhen Straßenoberflächen die Verringerung der Protektordicke des Reifens einen Pegelanstieg verursachen, während auf weniger rauhen Straßen bei abgefahrenem Profil der Pegel absinken kann, da die Geräuschquelle „Air-Pumping" entfällt.

Das Reifengeräusch hängt weiter noch vom Reifenluftdruck ab. Es steigt mit zunehmendem Druck an, allerdings so schwach, daß der Anstieg beim geradeaus fahrenden Pkw kaum wahrgenommen werden kann.

Die Art und die Rauhigkeit der Straßenoberfläche übt den gleichen Einfluß auf das Rollgeräusch aus wie die Art und Profilierung des Reifens. In Abb. 4.46 ist der auf verschiedenen trockenen Fahrbahnen gemessene A-Schallpegel eines profillosen Reifens in Abhängigkeit von der Geschwindigkeit dargestellt [4.29]. (Die Messungen wurden im Nahfeld des Reifens durchgeführt, so daß die Pegelwerte nur zu Vergleichszwecken verwendet werden können). Die höchsten Pegel verursacht die Pflasterdecke, gefolgt von der verschlossenen Betonfahrbahn 2. Alle Asphaltbeläge sind günstiger als die Zementbeläge. Dafür sind mehrere Gründe denkbar [4.28]:
— Die Oberfläche eines Asphaltbelags ist offenporiger und kann eventuell Schallenergie absorbieren.
— Wenn nicht nur der Reifen durch die Straßenoberfläche zu Schwingungen angeregt wird, sondern umgekehrt auch die Straßendecke durch den abrollenden Reifen, muß die Anregung der Asphaltbeläge geringer sein, da sie plastischer sind und stärker dämpfen.

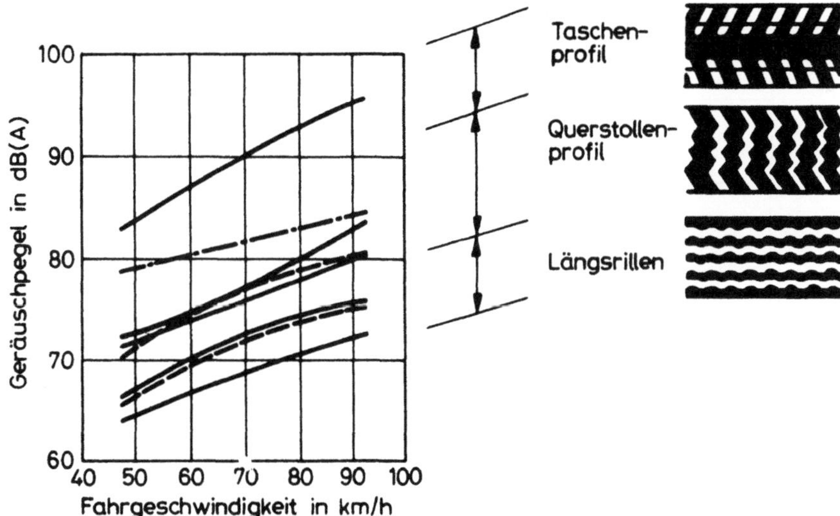

Abb. 4.45. Schalldruckpegel des Rollgeräusches eines Lkw mit verschiedenen Zwillingsreifen auf einer Betonfahrbahn in 15 m Abstand in Abhängigkeit von der Geschwindigkeit [4.27]

— Asphaltbeläge werden aus spitzem, eckigen Korn gefertigt, Zementbetonbeläge aus Rundkorn. Daher unterscheiden sich die Texturen der Oberflächen und damit auch die Art der Schwingungsanregung des Reifens.

Der wichtigste Einflußparameter für die Rollgeräuscherzeugung ist die Textur eines Straßenbelags. Bei rauheren Texturen scheint die Intensität des Rollgeräusches proportional der Wurzel aus der mittleren Rauhtiefe zu sein [4.30]. Im Bereich mittlerer Rauhtiefen von 0,5 mm ... 1 mm wird das Rollgeräusch minimal. Bei noch geringeren Rauhtiefen steigt es wieder an. Die Ursache dafür ist durch das Zusammenwirken verschiedener Geräuscherzeugungsmechanismen zu erklären. Im Frequenzbereich unter 1000 Hz werden durch die Rauheit einer Straßenoberfläche Radialschwingungen der Reifendecke angeregt. Die Anregung steigt mit der Rauhtiefe an. Im Bereich über 1000 Hz wirkt das Air-Pumping. Die Intensität dieser aerodynamischen Schallquelle nimmt mit zunehmender Rauhtiefe ab [4.31].

Das Minimum der Rollgeräuscherzeugung kann zu geringeren Rauhtiefen verschoben werden, wenn das Air-Pumping ausgeschaltet werden kann. Dies ist z. B. bei offenporigen Asphaltbelägen, wie den Dränasphalten, möglich. Diese Beläge sind zur schnellen Entwässerung der Straßenoberfläche entwickelt worden. Genauso wie Wasser einen Dränasphalt durchdringen kann, ist dies auch strömender Luft möglich, so daß sich im Reifenprofil nicht mehr die für das Air-Pumping-Geräusch nötigen Luftvolumina hohen Druckes aufbauen können. Mit Dränasphaltbelägen wurden im Vergleich zu analogen, geschlossenen Belägen Minderungen des Rollgeräusches von 3 ... 5 dB(A) erzielt [4.32].

Eine Fahrbahnoberfläche sollte aber nicht nur im Hinblick auf die durch sie verursachten Reifengeräusche beurteilt werden. Wesentlich wichtiger ist die Sicherheit der auf ihr verkehrenden Fahrzeuge, speziell bei Nässe. Die Sicherheit wird durch die sogenannten Gleitbeiwerte charakterisiert. Nach [4.33] besteht kein Zielkonflikt zwischen hohen Gleitbeiwerten und geringem Geräusch. Es lassen sich durchaus Straßenoberflächen finden, die ein hohes Maß an Sicherheit bei geringer Rollgeräuscherzeugung bieten.

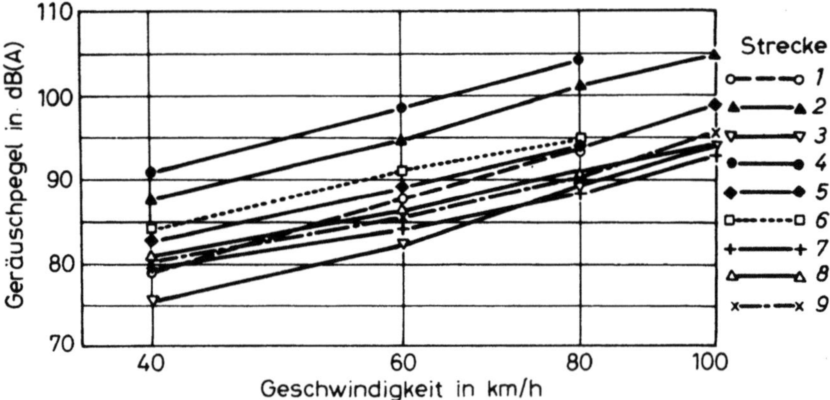

Abb. 4.46. Schalldruckpegel eines profillosen Reifens auf verschiedenen trockenen Fahrbahnen in Abhängigkeit von der Geschwindigkeit. Strecken: *1* bituminöser Schlämmebelag, *2* verschlissener Beton, *3* neuer Asphaltbeton mit Absplittung, *4* Granitpflaster, *5* Asphaltbeton mit geringer Makrorauhigkeit, *6* Asphaltbeton großer Rauhigkeit, *7* Asphaltbeton, feinkörnig, mittlere Rauhigkeit, *8* Asphaltbeton, großkörnig, sehr rauh, *9* Asphaltbeton, großkörnig, sehr rauh

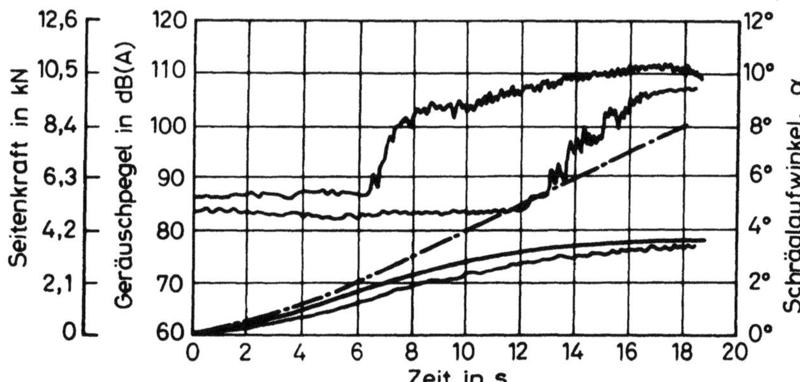

Abb. 4.47. Schalldruckpegelverlauf in Abhängigkeit vom Schräglaufwinkel und der Seitenkraft für einen Sommerreifen (obere Kurven) und einen M + S-Haftreifen (untere Kurven) bei 50 km/h

Die bisherigen Feststellungen über das Rollgeräusch gelten für gerade Fahrten. Bei Kurvenfahrten verändern sich sowohl das Frequenzspektrum als auch die Intensität. Die mit einer Kurvenfahrt verbundene Fliehkraftwirkung wird durch die Erhöhung des Reifenschräglaufes ausgeglichen. Es bestehen daher Zusammenhänge zwischen Geräuscherzeugung, Schräglaufwinkel und Seitenkraftübertragung. Ein Beispiel dafür ist Abb. 4.47 [4.34]. In der Abbildung sind Ergebnisse von Geräuschmessungen im Nahfeld (1 m) von Sommer- und Winterreifen an einem Prüfstand wiedergegeben. Das Geräuschverhalten des Sommerreifens ist für fast alle Reifen typisch: unterhalb eines bestimmten Schräglaufwinkels (etwa 2°) ist der Geräuschpegel unabhängig vom Schräglaufwinkel. Über diesem Wert steigt er sehr steil an. Der Winterreifen hält seinen Ausgangspegel länger, hier bis etwa $\alpha = 5°$. Die Ergebnisse haben gezeigt, daß die vergleichbaren Reifen verschiedener Hersteller bei Überschreitung der „Seitenkraftschwellen" unter gleichen Bedingungen Schallpegelunterschiede bis zu 10 dB(A) aufweisen können.

Anhand der Abbildung ist auch festzustellen, daß der steile Pegelanstieg noch vor dem Rutschen eintritt (siehe Seitenkraftverlauf). Im Bereich größerer Schräglaufwinkel kommen auch diskrete Quietschgeräusch-Frequenzen vor, die durch Strukturresonanzen des schwingungsfähigen Systems „Reifen" bestimmt werden.

4.1.3 Geräusche der Kraftübertragung

Die Geräusche der Kraftübertragung werden zum Teil durch Zahneingriffe im Getriebe und in der Hinterachse, zum Teil durch Körperschallanregung vom oft starr angeflanschten Motor verursacht.

Bei Pkw kann das Getriebegeräusch in die gleiche Größenordnung wie das Motorgeräusch kommen. Bei Lkw mit nicht gekapseltem Motor liegt es 5 ... 8 dB(A) unter dem Motorgeräusch. Auch das Geräusch des Ausgleichsgetriebes liegt bei geräuscharmer Konstruktion und ausreichender Fertigungsgüte unterhalb des Motorgeräusches.

Die Einflußparameter der Geräuschanregung durch Zahneingriffe können grob zwei Gruppen zugeordnet werden, den Betriebs- und Konstruktionsparametern.

Betriebsparameter sind die spezifische Belastung und die Drehzahl. Bei doppelter spezifischer Belastung steigt der Geräuschpegel um etwa 3 dB an, bei doppelter Drehzahl um etwa 6 dB.

Beim Einbau automatischer Getriebe sind die Drehzahlen des Motors im Stadtverkehr im Mittel um ca. 10% niedriger, was zu einer Pegelabsenkung führt.

Konstruktionsparameter sind unter anderem die Zahnbreite, der Überdeckungsgrad und der Schrägungswinkel. Bei Zunahme der Zahnbreite vermindert sich die spezifische Zahnbelastung. Bei Vordoppelung der Zahnbreite nimmt der Geräuschpegel um etwa 6 dB ab. Die Zunahme des Überdeckungsgrads und Schrägungswinkels hat ebenfalls eine starke Geräuschverminderung zur Folge.

Schwingungsmeßergebnisse an der Oberfläche eines Lkw-Getriebes sind in Abb. 4.48 dargestellt [4.35]. Die Terzpegelwerte sind längs der Getriebeachse aufgezeichnet. Die Grundbiege-Schwingungsform wurde bei 1000 Hz, die zweite Mode bei 2000 Hz und die dritte Mode bei 4000 Hz gefunden. Die Getriebestufe hat einen merklichen Einfluß auf den Schwingungspegel. Die Schwingungsform bleibt dagegen unverändert. In Abb. 4.49 sind die Schalldruckpegel in 1 m Abstand von der Getriebeoberfläche in Abhängigkeit von der

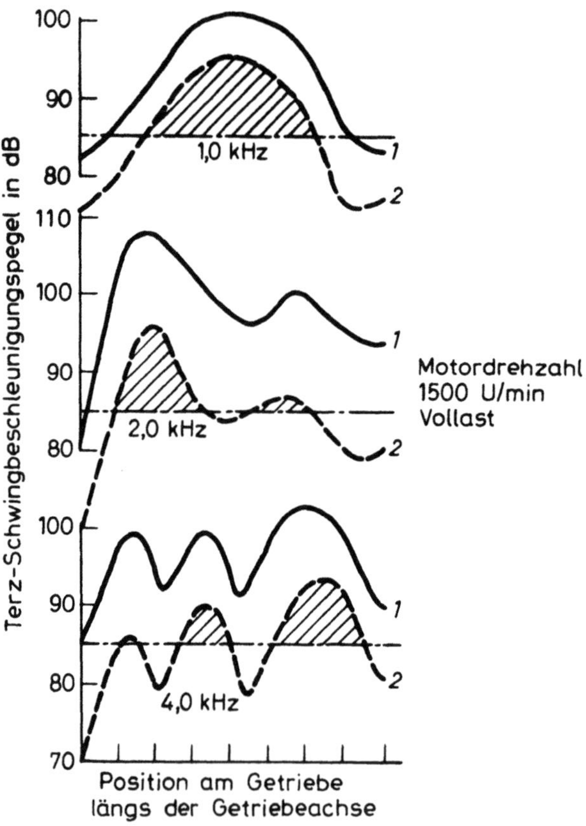

Abb. 4.48. Schwingungsverhalten eines Getriebegehäuses. *1* 3. Gang, *2* 4. Gang

Motordrehzahl dargestellt. Im dritten Gang steigt der Geräuschpegel flacher mit der Drehzahl an als im direkten Gang (4. Gang). Die im A-bewerteten Summenpegel erkennbaren Resonanzspitzen sind auch in den Terzfrequenzbändern zu sehen.

4.1.4 Karosseriegeräusche

Unter dem Karosseriegeräusch versteht man die Summe aller Geräusche, die durch den Antrieb, die Straßenunebenheiten und den Fahrtwind verursacht und von der Karosserie-oberfläche als Luftschall abgestrahlt werden.

Der Einfluß der Karosseriegeräusche auf das Außengeräusch ist bei niederen Geschwindigkeiten vernachlässigbar. Bei höheren Geschwindigkeiten kann aber der darin enthaltene Windgeräuschanteil merklich werden. Die aerodynamischen Geräusche werden durch Strömungsabrisse und Luftwirbelungen verursacht. Ihre Intensität steigt etwa mit der vierten Potenz der Geschwindigkeit an. Im Windkanal wurde festgestellt [4.36], daß die lautesten Anregungspegel an der Außenseite des Fahrzeugs im Bereich des ersten Pfostens und am Übergang vom Dach zur Seitenfläche auftreten. Ein Beispiel dazu zeigt Abb. 4.50, mit der Verteilung des Windgeräuschpegels am Pkw-Dachrand in Abhängigkeit vom Ort.

Wesentlich größer ist der Einfluß der Karosseriegeräusche auf das Innengeräusch, da sie durch Resonanzwirkungen erheblich verstärkt werden können. Im Fahrerhaus und

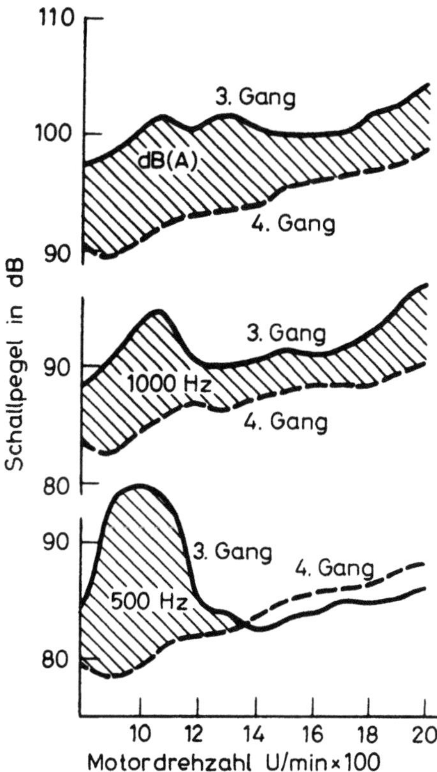

Abb. 4.49. Schalldruckpegelverlauf in Abhängigkeit von der Motordrehzahl im 3. und 4. Gang

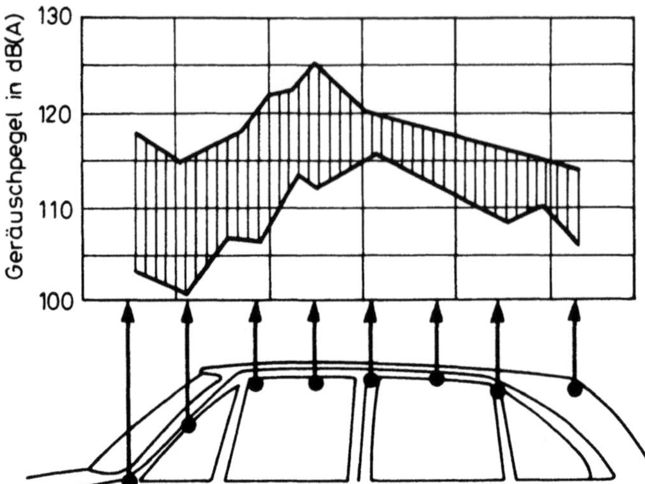

Abb. 4.50. Verteilung der Windgeräuschpegel am Pkw-Dachrand bei einer Geschwindigkeit von 150 km/h

Fahrgastraum treten sowohl Struktur- als auch akustische (Hohlraum-) Resonanzen auf. Beim Pkw fallen die Struktur-Resonanzspitzen i. allg. in den Frequenzbereich von 70 ... 200 Hz, im Lkw-Fahrerhaus liegen sie darüber. Die Biegeschwingungen der Fahrgastzelle ähneln denen eines Kreisringes, wohingegen der vordere und hintere Teil der Zelle wie ein einseitig eingespannter Träger schwingt [4.37]. In Abb. 4.51 werden einige der möglichen Schwingungsformen vorgestellt. Im Frequenzbereich über 200 Hz vollführt das

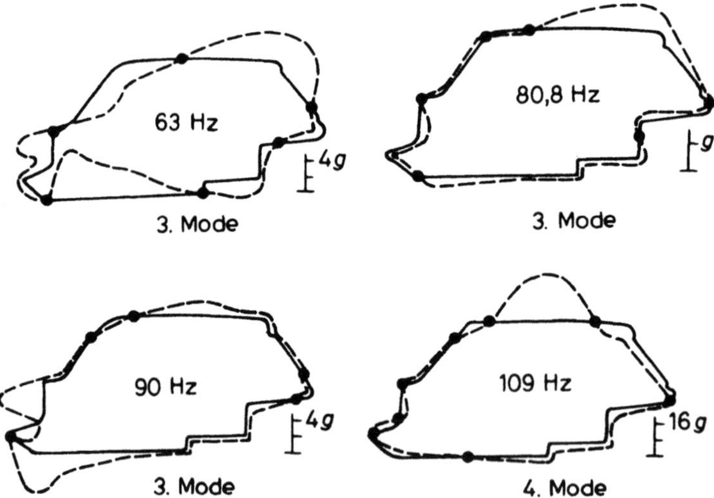

Abb. 4.51. Kreisring-Schwingungen des Fahrgastraums. Die Schwingbeschleunigungen an den einzelnen Karosseriepunkten sind durch die gestrichelten Linien miteinander verbunden

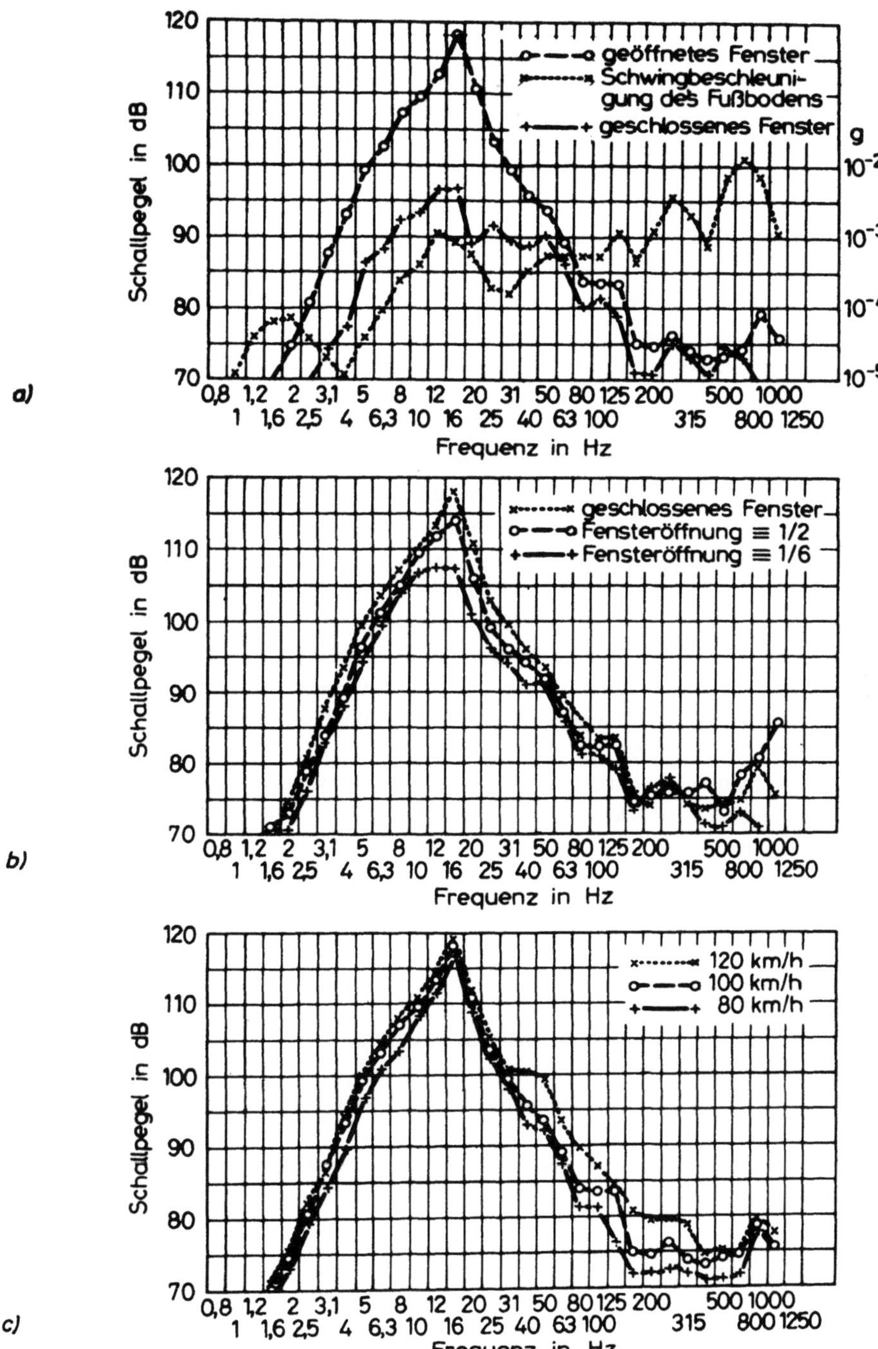

Abb. 4.52. Pkw-Innengeräuschspektren. **a** bei geöffneten und geschlossenen Fenstern, $v = 100$ km/h; **b** Einfluß der Fensteröffnung auf das Geräusch, $v = 100$ km/h; **c** Einfluß der Fahrgeschwindigkeit auf das Geräusch, geöffnetes Fenster

Skelett des Fahrgastraums weiterhin noch Schwingungen nach Art eines Kreisringes, die Zentralteile des Fußbodens und des Daches schwingen dagegen wie eingespannte Platten.

Die im Fahrgastraum eingeschlossene Luftmasse kann wie die Luft in einer Querschnittsverengung ein Schwingungssystem bilden. Bei den Resonanzfrequenzen führt die Reflexion des von den Biegeschwingungen der Blechflächen in den Innenraum abgestrahlten Luftschalls zur Ausbildung von Stehwellenfeldern. Dieser Effekt, der den Innengeräuschpegel verstärkt, wird als Hohlraumresonanz bezeichnet. Der Schalldruckpegel ist allerdings nicht gleichmäßig über den Fahrgastraum verteilt, sondern in Abhängigkeit vom Meßort unterschiedlich stark. Die Orte des Schwingungsbauches und -knotens der stehenden Schalldruckwelle bestimmen die Wahrnehmung der Insassen. Dieser Vorgang wird noch durch die schwingungstechnische Koppelung von Struktur und Hohlraum kompliziert. Der im Innenraum erzeugte Luftschall bewirkt nämlich eine Sekundäranregung der angrenzenden Blechflächen. Die Hohlraum-Resonanzen mit Frequenzen unter 70 Hz sind wegen der möglichen Verstärkung der Anregung durch die Straßenunebenheiten und durch Windeinflüsse von Bedeutung. Die letzteren verursachen nach Abb. 4.50 die höchsten Pegel in der Nähe der Karosserieelemente mit den geringsten Schalldämm-Maßen, weshalb die Luftschallanregung im wesentlichen von den Fenstern ausgeht.

Als Beispiel sind einige Innengeräuschspektren in Abb. 4.52 dargestellt [4.38]. Im Frequenzbereich von 10 ... 16 Hz kommen höhere Infraschallpegel vor, die sehr stark zunehmen, wenn die Fenster geöffnet werden (Abb. 4.52a). Zwischen dem Maß der Fensteröffnung und dem Geräuschpegel ist ein eindeutiger Zusammenhang zu erkennen: Der Pegel nimmt mit größer werdendem Öffnungsquerschnitt zu (Abb. 4.52b). Die Fahrgeschwindigkeit übt nur geringen Einfluß auf die Höhe der Resonanzspitzen aus (Abb. 4.52c). In Abb. 4.52 ist als Referenzspektrum noch das Spektrum der Fußboden-Schwingbeschleunigung enthalten. Das erste Maximum bei etwa 2 Hz ist die Resonanzfrequenz der gefederten Karosserie, das zweite bei 12,5 Hz ist die Eigenfrequenz der Vorderachsschwingung. Die Pegelspitzen bei höheren Frequenzen werden durch Motorschwingungen verursacht. Es ist zu erkennen, daß die Anregung durch die Straßenunebenheiten direkt auf die Karosserie übertragen und zum Teil als Luftschall im Infraschallbereich abgestraht wird.

4.2 Geräusche von Schienenfahrzeugen

Der Lärm des Eisenbahnverkehrs wird nicht so belästigend empfunden wie der Straßenverkehrslärm. Da aber die Eisenbahn auf ausgedehnten Anlagen Wohngebiete durchzieht und diese durchschneidet und die Verkehrsfrequenz auf einzelnen Strecken immer weiter bis zur Vollauslastung gesteigert wird, wird ihrer Lärmbelästigung zunehmende Aufmerksamkeit entgegengebracht.

Die Geräuschentstehung geht ursächlich auf die Schwingungen des komplexen Gesamtsystems Fahrzeug/Gleis zurück, das aus den beiden Einzelgeräuschquellen Fahrzeug und Gleis besteht, die über den Berührungspunkt von Rad und Schiene miteinander gekoppelt sind. Abb. 4.53 gibt eine schematische Übersicht der schall- und schwingungserregenden Mechanismen [4.39].

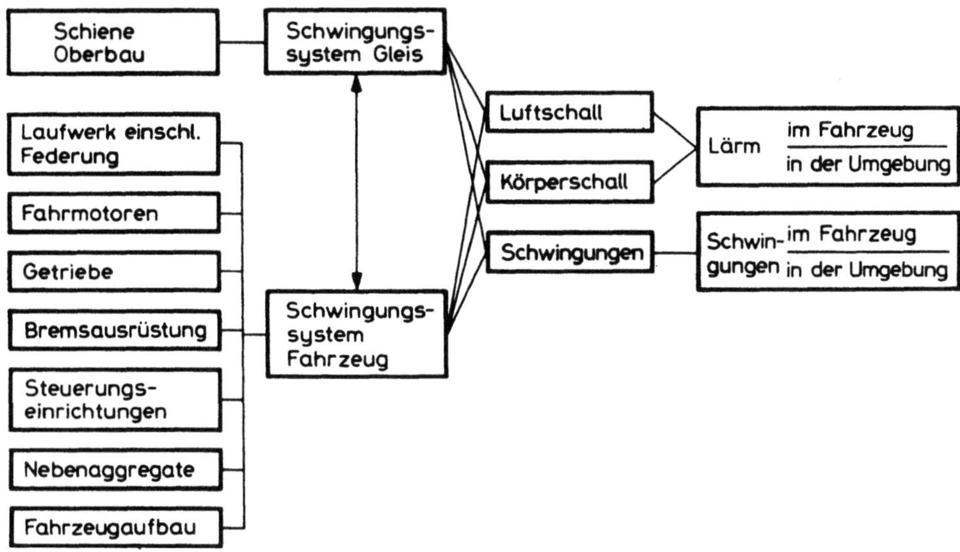

Abb. 4.53. Schematische Übersicht über die Mechanismen der Schall- und Schwingungsentstehung und -Übertragung im System Fahrzeug/Gleis

Die einzelnen Geräuschquellen tragen verschieden zum Summengeräusch bei. Die Größe der Einzelanteile hängt hauptsächlich von der Fahrzeugkonstruktion und der Betriebsweise ab. Die wichtigste Geräuschquelle ist das Rollgeräusch, das durch die Wechselwirkung von Rad und Schiene verursacht wird. An zweiter Stelle im Geräuschaufkommen steht das Antriebsgeräusch, gebildet aus den Einzelquellen Getriebe und Elektro- oder Dieselmotor. Die durch die Hilfstriebe (Kompressoren, Motoren, Umrichter, Lüfter) erzeugten Geräusche sind während der Fahrt i. allg. vernachlässigbar, können aber während des Haltens pegelbestimmend sein. Der zeitliche Verlauf des Schallpegels bei der Vorbeifahrt von Zügen ist sehr typisch (Abb. 4.54). Pegelanstieg und Pegelabfall sind wesentlich steiler als bei Vorbeifahrt eines Straßenfahrzeugs mit derselben Geschwindigkeit. Das Geräusch des Triebwagens ist meistens höher als das Geräusch der Zugwagen. Als einzelnes, leicht zu erkennendes Ereignis ragt es über die Vorbeifahrtkurve hinaus, während die Geräusche der Zugwagen einen über längere Zeit fast konstanten Pegel erzeugen. Die Pegel-Zeitkurven sind meist — abhängig von der Richtcharakteristik der einzelnen Geräuschquellen — asymmetrisch.

4.2.1 Das Gesamtgeräusch von Schienenfahrzeugen

Abb. 4.55 zeigt den Bereich und die Verteilung der Vorbeifahrtpegel von Triebfahrzeugen in den Vereinigten Staaten [4.40]. Die in 30 m Entfernung von der Gleismitte aufgenommenen Pegel decken einen weiten Bereich der Geschwindigkeiten, der Streckengradienten und Gleisarten ab. 90% der von Diesellokomotiven emittierten Pegel (105 Werte) liegen zwischen 82 und 92 dB(A). Die Elektrolokomotiven sind um 3 ... 7 dB(A) leiser (60 Werte). Dieser

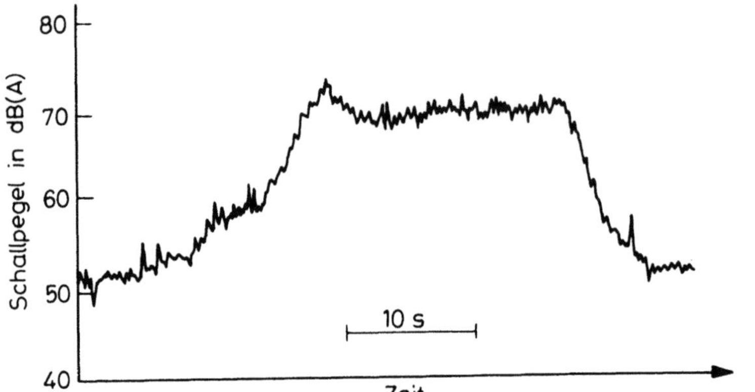

Abb. 4.54. Zeitverteilung des Schallpegels bei der Vorbeifahrt eines Personenzugs

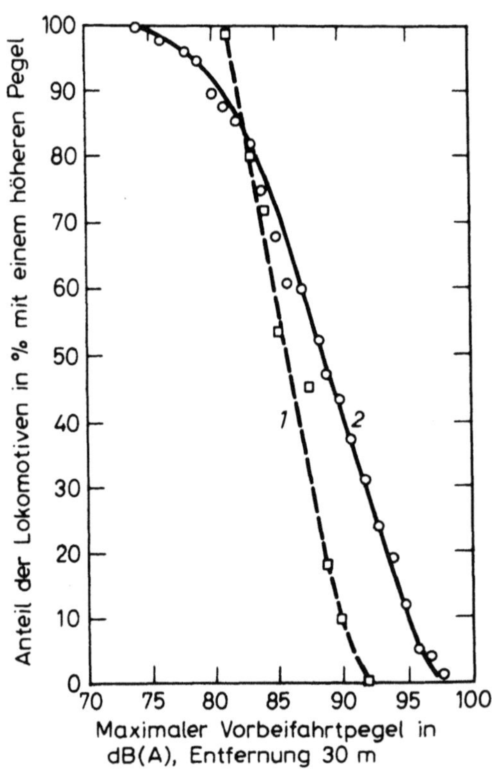

Abb. 4.55. Verteilung der Vorbeifahrtgeräuschpegel von Triebfahrzeugen in den USA [4.40]. *1* Elektroloks, *2* Dieselloks

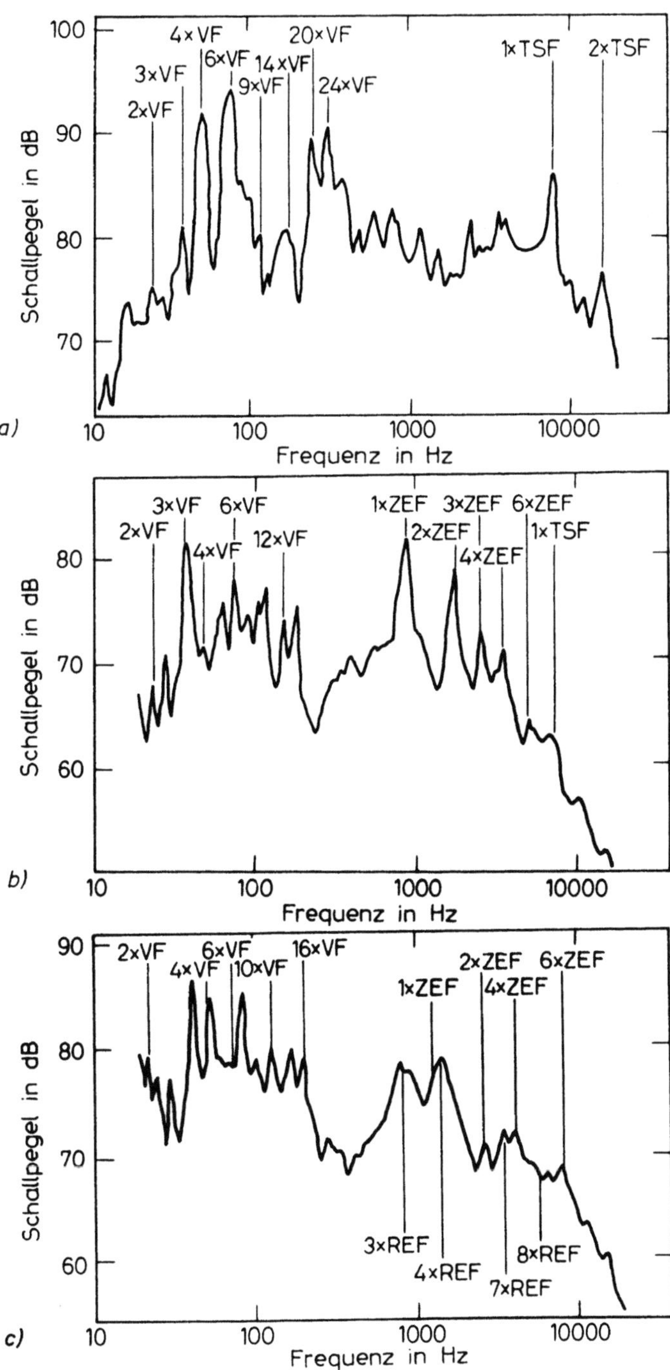

Abb. 4.56. Geräuschspektren von Diesel-Triebfahrzeugen bei maximaler Motordrehzahl **a** im Stand, **b** während der Fahrt mit 134 km/h und **c** mit 200 km/h. VF = Verbrennungsfrequenz, TSF = Turbo-Schaufelfrequenz, ZEF = Zahneingriffsfrequenz, REF = Radeigenfrequenz

Geräuschunterschied ist ähnlich hoch bei den europäischen Bahnen, wohingegen das absolute Geräuschniveau geringer ist.

Abb. 4.56 zeigt das Geräuschspektrum eines dieselgetriebenen Fahrzeugs (Inter-City der British Railways) im Stand und bei der Vorbeifahrt mit verschiedenen Geschwindigkeiten [4.41]. Im Stand (Abb. 4.56a) lassen sich die Verbrennungsfrequenzen und die Turbolader-Schaufelfrequenzen gut identifizieren. Beim Vergleich mit Vorbeifahrtmessungen zeigt sich, daß diese Resonanzfrequenzen immer noch identifizierbar sind, daß aber im höherfrequenten Bereich eine Reihe weiterer, intensiver Resonanzen hinzugekommen ist. Die unterschiedlichen Spektrenformen im Stand und während der Fahrt sind durch Rad/Schiene-Geräusche und Geräusche des Traktionsmotors zu erklären. Im mittleren Frequenzbereich dominieren die Pegel bei den Zahneingriffsfrequenzen des Getriebes und bei den Eigenfrequenzen der Räder (Abb. 4.56c).

Abb. 4.57 gibt einen Überblick über die bei der Deutschen Bundesbahn gemessenen Vorbeifahrtpegel einzelner Fahrzeugbaureihen bei freier Schallausbreitung in 25 m Entfernung zur Gleismitte und 3,5 m über der Schienenoberkante [4.45]. Man erkennt folgendes:

— Bei annähernd gleicher Geschwindigkeit sind Lokomotiven mit Elektromotor und Diesellokomotiven etwa gleich laut. Lokomotiven sind einige dB(A) leiser als Reisezugwagen mit Klotzbremsen und um bis zu 8 dB(A) lauter als Reisezugwagen mit Scheibenbremsen.

— Die elektrischen Triebwagen und die neuen Reisezugwagen mit Radscheibenbremsen sind sehr leise.

Fahrzeug	Baureihe bzw. Bremsort	V_m (km/h)	Anzahl der Meßfahrten	Pegel in dB(A) 80 85 90 95 100
Ellok	103, 110, 111	152±8	20	
	140, 141, 150, 151	110±10	30	
E-Triebwagen	403	190±10	3	
	420, 472	110±10	15	
Streckendiesellok	210, 218	145±5	15	
	212, 216	110±10	13	
Rangierdiesellok	260	55±5	7	
	290, 291	80±5	19	
Dieseltriebwagen	614, 627, 628	120	36	
Reisezugwagen	Klotzbremse	150±10	26	
	Scheibenbremse	150±10	23	
	Radscheibenbremse	140	9	
Güterwagen		90±10	52	

Abb. 4.57. Schallemissionswerte von Schienenfahrzeugen (Einzelschallpegel in 25 m Entfernung vom Gleis und 3,5 m über der Schienenoberkante)

— Der Unterschied der Außengeräuschpegel zwischen Reisezugwagen mit Klotzbremsen und Scheibenbremsen beträgt bei 140 km/h etwa 10 dB(A) (Abb. 4.63). Dieser Wert vermindert sich mit abnehmender Geschwindigkeit.

Das Geräusch der Zugwagen ist i. allg. etwas geringer als das der Triebfahrzeuge. Daher steigt der Vorbeifahrtpegel eines Zugs zunächst auf ein Maximum an und fällt dann wieder leicht ab. Die Vorbeifahrtpegel der einzelnen Zugwagen sind praktisch gleich. Das dadurch entstehende konstante Pegelniveau ist aber entsprechend dem Vorbeifahrttakt geringfügig moduliert. Größere Pegelschwankungen deuten auf Unregelmäßigkeiten im Abrollprozeß hin. Das Geräusch von Personenwagen ist geringer als das von Güterwagen, gemessen auf demselben Gleis und bei derselben Geschwindigkeit. Der Grund dafür ist die bessere Radaufhängung und die bessere Schwingungsdämpfung.

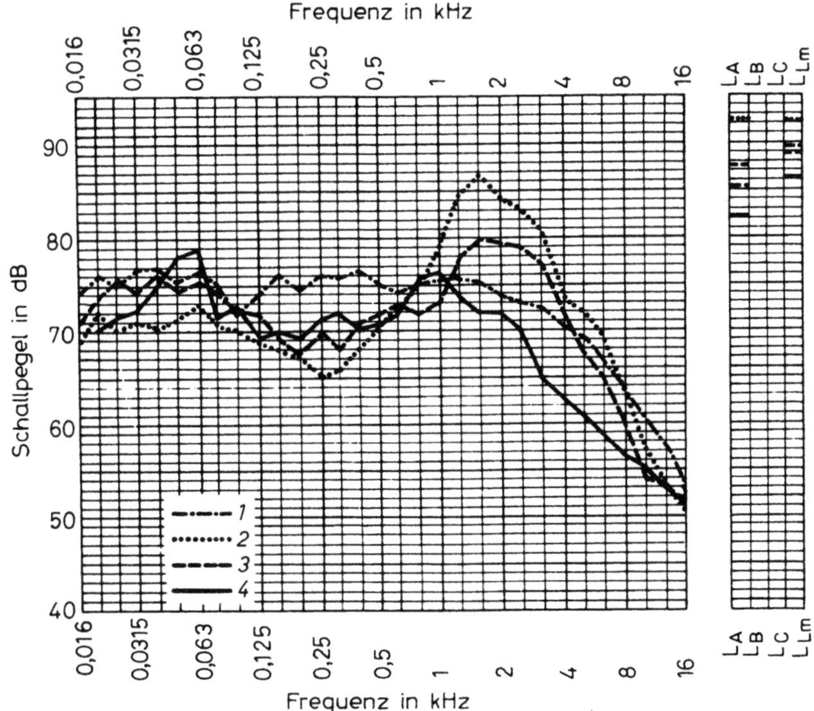

Abb. 4.58. Vorbeifahrtgeräusche von verschiedenen Zügen. *1* 28 Güterzüge, mittlere Geschwindigkeit *v* = 100 km/h; *2* 10 D-Züge, mittlere Geschwindigkeit *v* = 137 km/h; *3* 10 IC-Züge, mittlere Geschwindigkeit *v* = 159 km/h; *4* 12 elektrische Triebwagen ET420 und ET472, mittlere Geschwindigkeit *v* = 116 km/h. Meßabstand 25 m von Gleismitte, 3,5 m über Schienenoberkante

4.2.2 Das Rollgeräusch

Bei Schienenfahrzeugen ist die pegelbestimmende Geräuschquelle das Rollgeräusch. In Abb. 4.58 sind die Terzspektren und Summenpegel für D-Züge, IC-Züge, Güterzüge und elektrische Triebwagen eingetragen [4.42]. Obwohl die D-Züge langsamer gefahren worden sind, verursachten sie höhere Schallpegel als die IC-Züge. Eine Erklärung dafür ist, daß sich die IC-Züge zum größten Teil aus neuen Wagen mit Scheibenbremsen zusammensetzten. Die Intensität des Rollgeräusches hängt von der Fahrgeschwindigkeit ab. Der Pegelanstieg verläuft ungefähr mit dem 30-fachen Logarithmus der Geschwindigkeit (d. h. die Intensität ist proportional der 3. Potenz der Geschwindigkeit). Die Höhe des Gesamtgeräusches eines Zugs wird immer durch die Rollgeräuscherregung bestimmt. So bewirken z. B. Räder mit abgedrehten Laufflächen oder aufmontierten Absorbern eine Minderung des Gesamtpegels von 3 ... 5 dB(A).

Der Entstehungsmechanismus der Rollgeräusche ist bis jetzt noch nicht ganz genau geklärt. Höchstwahrscheinliche Ursache ist, daß zeit- und ortsvariable Kräfte, die beim Abrollen der Räder auf der Schiene entstehen, Rad und Schiene zu Schwingungen anregen. Sie können zurückgeführt werden auf [4.39]:
— die Modulation der Radlast durch die Oberflächenrauhigkeiten der Laufflächen von Rad und Schiene,
— die ortsabhängige Schienenlagerung (Schwellenabstände, unterschiedliche Schienenbefestigungen),
— die Modulation der Umfangskräfte durch Schlupf- und Gleitbewegungen (slip-stick-Geräusche).

Teile der Schwingungsenergie werden in den Ober- und Unterbau bzw. durch die Räder in die Fahrzeugkonstruktion übertragen. Weitere Teile dissipieren in Rad und Schiene. Der Rest wird in Luftschall umgesetzt und erzeugt das charakteristische Rollgeräusch. Der Anteil der Luftschallabstrahlung von Rad und Schiene ist verschieden. Welcher Beitrag überwiegt, konnte bisher noch nicht durch Meßergebnisse eindeutig abgesichert werden. Bei einigen Untersuchungen wurde das Rad, bei anderen die Schiene als Hauptstrahler gefunden. Fischer [4.43] hat die Geräusche von Rad und Schiene in der Summe gemessen und einzeln durch Abschirmung von Rad oder Schiene und dabei festgestellt, daß im Frequenzbereich unter 500 Hz das Schienengeräusch, über 1600 Hz das Radgeräusch und zwischen 500 Hz und 800 Hz die Schallabstrahlung vom Drehgestell dominiert. Die unterschiedliche Beurteilung des Geräuschverhaltens des Rad/Schiene-Systems ist vielleicht darauf zurückzuführen, daß das Verhältnis der Geräuschemissionen des Rads und der Schiene keine konstante Größe ist, sondern von verschiedenen Einflußgrößen, wie z. B. von der Geschwindigkeit oder dem Zustand der Laufflächen, abhängt. Die letzten Forschungsarbeiten in der Bundesrepublik Deutschland scheinen darauf hinzuweisen, daß bei schnell fahrenden Schienenfahrzeugen die Radscheiben die Hauptschallquellen sind [4.45]. Unklar ist jedoch noch die Lage der Schallquelle in vertikaler Richtung bzw. die Quellenverteilung über die Radscheibe. Für Dämpfungsmaßnahmen wichtig wäre die Kenntnis, ob die gesamte Radscheibe oder nur bestimmte Bereiche davon abstrahlen.

Die Geräuschentstehung des Rad/Schiene-Systems kann am besten anhand eines von Remington [4.44] entwickelten Modells dargestellt werden (Abb. 4.59). Die Schwingungsanregung wird hauptsächlich durch die Oberflächenrauhigkeiten der Laufflächen verursacht (s. erster Block in Abb. 4.59). Ein Beispiel für das Rauhigkeitsspektrum von Rad und Schiene ist in Abb. 4.60 enthalten. Mit zunehmender Wellenzahl (Frequenz) verringert sich die Rauhigkeitsamplitude.

Die Kontaktfläche zwischen Rad und Schiene wird ellipsenförmig mit der Großachse senkrecht auf der Schiene deformiert. Die Anregungen durch die Oberflächenrauhigkeiten mit Wellenlängen (mittleren Abständen zwischen Rauhigkeitselementen) in der Größenord-

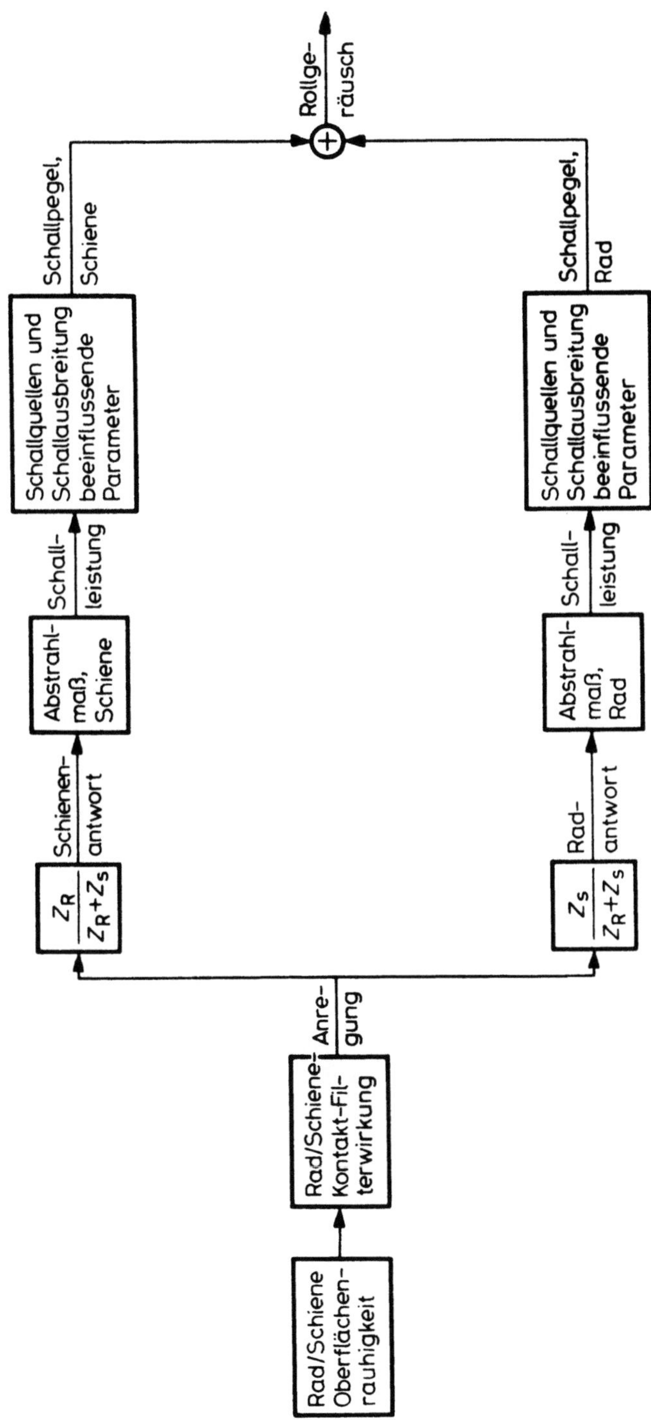

Abb. 4.59. Modell zur Erläuterung des Geräuschverhaltens des Rad/Schiene Systems

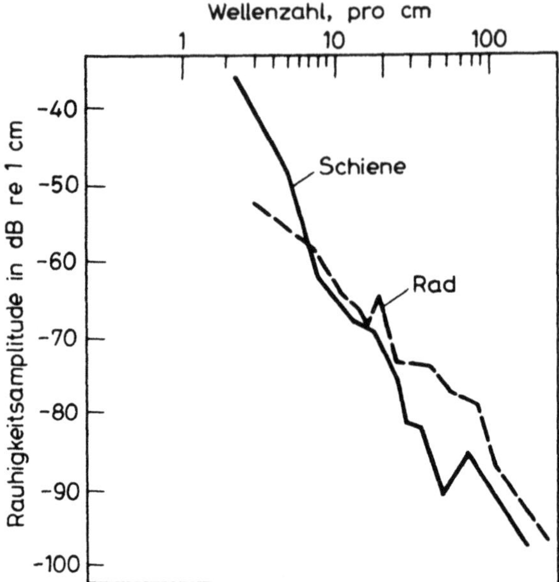

Abb. 4.60. Oberflächenrauhigkeits-Spektren von Rad und Schiene

nung oder kleiner als die Länge der Kontaktfläche sind viel weniger wirksam. Die Kontaktfläche ist daher einem Filter vergleichbar, das die Rauhigkeiten mit kürzeren Abständen bzw. Wellenlängen (höhere Frequenzen) ausfiltert. Dieses Verhalten ist durch den zweiten Block in Abb. 4.59 modelliert.

Die Größe der Schwingungsantwort in Rad und Schiene hängt von den entsprechenden Impedanzen ab. Wenn z. B. die Radimpedanz (Z_R) viel größer ist als die Schienenimpedanz (Z_S), wird die Schiene der anregenden Rauhigkeit mehr folgen und eine wesentlich größere Deformation erleiden. Beispiele für gemessene Schienen- und Radimpedanzspektren sowie theoretisch berechnete Zusammenhänge zeigt Abb. 4.61. Bei einem Oberbau aus Holzschwellen und Schotterbett entspricht die Schienenimpedanz in guter Näherung der Impedanz eines unendlich langen Balkens derselben Biegesteifigkeit (gestrichelte Linie). Für typische Räder steigt die Impedanz bis zu einer Frequenz von etwa 1000 Hz an, um dann ziemlich steil abzufallen. Unterhalb von 1000 Hz kann die Radimpedanz mit der Radmasse und einem Drittel der Achsenmasse berechnet werden (gestrichelte Linie). Bei Frequenzen über 1000 Hz ist die Radimpedanz wie die Impedanz eines unendlichen Balkens gleicher Biegesteifigkeit zu berechnen. Ein Vergleich der beiden Impedanzspektren der Abb. 4.61 zeigt, daß anscheinend das Rad unterhalb von 1 kHz und die Schiene etwa oberhalb von 2 kHz den wesentlichen Beitrag zum Gesamtgeräusch liefern.

Nach neueren Forschungsarbeiten beeinflussen neben den vertikalen Schwingungsanregungen auch die horizontalen Anregungen das Rollgeräusch. Im Frequenzbereich von 250 Hz ... 1250 Hz sind die vertikalen Anregungen zwar viel größer, aber durch Resonanzerscheinungen und günstige Abstrahlbedingungen können auch die Beiträge der horizontalen Schwingungsanregung maßgebende Größenordnungen annehmen [4.46].

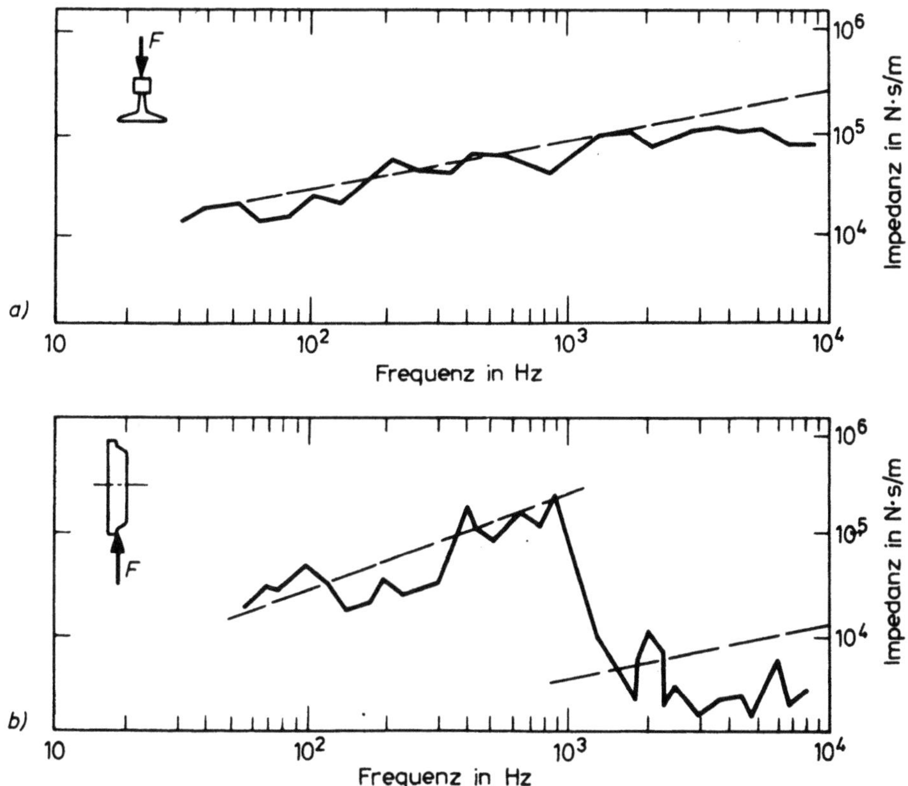

Abb. 4.61. Impedanzspektren von **a** Schiene und **b** Rad

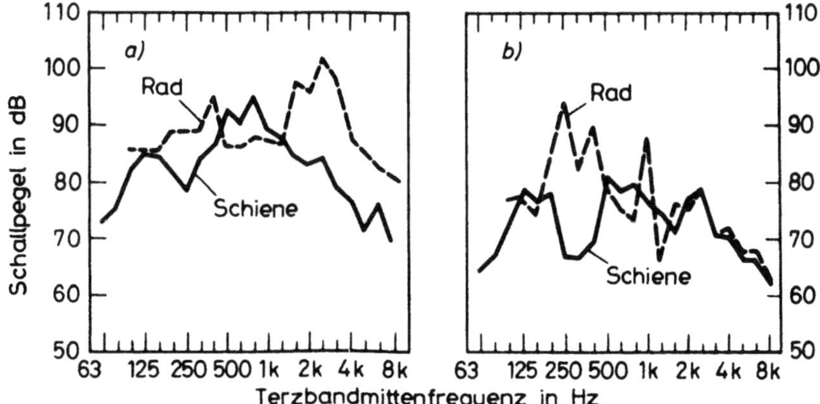

Abb. 4.62. Gerechnete Schallpegel in 2 m Entfernung von der Rad/Schiene Kontaktfläche bei **a** vertikaler und **b** horizontaler Schwingungsanregung, bei einer Geschwindigkeit von 126 km/h und in der Hauptabstrahlrichtung von $\alpha = 15°$

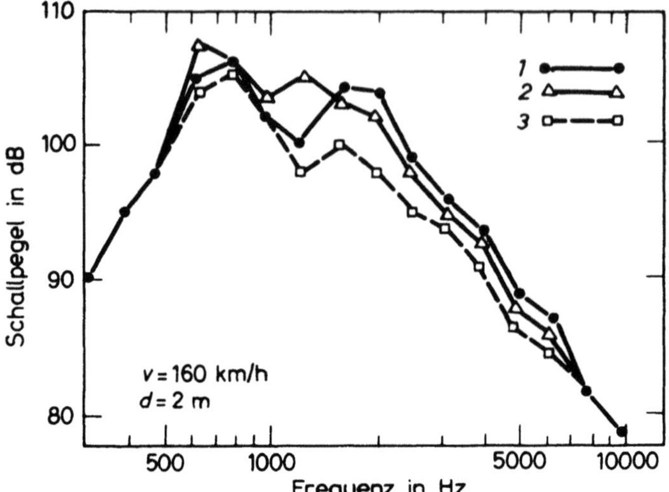

Abb. 4.63. Vorbeifahrtgeräuschspektren in einem Abstand von 2 m zur Gleismitte. *1* klotzgebremstes Rad mit einem Durchmesser von 0,914 m, *2* klotzgebremstes Rad mit einem Durchmesser von 1,068 m, *3* scheibengebremstes Rad mit einem Durchmesser von 0,914 m (British Railways)

Die von Rad und Schiene abgestrahlten Schalleistungen sind noch von den Abstrahlmaßen und anderen Parametern der Geräuschquellen abhängig (s. auch die entsprechenden Blocks in Abb. 4.59). Für ein Rad, das durch die Rauhigkeit der Lauffläche angeregt wird, ist das Abstrahlmaß oberhalb von 250 Hz praktisch 1. Bei der Schiene ist dies erst über 1 kHz der Fall, so daß im Frequenzbereich von 250 Hz ... 1000 Hz die Schiene ein schlechterer Strahler zu sein scheint als das Rad.

Die aus den Teilmeßergebnissen für die Schienen- und Radabstrahlung berechneten Schallpegel für Rad und Schiene sind in Abb. 4.62 für die vertikale und horizontale Anregung aufgetragen. Hier ist der Beitrag der vertikalen Schwingungsanregung zum Gesamtgeräusch maßgebend, mit Ausnahme der Terzbänder 250, 400 und 1000 Hz, wo die horizontalen Radanregungen pegelbestimmend sind.

Die bei den Messungen in den Schallspektren auftretenden Pegelspitzen werden i. allg. durch Radresonanzen verursacht. Abb. 4.63 zeigt die Spektren des Vorbeifahrtpegels von Zugwagen mit Rädern verschiedenen Durchmessers und verschiedener Bremsanlagen aber auf demselben Gleis und bei derselben Geschwindigkeit. Bei allen drei Spektren sind die ersten Resonanzen im Frequenzbereich von 630...800 Hz zu finden. Größere Unterschiede treten bei den zweiten Pegelspitzen auf. Sie fallen für das Rad mit einem Durchmesser von 1068 mm in das 1,25 kHz Band, für die Räder mit einem Durchmesser von 914 mm in den Frequenzbereich von 1,6...2 kHz.

Abb. 4.63 zeigt weiter noch einmal, daß das Rollgeräusch von Rädern mit Scheibenbremsen besonders im A-Pegel-bestimmenden mittleren Frequenzbereich wesentlich geringer ist als das der Räder mit Klotzbremsen. Eine Erklärung dafür ist, daß der Grauguß-Bremsklotz bei jeder Bremsung die Radoberfläche berührt und dadurch die Lauffläche aufrauht. Beim Ausbau klotzgebremster Radsätze zeigen sich mehr oder weniger deutlich ausgeprägte Riffeln auf den Laufflächen. Diese im Vergleich zu scheibengebremsten Rädern erheblich

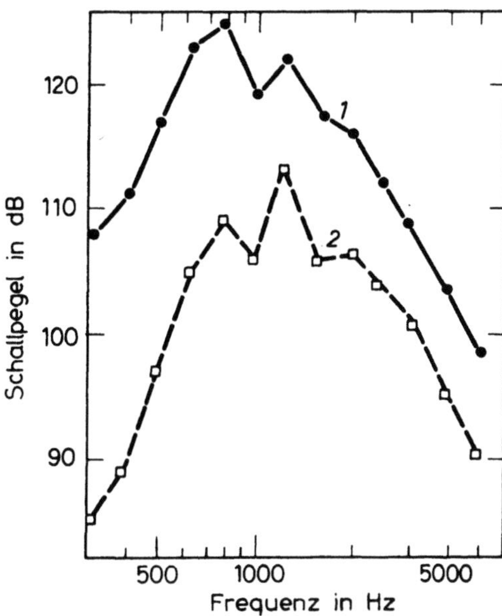

Abb. 4.64. Der Einfluß der Verriffelung von Schienenoberflächen auf das Geräusch (British Railways). *1* Schienenoberfläche mit Riffeln, *2* Schienenoberfläche ohne Riffeln

größere Oberflächenrauhigkeit verursacht eine gesteigerte Schwingungsanregung. Nach dem Abschleifen der Radlaufflächen vermindert sich zwar das Rollgeräusch, doch hält dieser günstige Zustand nicht lange vor. Nach einigen Bremsungen treten die Riffeln wieder auf.

Auch die Riffelung von Schienen muß nach dem Modell der Schwingungsanregung in ähnlicher Weise das Geräusch beeinflussen wie die vergrößerte Oberflächenrauhigkeit des Rads. Ein Beispiel dazu zeigt Abb. 4.64 aus [4.41]. Die dargestellten Geräuschspektren wurden in der Bodenebene des Wagens aufgenommen. Auf dem verriffelten Gleis ist über den gesamten Frequenzbereich eine Pegelerhöhung festzustellen. Die kräftigsten Erhöhungen fallen aber in die Frequenzbänder, die den typischen Abständen der Schienenriffeln (Wellenlängen) von 40...60 mm entsprechen.

Die beiden letzten Abbildungen zeigen die typische spektrale Verteilung des Rollgeräusches als normales Fahrgeräusch. Es ist ein breitbandiges, kontinuierlich anstehendes Geräusch mit dem Maximum im mittleren Frequenzbereich. Ganz anders sehen dagegen die Spektren von Kurvengeräuschen und Stoßgeräuschen aus.

4.2.3 Das Kurvengeräusch

Die Kurvengeräusche sind meist einzeltonhaltige Geräusche, die hauptsächlich beim Durchfahren enger Kurven auftreten. Diese Geräusche werden durch den Wechsel zwischen Haften und Gleiten der Räder hervorgerufen. Der Vorgang, der sehr schnell und wiederholt abläuft, verursacht Pfeif- und Heultöne, die aus dem normalen Fahrgeräusch deutlich hervorragen. Voraussetzung für die Geräuscherzeugung ist ein zeitlicher Kraftablauf, bei dem sich die Kraft zur Überwindung der statischen Reibung vergrößert, um dann zum

Erreichen des Haftens wieder abzufallen. Ein solcher Ablauf wird durch den differentiellen Schlupf zwischen dem inneren und äußeren Rad eines starren Radsatzes bei Kurvenradien unter 600 m ermöglicht.

Eine andere Ursache der Geräuschentstehung ist das Spurkranz-Anlaufen, wenn der Spurkranz an der Schienenflanke entlangreibt. Wenn die einzelnen Achsen parallel zueinander stehen und die Räder auf der Schiene gehalten werden, haben sie im Bogen sowohl eine radiale als auch eine tangentiale Geschwindigkeitskomponente (Quergleiten der Räder). Sie vergrößern sich, wenn ein größeres Spurspiel vorhanden ist.

Eine bisher nicht vollständig beantwortete Frage ist, in welchem Umfang die einzelnen Mechanismen zum Kurvengeräusch beitragen. Ein Mechanismus allein genügt i. allg. nicht zur Erklärung der beobachteten Geräusche. So wird z. B. durch das Schmieren des außen laufenden Radkranzes das Kurvenheulen nicht unterdrückt [4.39].

4.2.4 Stoßgeräusche

Jedes Überfahren einer Lücke (verlaschte Schienen, Weichen) oder das Auftreten von Flachstellen sowie Abblätterungen der Räder wirkt sich in einem Schlag und einem damit verbundenen impulsartigen Geräusch aus. Oberhalb einer kritischen Geschwindigkeit des Zugs verliert das Rad kurzfristig den Kontakt zur Schiene. Es entstehen Aufschlaggeräusche, die jeweils einen spezifischen Schallpegelverlauf über der Geschwindigkeit aufweisen [4.44]. Der absolute Wert des Schallpegels bei einer bestimmten Geschwindigkeit kann bisher

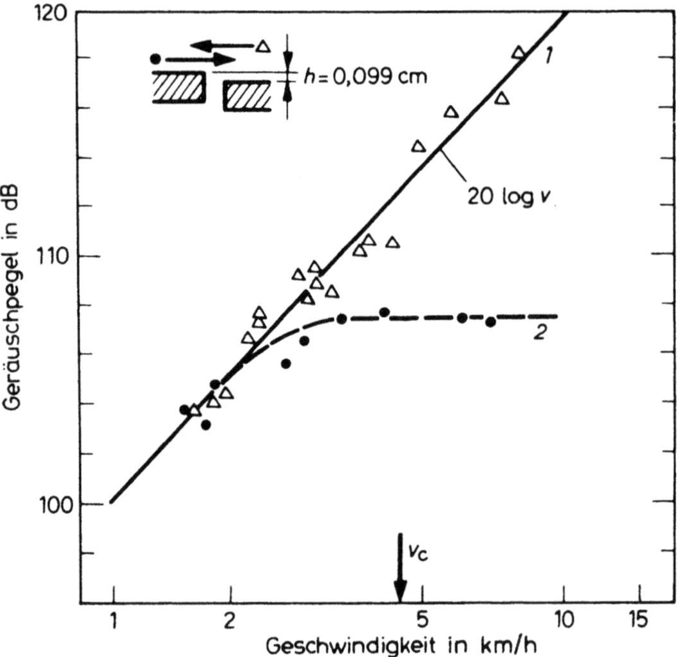

Abb. 4.65. Die Spitzenpegel an einer nicht ebenen Stoßstelle in Abhängigkeit von der Geschwindigkeit, Meßergebnisse aus einem Modellversuch im Maßstab 1 : 8, *1* „step-up"-Sprung, *2* „step-down"-Sprung

nicht befriedigend vorausberechnet werden. Brauchbare Basisdaten stützen sich auf Modelluntersuchungen. Ein Beispiel dazu zeigt Abb. 4.65, wo der prinzipielle Verlauf der Spitzenwerte des Schallpegels über der Geschwindigkeit für „step-up"- und „step-down"-Sprünge dargestellt wird [4.44]. Der „step-up"-Sprung verursacht bei allen Geschwindigkeiten die höchsten Schallpegel. Beim „step-down"-Sprung nimmt der Schallpegel oberhalb der kritischen Zuggeschwindigkeit v_c nicht mehr zu. Die Flachstelle eines Rades entspricht einem „step-down"-Sprung mit gleicher Sprunghöhe. Auch hier bleibt der Spitzenwert des Schallpegels oberhalb einer kritischen Geschwindigkeit konstant.

4.2.5 Der Einfluß des Oberbaus

Neben dem direkten Rad/Schiene-Kontakt beeinflussen auch die Art der Schienenbefestigung und die Art des Bahnkörperbelags die Geräuschentstehung erheblich.

Beim derzeit üblichen Gleisoberbau liegt der Gleisrost in einem Schotterbett. Dieses ist eine relativ lockere und offene Schüttung, in die Schallenergie eindringen kann und dort zum Teil absorbiert wird. Vom Standpunkt der Geräuschentstehung her erscheint die Verlegung von Schienen auf Betonschwellen im Schotterbett am günstigsten.

Bei einer bestimmten Güte der Schienenlaufflächen ist die unmittelbare Verlegung von Gleisen auf starre Platten die lauteste Art des Gleisbaus. Das kann sowohl auf das akustische Verhalten der Schienen (metallischer Klang) als auch auf Schallreflexionen und eine verstärkte Nachhall- und gegebenfalls Membranwirkung der Platten zurückgeführt werden. Ein im Straßenbahnbetrieb gemessenes Beispiel zeigt Abb. 4.66. Auf großen Betonplatten ist

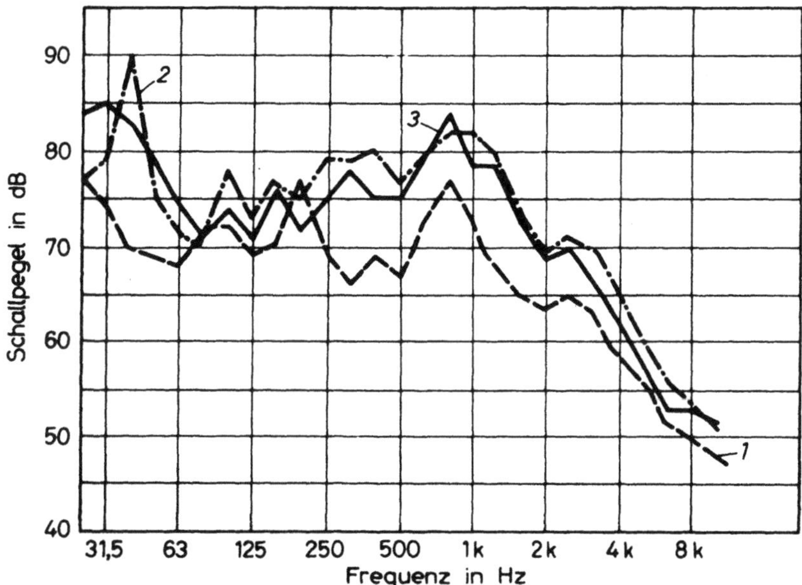

Abb. 4.66. Spektren des Rollgeräusches eines Straßenbahnzugs während der Vorbeifahrt in Abhängigkeit von der Art des Oberbaus. *1* Gleisverlegung im Schotterbett, *2* auf großen Betonplatten, *3* auf kleinen Betonplatten. $v = 40$ km/h, Abstand = 7,5 m, Höhe = 1,6 m

eine Schallpegelzunahme von 7 . . . 8 dB(A) festzustellen. Auch bei Messungen der Deutschen Bundesbahn wurden Pegelerhöhungen von 7 . . . 10 dB(A) gefunden, wenn Gleise ohne Unterlagsplatten auf starre Platten verlegt wurden. Selbst bei guten Betonplattenkonstruktionen ist der von einem Zug abgestrahlte Lärm immer noch um 3 dB(A) höher als beim herkömmlichen Schotteroberbau [4.45].

Abb. 4.66 macht weiter deutlich, daß der schallabsorbierende Einfluß des Schotterbettes im Frequenzbereich von 250 Hz . . . 2 kHz zur Geltung kommt. Im gezeigten Beispiel hilft aber auch noch die schallschirmende Wirkung der Versenkung des Oberbaus unter die Straßenebene, den Schallpegel zu verringern.

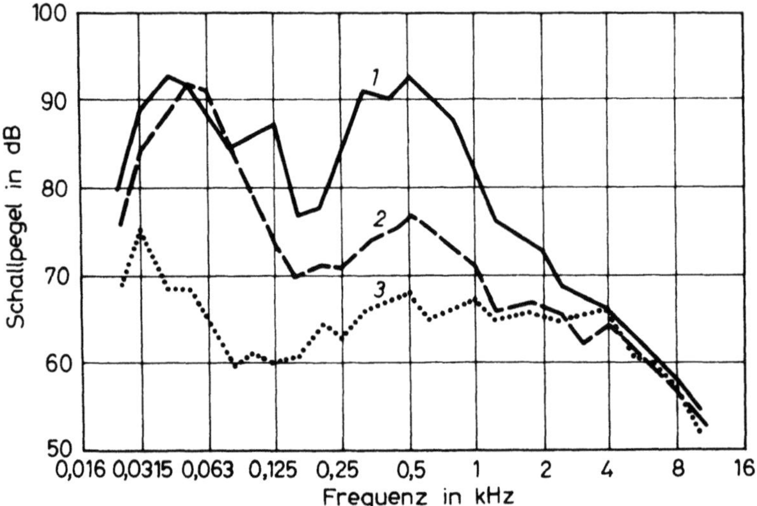

Abb. 4.67. Vorbeifahrtgeräuschspektren einer Elektrolok bei 80 km/h, 25 m Abstand und 1,6 m Höhe, *1* Stahlblechbrücke, Gleis ohne Schotterbett, *2* Stahlblechbrücke, Gleis im Schotterbett, *3* normale Strecke, Gleis im Schotterbett

Beim Befahren stählerner Eisenbahnbrücken ohne Schotterbett durch Züge können um bis zu 15 dB(A) höhere Schallpegel auftreten als beim Befahren der normalen Strecke mit Schotterbett. Neben der Schallpegelerhöhung ändert sich auch der Geräuschcharakter durch eine Frequenzverschiebung zu tiefen Frequenzen. Der in der Kontaktfläche Rad/Schiene erregte Körperschall wird nur wenig gedämpft und gemindert auf die Brückenkonstruktion übertragen und von den großen Oberflächen als Luftschall abgestrahlt. Ein Beispiel zum „Brückenlärm" zeigt Abb. 4.67, in der die Vorbeifahrtgeräuschpegel einer Elektrolok auf verschiedenen Oberbauarten verglichen werden [4.47]. Eine wirksame Lärmreduzierung an Stahlbrücken ist dadurch zu erreichen, daß die Körperschallkette Rad-Schiene-Brücke durch geeignete Schalldämm- und Schalldämpfungsmaßnahmen, wie z. B. elastische Schienenlagerung, unterbrochen wird.

4.2.6 Schallpegelbeeinflussende Faktoren

Die wichtigsten Faktoren, die den Schallpegel eines vorbeifahrenden Zugs im Vergleich zu geschliffenen Schienen- und Radlaufflächen, lückenlos verschweißtem Gleis auf Schotterbett und bei freier Schallausbreitung erhöhen (+) oder mindern (−) sind entsprechend den bisherigen Ausführungen in Tabelle 4.1 zusammengefaßt.

Tabelle 4.1. Eisenbahnlärm: Einflußfaktoren und ihre Auswirkungen auf den Vorbeifahrtpegel

Einflußfaktoren	Pegeländerung*
Fahrzeugabhängige Faktoren:	
Elektroloks statt Dieselloks	−
Güterwagen statt Reisezugwagen	+
Zunahme der Geschwindigkeit	+ +
Zunahme der Zuglänge	+
Belastung	O(−)
Klotzbremse statt Scheibenbremse	+
Flachstellen an der Lauffläche	+ + +
Schleifen der Radlauffläche	−
Oberbauabhängige Faktoren:	
Schienenverlaschung statt Verschweißung	+ +
Schienenriffeln	+ + +
Weichen, Kreuzungen	+ +
Trockenes statt nasses Gleis	+
Kurven	+ + +
Beton- statt Holzschwellen	−(O)
Schienen auf Betonplatten	+
Stahlbrücke mit direkter Schienenbefestigung	+ + +
Betonviadukt	+ +

$$* \quad \pm = \pm 2 \ldots \pm 5 \text{ dB(A)}$$
$$+ + = + 5 \ldots + 10 \text{ dB(A)}$$
$$+ + + = > + 10 \text{ dB(A)}$$

4.2.7 Stadtverkehr (U-Bahn, Straßenbahn)

Die Mechanismen der Geräuschentstehung sind bei Untergrundbahnen und Straßenbahnen dieselben wie bei Eisenbahnzügen. Wegen der Unterschiede in der Fahrzeugkonstruktion und im Schienenoberbau sind die Geräuschpegel aber etwas anders. Im allgemeinen ist die Geräuschentwicklung von U-Bahnen während der Vorbeifahrt unter gleichen Bedingungen ähnlich der von S-Bahnen aber geringer als die von Fernzügen. Eine Ursache dafür ist in den verwendeten Wagenschürzen zu sehen, die oberhalb bestimmter Frequenzen abschirmend wirken. Andererseits sind Straßenbahnen in allen Betriebszuständen lauter als U-Bahnen. Die Pegelunterschiede werden noch größer, wenn die Straßenbahngleise auf Großverbund-

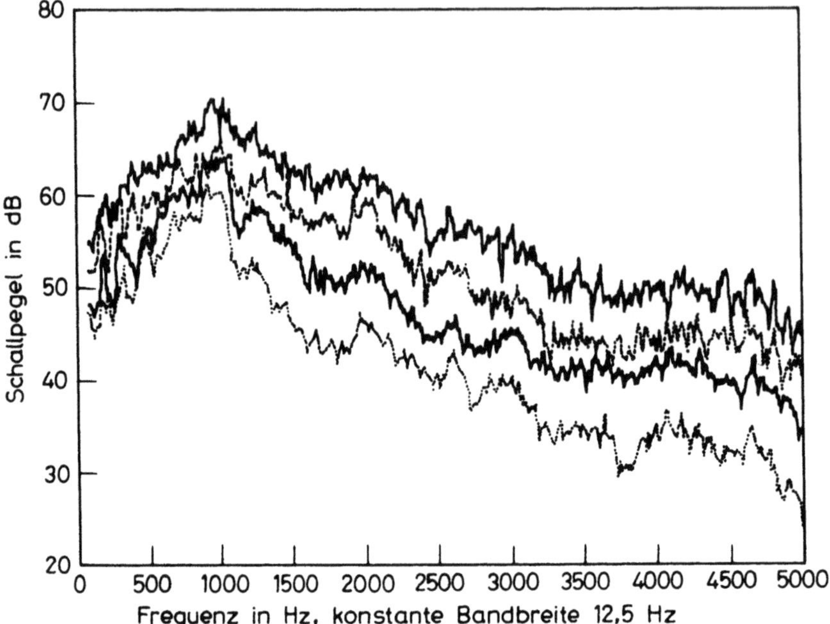

Abb. 4.68. Vorbeifahrtgeräusch eines Stadtbahnwagens auf geradem Gleis mit Geschwindigkeiten von 40, 60, 80, 100 km/h (von unten nach oben), in 7,5 m Abstand von der Gleismitte und 1,2 m über der Schienenoberkante

platten verlegt sind (Abb. 4.66). Ein weiteres Beispiel von Geräuschspektren eines Stadtbahnwagens ist in Abb. 4.68 gegeben, wo das Vorbeifahrtgeräusch bei verschiedenen Geschwindigkeiten frequenzanalysiert ist (Schmalbandfilter mit 12,5 Hz Bandbreite).

Die Anwohner in der Nähe von U-Bahnen nehmen nicht nur den direkt abgestrahlten Lärm wahr, sondern auch den durch den unterirdischen Schienenverkehr angeregten Körperschall. In der Umgebung des Emissionsortes wird die Tunnelkonstruktion im Frequenzbereich von 5 Hz bis etwa 200 Hz zu Schwingungen angeregt. Die Schwingfähigkeit eines Tunnels entspricht der eines Feder-Masse-Systems. Bei der Körperschallausbreitung vom Tunnel in die anliegenden Wohnungen werden die Schallpegel je nach Untergrund mehr oder minder stark gedämpft. In den Wohnungen hat das durch U-Bahnen verursachte Geräuschspektrum einen ausgeprägten tieffrequenten Anteil im Frequenzbereich von 40...100 Hz. Es wird von allen Raumbegrenzungsflächen abgestrahlt [4.49]. Die Einwirkungszeit dieser Geräusche kann in Abhängigkeit von der baulichen und geologischen Situation sowie der Geschwindigkeit und der Länge der U-Bahnen bis zu 10 s betragen.

4.3 Geräuschabstrahlung des Flugverkehrs

Die von Luftfahrzeugen verursachte sehr störende Geräuschemission, charakterisiert durch das Schlagwort „Fluglärm", ist besonders nach dem Erscheinen der Düsenflugzeuge zu einem ungewöhnlich großen medizinischen und wirtschaftlichen Problem geworden. Die

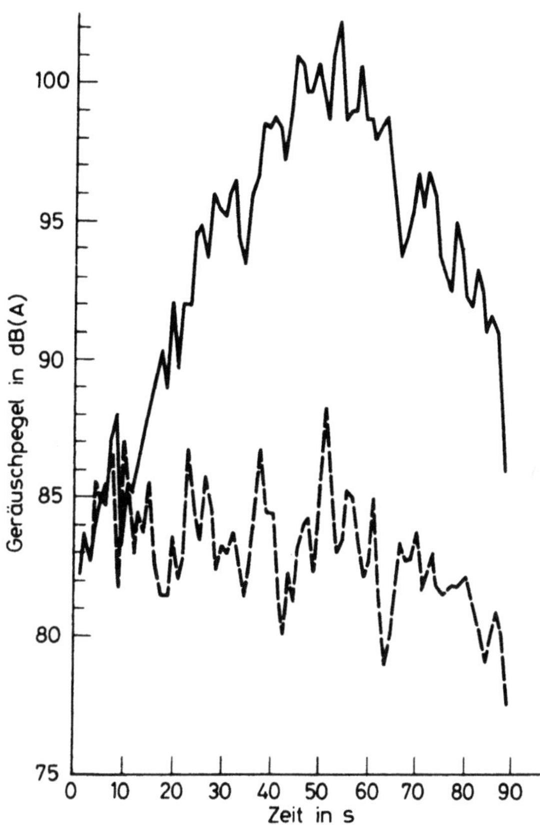

Abb. 4.69. Zeitlicher Verlauf des Geräusches eines Düsenflugzeuges bei Start (oben) und Landung (unten)

Belästigung durch den Fluglärm ist deswegen sehr groß, weil er von allen Seiten einwirkt, plötzlich, d. h. innerhalb sehr kurzer Zeitspannen und mit sehr hohen Pegeln auftritt und ein sehr störendes Geräuschspektrum aufweist. Wegen seiner geringeren flächenmäßigen Verteilung steht er trotzdem als Streßfaktor i. allg. erst an dritter Stelle hinter dem Straßenverkehrslärm und dem Lärm am Arbeitsplatz. Die größten Probleme treten in der Umgebung von Flughäfen auf, während die Flugrouten in der Regel weitab von Wohnsiedlungen liegen.

Der zeitliche Verlauf eines typischen am Boden wahrgenommenen Flugzeuggeräusches wird in Abb. 4.69 gezeigt. Wegen der sich dauernd verändernden Ausbreitungsverhältnisse sind den Pegelkurven steilflankige Pegelschwankungen überlagert. Die spektrale Verteilung des Start- und Landegeräusches eines Flugzeugs (RB 211) ist aus den Abb. 4.70 und 4.71 zu entnehmen. Die Frequenzanalyse wurde für das Maximum der Geräuschemission durchgeführt [4.62].

Die Geräuschspektren von Flugzeugen sind verschieden, je nachdem ob sie sich nähern oder entfernen. Das Anfluggeräusch enthält meist hochfrequente Komponenten während das Geräusch beim Wegfliegen durch tieffrequente Komponenten gekennzeichnet wird.

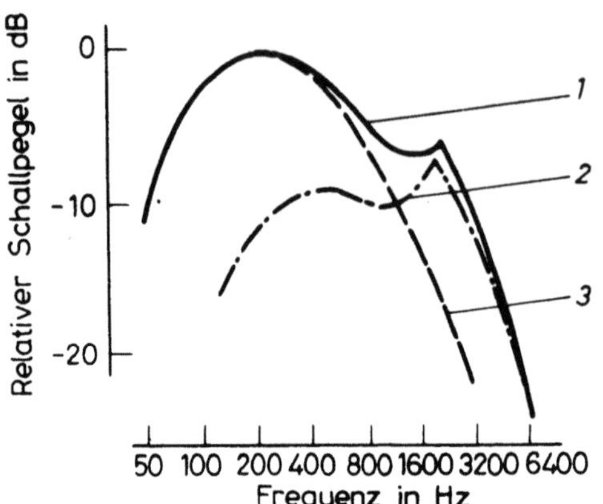

Abb. 4.70. Startlärmspektrum des RB211 bei voller Leistung beim Überflug in 500 m. *1* Gesamtlärm, *2* Lärm der rotierenden Baugruppen, *3* Strahllärm

Erklären läßt sich dies durch den Doppler-Effekt sowie durch die Lage und Richtcharakteristik einzelner Schallquellen des Flugzeugs (s. auch Abschn. 4.3.7).

Einen Vergleich der Geräuscherzeugung einiger Strahlverkehrsflugzeuge ermöglicht Abb. 4.72. Die Pegel wurden bei der Lärmzulassung nach FAR Part 36, Umweltbundesamt 1981, ermittelt [4.50]. Das Frequenzbewertungsverfahren EPN-dB weicht allerdings erheblich von dem sonst üblichen A-Bewertungsverfahren ab. Deshalb können die Absolutpegel der Abb. 4.72 nicht auf den dB(A)-Maßstab übertragen werden.

Schallpegel und Schallspektrum hängen von der Art und dem Typ des Flugzeugs, seiner Betriebsweise, dem Lastzustand und weiteren Einflußparametern ab. Die meistverbreiteten Flugzeugtypen sind heute die Düsenflugzeuge. In der Frühzeit der Jetflugzeuge benutzte man das sogenannte Einkreistriebwerk (Abb. 4.73), wo die eingesaugte Luft nach der Verdichtung, der Mischung mit dem Brennstoff und der Verbrennung mit großer Geschwindigkeit unmittelbar in die Umgebungsluft ausgelassen wurde. Zur Schallabstrah-

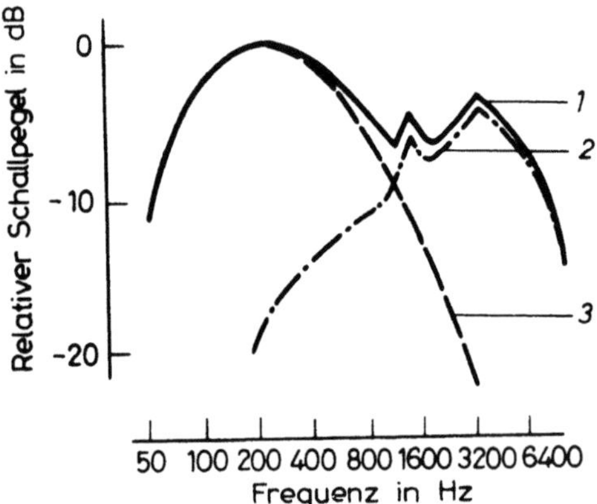

Abb. 4.71. Anfluglärmspektrum des RB 211 beim Überflug in 130 m. *1* Gesamtlärm, *2* Lärm der rotierenden Baugruppen, *3* Strahllärm

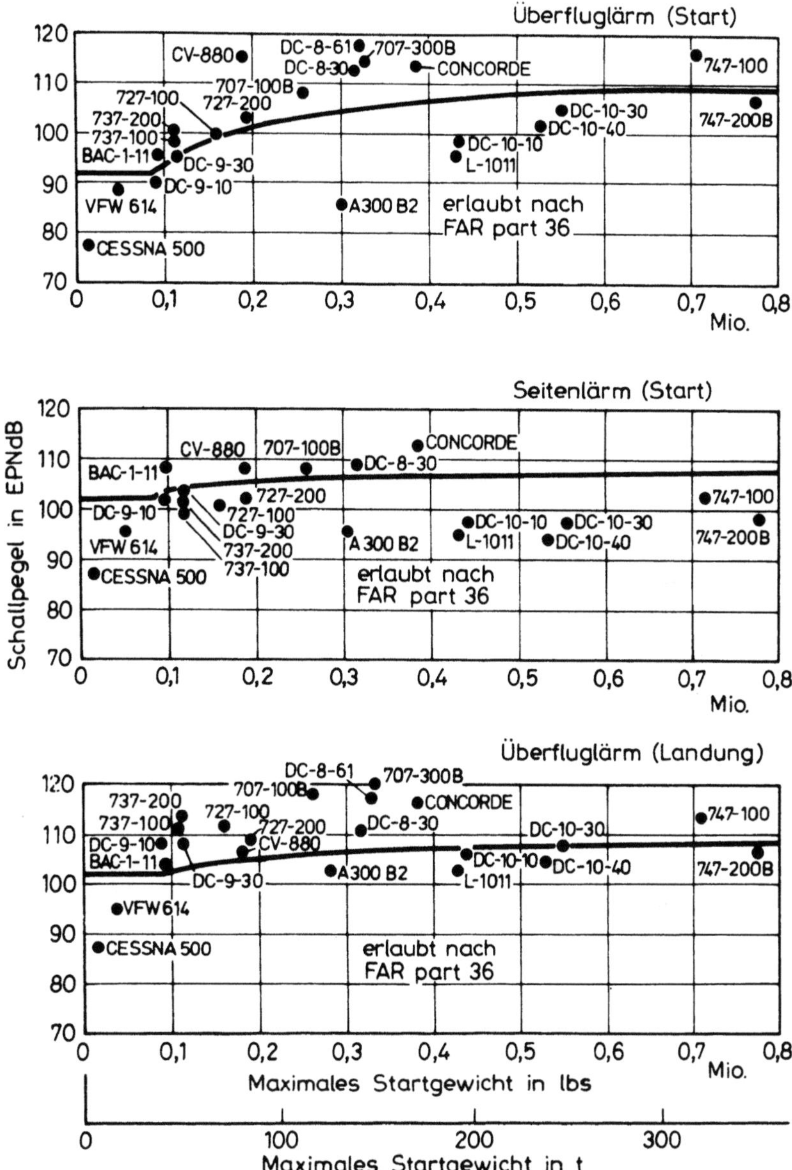

Abb. 4.72. Meßwerte für einige Strahlverkehrsflugzeuge bei der Lärmzulassung, Umweltbundesamt 1981

lung tragen die Triebwerkskomponenten Düsenstrahl, Turbine, Verdichter und Brennkammer bei. Weit überwiegend ist allerdings das Auslaßgeräusch hinter dem Flugzeug, weshalb technische Minderungsmaßnahmen im wesentlichen zur Reduzierung des Auslaßgeräusches entwickelt wurden. Dabei hat sich gezeigt, daß eine vermittelnde Trennung von Abgasstrahl

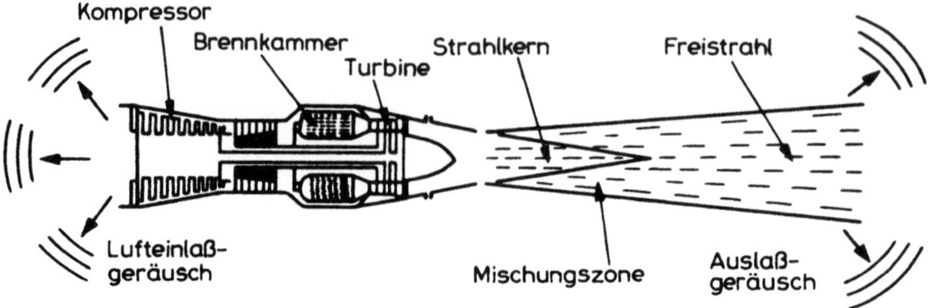

Abb. 4.73. Schematische Darstellung eines Einkreis-Triebwerkes

und Umgebungsluft durch einen dazwischengeschobenen Luftmantelstrom die Wirbelbildung im Abgasstrahl und damit auch den Lärm mindert [4.50]. Dieser Effekt wird im Zweikreis-Triebwerk ausgenutzt, dessen Aufbau zusammen mit den Lärmkomponenten in Abb. 4.74 schematisch dargestellt ist. Der Auslaßstrahllärm ist hier schon wesentlich geringer. Allerdings steigen die anderen Komponenten des Gesamtlärms, der Gebläse- und der Kompressorlärm an.

Beim Kolbenmotorantrieb (Sport- und Reiseflugzeuge) wird der Lärm hauptsächlich durch den Motor und die Propeller erzeugt. Die wichtigsten Schallquellen am Hubschrauber sind die Rotoren und die Rotortriebwerke. Der Strahl- und Turbinenlärm von Hubschraubern mit Gasturbinenantrieb ist meist geringer als der Rotorlärm.

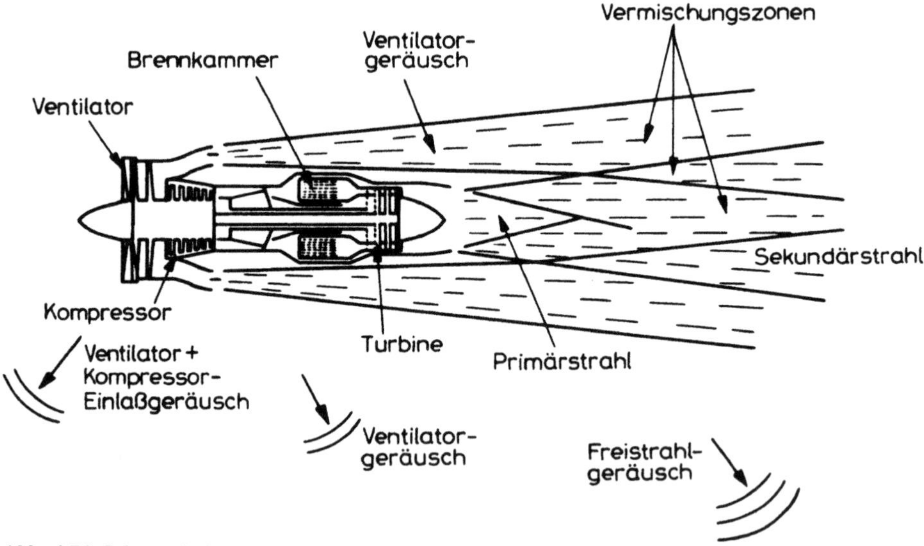

Abb. 4.74. Schematische Darstellung eines Zweikreis-Triebwerkes

4.3.1 Die Schallerzeugung durch den Düsenstrahl

Die Entstehung des Düsenstrahllärms wird in Abb. 4.75 erläutert. Nach dem Austritt aus
dem Triebwerk beginnt sich der Düsenstrahl mit dem umgebenden ruhenden Medium zu
mischen. Es kann zwischen drei Stadien der Mischung unterschieden werden. Die eigentliche
Mischzone beginnt unmittelbar an der Düse und erstreckt sich über eine Entfernung von vier
bis fünf Düsendurchmessern. Daran schließt sich eine Anpassungs- oder Zwischenzone an,
bis schließlich der turbulente Freistrahl voll ausgebildet ist [4.51]. Die Grenzschicht zwischen

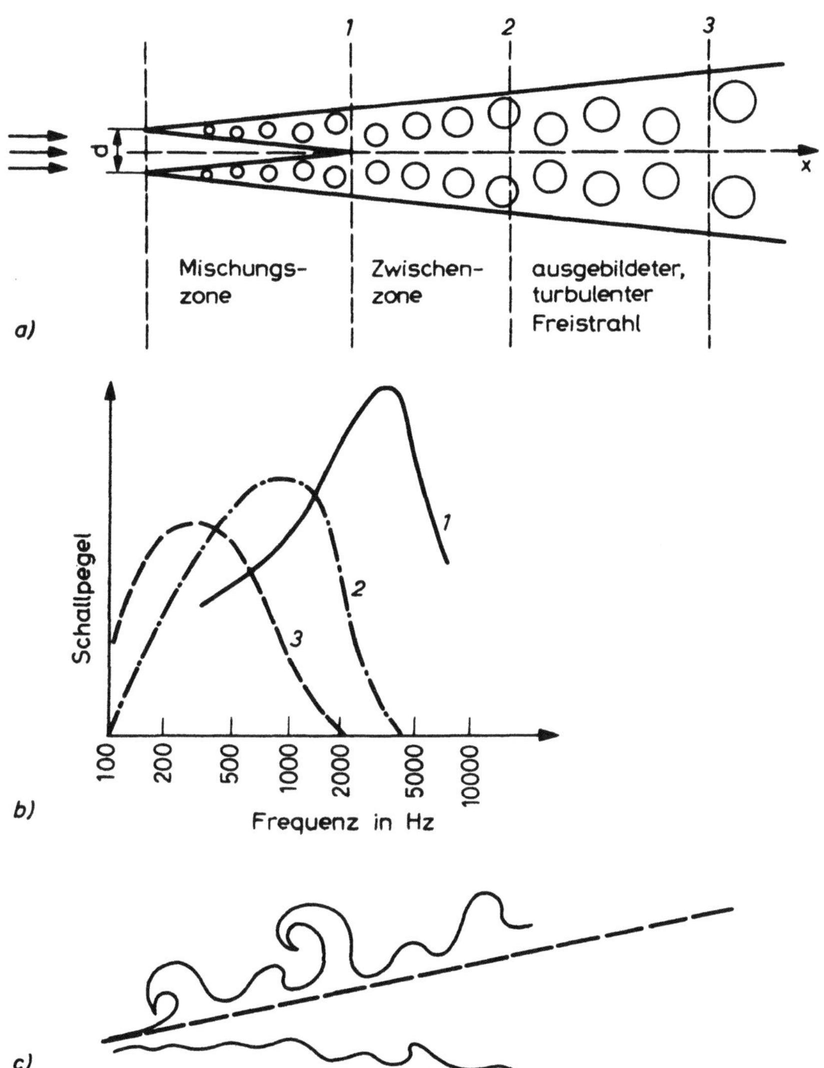

Abb. 4.75. Verhalten des Düsenstrahls. **a** Strahlzonen, **b** Geräuschspektren in den einzelnen Strahlzonen,
c Entstehung einer Grenzschicht zwischen dem Strahl und der ruhenden Luft

der umgebenden, ruhenden Luft und dem sich vermischenden Grenzstrahl hat, wie in Abb. 4.75c skizziert ist, keine glatten, sondern turbulente Oberflächen.

Die kennzeichnenden Daten des Strahls, wie die Strömungsgeschwindigkeit, die Verteilungen der Strömungsgeschwindigkeiten in Strahlrichtung und senkrecht dazu, die Strahllänge und Strahlform sind im wesentlichen eine Funktion der Druckverhältnisse und der geometrischen Form der Düsenkontur. Die Schallentstehung ist auf die Turbulenz des Strahls sowie die zeitlichen und räumlichen Schwankungen der Strömungsgeschwindigkeit zurückzuführen.

Ausgehend von den Grundgleichungen der Strömungsphysik (Gesetze von der Erhaltung der Materie und des Impulses) hat Lighthill in seiner berühmten Arbeit [4.52] die inhomogene Wellengleichung abgeleitet. Nach dieser Theorie entsteht beim Ausströmen eines Gases durch die Bildung und das Zusammenwirken zahlreicher Monopol-, Dipol- und Quadrupolstrahler ein komplexes Schallfeld.

Abb. 4.76 zeigt schematisch die Entstehung der einzelnen Strahlerarten [4.53]. Wenn die Geschwindigkeitsschwankungen der Ausströmung nur in Strömungsrichtung auftreten und

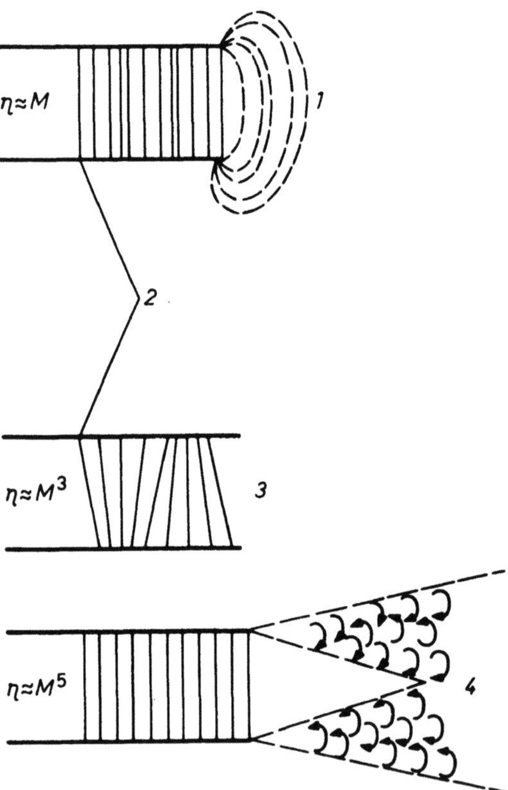

Abb. 4.76. Monopol-, Dipol- und Quadrupolanteil bei Ausströmgeräuschen [4.53]. *1* Monopolanteil (Schwankungen der Ausströmungsgeschwindigkeit), *2* Linien gleicher Geschwindigkeit, *3* Dipolanteil (Schwankungen der Ausströmungsrichtung), *4* Quadrupolanteil (Schwankungen der Geschwindigkeitsquadrate in der Vermischungszone)

die Strömung laminar bleibt, entstehen Monopolstrahler (wie z. B. näherungsweise beim Auspuffgeräusch von Kraftfahrzeugen). Die zeitlich schwankenden Geschwindigkeitsprofile quer zur Strömungsrichtung, wenn z. B. die linke Hälfte des Strahls schneller läuft als die rechte oder umgekehrt, führt zu einer Dipolabstrahlung, weil die Änderung der Anströmung einer Wechselkraft entspricht. Bei Quadrupolstrahlern entsteht der Schall durch die zeitlichen Änderungen der Schubspannungen. Bei dem turbulenten Freistrahl, der die wichtigste Schallquelle mit Quadrupolcharakter ist, sind die Schubspannungen in der Vermischungszone am größten.

Die Abstrahlung durch die Monopol- und Dipolstrahler nach außen kompensiert sich zum größten Teil, da Strahler mit entgegengesetztem Vorzeichen relativ dicht — verglichen mit der Wellenlänge — beieinander liegen. Die wesentliche Abstrahlung kann also höchsten Quadrupolcharakter haben, wobei die Schalleistung mit etwa der achten Potenz der Strömungsgeschwindigkeit ansteigt (Tabelle 4.2).

Die Ausströmungsgeräusche haben den Charakter eines ziemlich breitbandigen Rauschens, bei dem nur ein schwach ausgeprägtes spektrales Maximum vorhanden ist. Die Komponenten des Strömungsgeräusches im Bereich höherer Frequenzen entstehen in der Nähe der Düse in der Mischzone. Die tieferen Spektralanteile werden in einem bestimmten

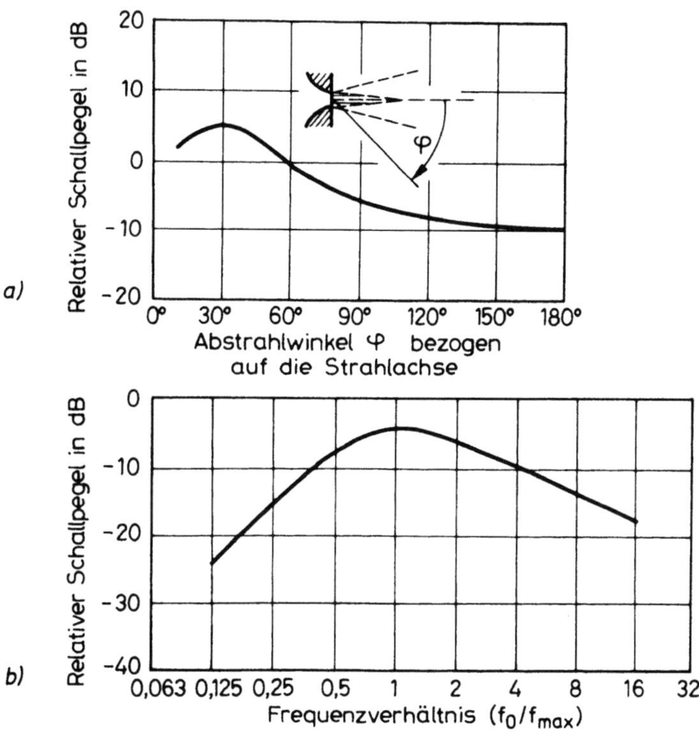

Abb. 4.77. Relative Schallpegel in Abhängigkeit vom Winkel der Schallabstrahlung **a** und dem Frequenzverhältnis **b** (Im Teilbild a entsprechen 0 dB dem über den Winkel energetisch gemittelten Pegel, im Teilbild b dem Summenpegel unter dem Winkel φ). $f_0 =$ Oktavbandmittenfrequenz, $f_{max} =$ Frequenz des Pegelmaximums

Abstand stromabwärts erzeugt. Eine schematische Darstellung der Spektralverhältnisse in den einzelnen Zonen zeigt Abb. 4.75b. Da der Schall durch die Bewegung der einzelnen Wirbel entsteht, korrelieren die Größe der Wirbel und die typische Frequenz. In der Nähe der Düse sind die Elementarwirbel noch klein, so daß das Spektrum hochfrequente Spitzen enthält. In Abb. 4.77 sind die relativen Schallpegel in Abhängigkeit vom Abstrahlungswinkel und in Abhängigkeit vom Frequenzverhältnis f_o/f_{max} (f_o = Oktavbandmittenfrequenz, f_{max} = Frequenz des Pegelmaximums) aufgetragen [4.54]. Es tritt ein ausgeprägtes Maximum unter einem Winkel von 30°...55° zur Strahlachse auf.

In Tabelle 4.2 sind noch einmal die wichtigsten Eigenschaften der drei Strahlertypen Monopol, Dipol und Quadrupol zusammengefaßt. Für kleine Strömungsgeschwindigkeiten ist der Wirkungsgrad des Quadrupolstrahlers am geringsten. Er erreicht erst bei relativ großen Strömungsgeschwindigkeiten eine hohe Lautstärke.

Tabelle 4.2. Die wichtigsten Eigenschaften verschiedener Typen von Schallstrahlern

Typ des Strahlers	Ordnung des Strahlers	Schalleistung	Wirkungsgrad	Richtcharakteristik
Monopol	0	$\sim u^4$	$\sim u/c$	◯
Dipol	1	$\sim u^6$	$\sim u^3/c^3$	∞
Quadrupol	2	$\sim u^8$	$\sim u^5/c^5$	8̶8̶

u = Strömungsgeschwindigkeit, c = Schallgeschwindigkeit

Da der emittierte Schallpegel stark von der Strömungsgeschwindigkeit abhängt, werden bei den modernen Düsenflugzeugen die leiseren Zweikreistriebwerke verwendet. Bei solchen Triebwerken fällt mit steigendem Nebenstromverhältnis der Lärm des Auslaß-Strahls rapide ab (Abb. 4.78). Jedoch vergrößert sich der Flugzeugquerschnitt und damit auch der Luftwiderstand ebenso wie das Gewicht, was besonders bei kleinen Jetflugzeugen nachteilig

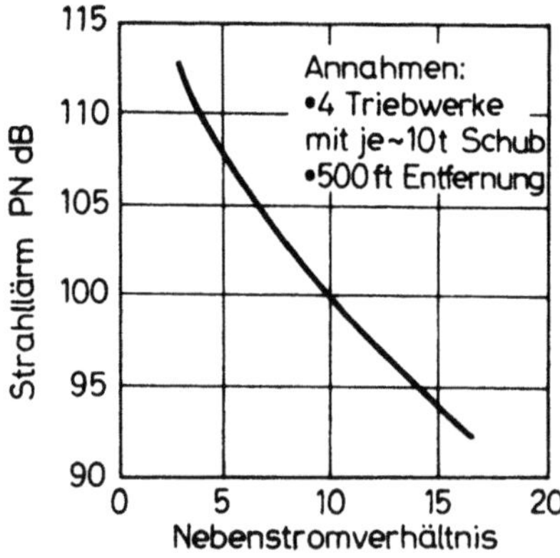

Abb. 4.78. Strahllärmpegel als Funktion des Nebenstromverhältnisses (nach SAE Paper 710469)

ist [4.50]. Bei einer zu großen Erhöhung des Nebenstromverhältnisses steigt außerdem der Gebläse- und Kompressorlärm in Bugrichtung wieder an, so daß das Nebenstromverhältnis begrenzt werden muß.

Wenn die Strömungsgeschwindigkeit im Vergleich zur Schallgeschwindigkeit klein oder groß ist, treten Abweichungen zwischen Meßergebnissen und den nach der Theorie von Lighthill berechneten Pegelwerten auf. Bei kleinen Strahlgeschwindigkeiten wird die Strömung gestört, was zu einer größeren Monopol- und Dipolabstrahlung führt. Bei hohen Strahlgeschwindigkeiten nimmt der Turbulenzgrad und damit auch die Quadrupolabstrahlung ab.

4.3.2 Die Schallerzeugung durch Verdichter, Ventilator und Turbine

Für die Schallerzeugung durch die bei Flugzeugtriebwerken verwendeten Strömungsmaschinen gelten die in Abschn. 4.1.1.3 behandelten allgemeinen Prinzipien. Wegen der erheblich größeren geförderten Luftmengen sind aber die Geräuschpegel höher und infolge der größeren Schaufel-Umfangsgeschwindigkeiten spielt die Tonerzeugung eine größere Rolle. Diese unangenehmen Wirkungen können teilweise durch bessere aerodynamische Konstruktionen kompensiert werden. Die Verdichter und Gebläse in Flugzeugtriebwerken sind Axialmaschinen und in ihrem Aufbau einander sehr ähnlich. Daher werden sie zusammen behandelt. Die folgenden Beispiele beziehen sich meistens auf Ventilatoren, können aber auch direkt auf Kompressoren übertragen werden.

Das durch Verdichter und Gebläse erzeugte Schallspektrum setzt sich aus einem Breitbandanteil und einem Klangspektrum zusammen. Die Ursachen für das breitbandige Geräusch sind hauptsächlich die turbulente, wirbelreiche Anströmung der Rotor- und Statorschaufeln sowie die unregelmäßige und in radialer Richtung ungleichmäßige Wirbelablösung an den Schaufeln [4.56]. Die beiden wichtigsten Schallerzeugungsmechanismen sind in Abb. 4.79 skizziert [4.57]. Im allgemeinen verursacht die turbulente Anströmung der Schaufeln die wesentlich höheren Schallpegel. Beide Schallstrahler haben Dipolcharakter.

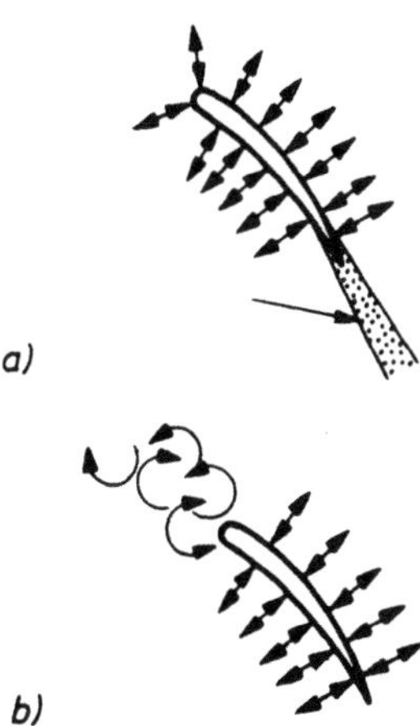

Abb. 4. 79. Schematische Darstellung der Entstehung von breitbandigen Strömungsgeräuschen bei Ventilator-Schaufeln. **a** Wirbelablösung an den Schaufeln, **b** turbulente Anströmung der Schaufeln

Die Einzeltöne werden durch periodische Schwankungen des Luftdrucks verursacht, die hauptsächlich durch die Wechselwirkung zwischen Rotorschaufeln und Leitschaufeln hervorgerufen werden. Die Frequenz des Grundtons berechnet sich als Produkt aus der Anzahl der Rotorschaufeln und der Umdrehungszahl. Auch diese auf der Wechselwirkung beruhende Schallquelle ist ein Dipolstrahler. Durch Entfernen der Eintrittsleitschaufeln und/oder eine Vergrößerung des Abstandes zwischen Rotor und Austrittsleitschaufeln ist eine Geräuschminderung möglich [4.56]. Beiden Maßnahmen sind aber konstruktive Schranken gesetzt.

Bei den modernen Zweikreis-Triebwerken mit einem großen Nebenstromverhältnis werden die Gebläse aus aerodynamischen Leistungsgründen so bemessen, daß die Spitzengeschwindigkeit der Schaufeln bei der Entwicklung der Startleistung über der Schallgeschwindigkeit, bei der Landung dagegen unterhalb der Schallgeschwindigkeit liegt. Abb. 4.80 zeigt die Auswirkung der beiden Betriebweisen auf das Geräuschspektrum [4.55]. Wenn die Schaufelspitzengeschwindigkeit unterhalb der Schallgeschwindigkeit liegt (im Bild oben) hebt sich die Komponente bei der Schaufelfrequenz (1) deutlich von dem breitbandigen Spektrum ab. Dies ist ebenso bei den Harmonischen der Fall. Überschreitet die Geschwindigkeit der Schaufelspitzen die Schallgeschwindigkeit, bilden sich Stoßwellen aus, die infolge kleiner Unregelmäßigkeiten der Schaufeln nicht miteinander identisch sind [4.56]. Bei der Ausbreitung der Stoßwellen in Richtung zum Einlauf können die geringen Unterschiede verstärkt werden. Es bildet sich am Einlauf eine Druckverteilung aus, die in zirkularer Richtung nicht die Periode $2\pi/B$ (B = Anzahl der Rotorschaufeln) hat, sondern die Periode 2π. Diese Druckverteilung rotiert mit der Rotordrehzahl N und gibt Anlaß zur Abstrahlung eines Grundtons der Frequenz N und der entsprechenden Obertöne. Die Pegel dieser Töne — in Abb. 4.80 unten mit 2 bezeichnet — können im Spektrum dominieren. Die Entstehung solcher „Kombinationstöne" wird schematisch in Abb. 4.81 erklärt. Richtung und Intensität der Druckwellen verzerren sich, so daß jede einzelne Schaufel eine

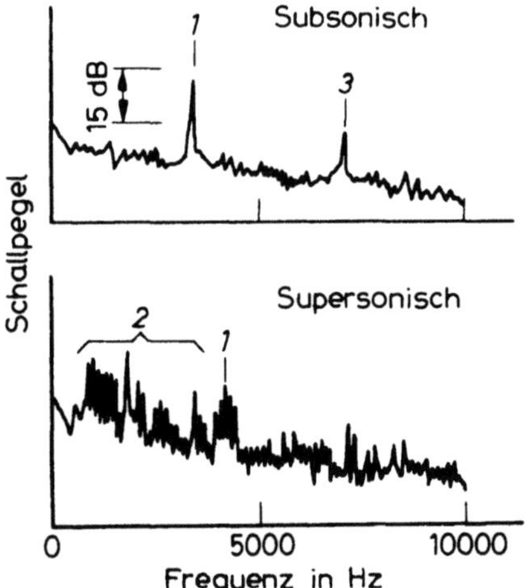

Abb. 4.80. Ansaugseitige Ventilator-Geräuschspektren bei Geschwindigkeiten der Schaufelspitzen unter und über der Schallgeschwindigkeit. *1* Schaufelfrequenz, *2* Kombinationstöne, *3* Obertöne

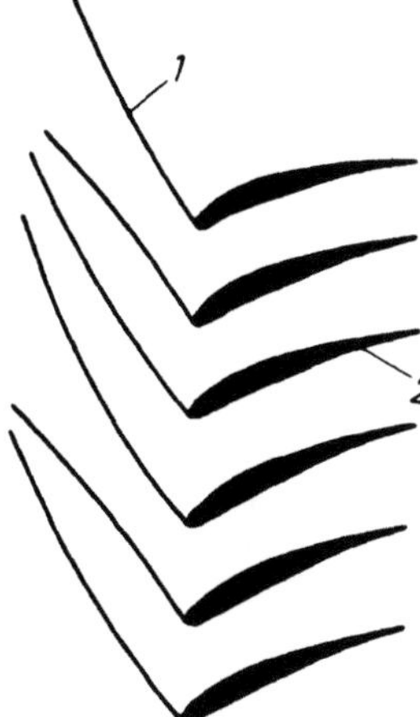

Abb. 4.81. Schematische Darstellung der Entstehung von Kombinationstönen. _1_ Druckwellen, _2_ Rotorschaufeln

selbständige Rolle in der Schallerzeugung spielt. Auf diese Art und Weise entstehen die am Boden wahrgenommenen charakteristischen Töne beim Start (Kreissägetöne) und bei der Landung (Winseln).

Die Vorherberechnung der spektralen Verteilung der Schallabstrahlung von Axialventilatoren und Verdichtern ist noch sehr unsicher, weil die Amplitudenverhältnisse der erzeugten Einzeltöne auch bei zwei Maschinen aus derselben Herstellungsserie voneinander abweichen können.

Zur Ergänzung der bisherigen Ausführungen ist in Abb. 4.82 noch einmal ein Schmalbandspektrum des Turbinengeräusches eines Zweikreistriebwerkes bei der Entwicklung der Landeleistung dargestellt [4.55]. Das Triebwerk verfügt über einen geräuscharmen Ventilator, so daß die Geräuschanteile bei den Schaufelfrequenzen der beiden Turbinenstufen gut zu erkennen sind. Im Vergleich zum Ventilatorgeräusch liegen die Pegelspitzen bei höheren Frequenzen (hier über 6 kHz). Abb. 4.83 zeigt das Schmalbandspektrum desselben Triebwerkes bei der Entwicklung der Startleistung. Nach Berechnungen liegt hier der Strahlgeräuschanteil im Bereich unter 3 kHz. Die tonalen Komponenten des Turbinengeräusches fallen in den Bereich über 9 kHz. Dazwischen sind der Grundton und die Obertöne des Ventilators zu finden.

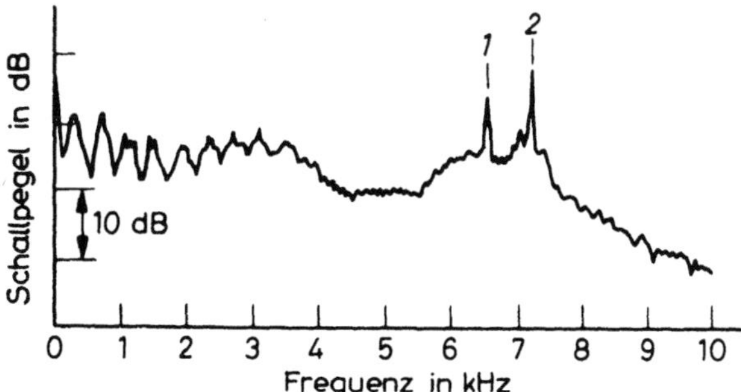

Abb. 4.82. Ein schmalbandiges Turbinengeräuschspektrum bei der Landeleistung. _1_ Schaufelfrequenz der ersten Turbinenstufe, _2_ Schaufelfrequenz der zweiten Turbinenstufe

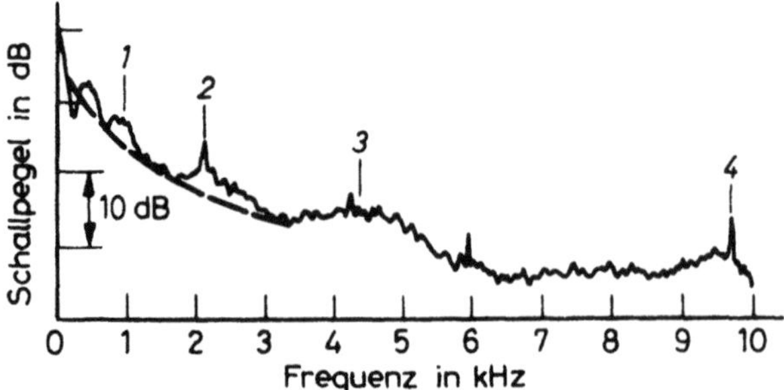

Abb. 4.83. Ein schmalbandiges Turbinengeräuschspektrum bei der Startleistung. *1* das berechnete Strahlgeräusch, *2* Ventilator-Schaufelfrequenz, Grundton, *3* Ventilator-Schaufelfrequenz, Obertöne, *4* Schaufelfrequenz der ersten Turbinenstufe

4.3.3 Das Verbrennungsgeräusch

Das Verbrennungsgeräusch (der Lärm des Brenners) trägt i. allg. nur unwesentlich zum Summengeräusch bei. Es spielt lediglich im Falle der tieffrequenten Abstrahlung von Zweikreistriebwerken nach hinten während der Entwicklung der Landeleistung eine wichtige Rolle. Als Beispiel dazu ist in Abb. 4.84 der Schalleistungspegel, summiert über den Frequenzbereich von 50 Hz ... 2 kHz, über der effektiven Strahlgeschwindigkeit aufgetragen [4.55]. Das bei Strahlgeschwindigkeiten unter 150 m/s im Fernfeld gemessene Geräusch stammt offenbar hauptsächlich aus dem Brennraum.

Die Entstehung der Verbrennungsgeräusche kann auf die Expansion kleiner, durch thermische Vorgänge verursachter Volumenelemente zurückgeführt werden. Der Verbrennungslärm hat Monopolcharakter. Infolge des zufälligen Ablaufs der Elementarvorgänge emittiert die Schallquelle breitbandig ohne tonale Komponenten. Die Schalleistung ist dem Durchsatz bzw. der Wärmeleistung proportional [4.58]. Verwirbelungen am Brenneraustritt verursachen eine Pegelzunahme.

4.3.4 Die Schallabstrahlung des Flugzeugkörpers

Wegen der Verminderung des Triebwerkslärms hat das durch den Flugzeugrumpf abgestrahlte Geräusch an Bedeutung gewonnen. Die aerodynamischen Rumpfgeräusche werden durch Unregelmäßigkeiten der Strömung an allen Diskontinuitäten, wie Lenkoberflächen, Laufwerksoberflächen, Kanten und Hohlräumen des Rumpfes, erzeugt. In bekannter Weise bildet sich bei der Strömung entlang einer Wand eine Grenzschicht aus. Ist die Strömung turbulent, treten in der Grenzschicht starke Druckschwankungen auf. Die direkte Schallabstrahlung aus der turbulenten Grenzschicht ist unbedeutend. Doch können die im Flugzeugbau verwendeten dünnen Bleche sehr stark zu Schwingungen angeregt werden, die zu Luftschallerzeugung aber auch zu Materialermüdung führen. Der Pegel dieses Geräusches hängt von der Flugzeuggeschwindigkeit, der Größe der Flügeloberflächen, dem Verhältnis des Quadrats der Flügelspannweite zur Flügeloberfläche, dem Startgewicht und der Gestaltung von Versteifungen und Kanten ab. Im Geräusch dominiert der Dipolcharakter. Obwohl auch der Monopolcharakter nachgewiesen werden kann, nimmt der

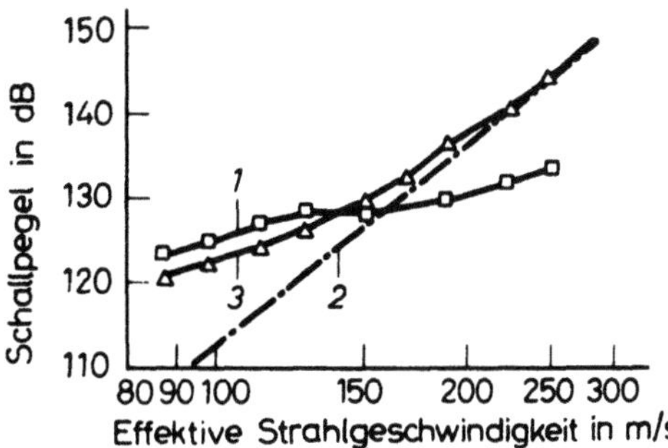

Abb. 4.84. Schalleistungspegel im Frequenzbereich von 50 Hz ... 2 kHz über der effektiven Strahlgeschwindigkeit. *1* beim Austritt aus dem Verbrennungsraum, *2* im Fernfeld bei 30,5 m Abstand, *3* Düsenstrahllärm nach dem u^8-Gesetz

Fernfeldpegel eher mit der sechsten Potenz der Strömungsgeschwindigkeit zu. Bei niedrigen Flugzeuggeschwindigkeiten, wenn die Strömung weniger turbulent ist, kann auch das von den hinteren Flügelkanten als sekundärer Quelle abgestrahlte Geräusch nachgewiesen werden [4.59]. Es steigt mit der fünften Potenz der Geschwindigkeit an.

Beim Überflug mit hohen Geschwindigkeiten ist oberhalb bestimmter Frequenzen das vom Flugzeugrumpf abgestrahlte Geräusch pegelbestimmend. Bei Start und Landung dagegen, wenn die Geschwindigkeiten erheblich niedriger sind als die normalen Reisegeschwindigkeiten, ist der Grenzschichtlärm neben dem Triebwerkslärm vernachlässigbar. Dies ist aus Abb. 4.85 ersichtlich, wo die Geräuschspektren des Grenzschichtlärms und des Triebwerklärms bei der Landung miteinander verglichen werden. Wenn in Zukunft das Triebwerksgeräusch um 10 dB vermindert wird, wird der Grenzschichtlärm eine Grenze weiterer Lärmverringerung darstellen [4.60].

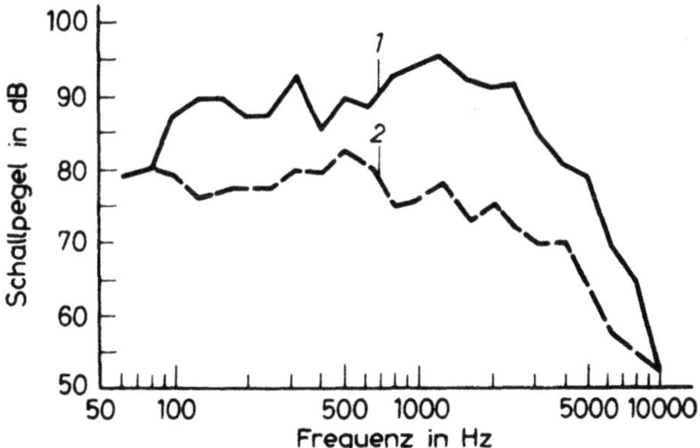

Abb. 4.85. Spektren des Triebwerklärms *1* und des Grenzschichtlärms *2* eines Flugzeugs mit einem Zweikreistriebwerk in 150 m Höhe während des Landeanflugs

4.3.5 Der Einfluß der Triebwerksanordnung auf das Geräusch

Die möglichen Anordnungen von Flugzeugtriebwerken sind in Abb. 4.86 zusammengestellt [4.61]. Sie werden unter den Flügeln, über den Flügeln oder hinten angebracht.

Das Geräusch von einem Triebwerk unter dem Flügel kann sich unbehindert zum Erdboden hin ausbreiten. Durch Reflexion an der Flügelunterseite wird es noch verstärkt (Abb. 4.87) [4.57]. Werden Triebwerke hinten angebracht, wird die Geräuschabstrahlung durch die Oberfläche der Flügel teilweise abgeschirmt. Ähnliches gilt für eine Triebwerksanordnung über den Flügeln. Das nach vorn abgestrahlte Geräusch kann zum Teil auch durch eine schräge Ausbildung der Lufteinlaßöffnung der Düse abgeschirmt werden (Abb. 4.87 unten links).

Welche Anordnung der Triebwerke am günstigsten ist, hängt von dem Zusammenwirken und den Richtcharakteristiken der einzelnen Schallquellen ab. Es ist darauf zu achten, daß Strömungsunregelmäßigkeiten vermieden werden, weil dadurch neue Schallquellen entstehen, die eine günstige Wirkung verschlechtern oder kompensieren.

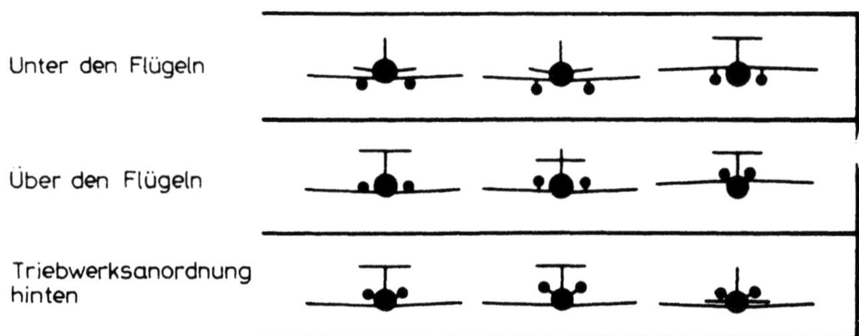

Abb. 4.86. Mögliche Triebwerksanordnungen

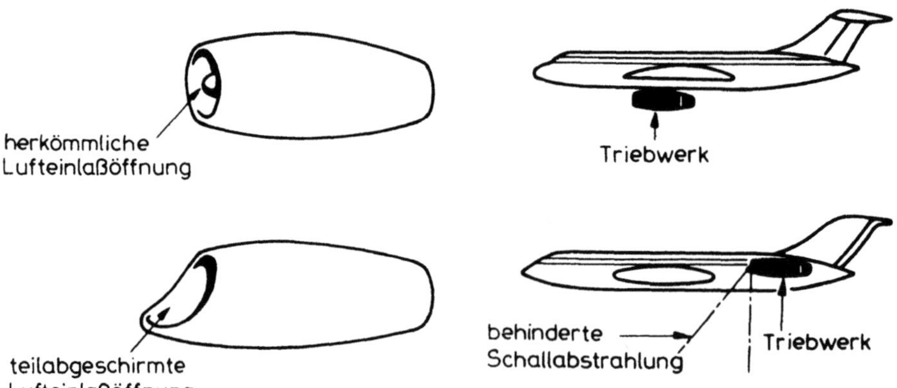

Abb. 4.87. Teilweise Abschirmung der Geräusche durch die Triebwerksanordnung und durch Formung der Lufteinlaßöffnung

4.3.6 Der Vergleich einzelner Geräuschquellen

Der Vergleich verschiedener Lärmkomponenten hilft bei der Lärmbekämpfung. Die Identifizierung einzelner Schallquellen ist allerdings sehr schwierig. Es werden dazu meist spezielle Prüfstände benötigt. Dabei stellt sich jedoch die Frage, wie die Messungen im Labor und an Ort und Stelle miteinander verbunden sind. Diese Frage ist noch nicht endgültig geklärt, so daß Labormeßergebnisse oder die in der Umgebung des Flugzeugs am Erdboden ermittelten Meßdaten nur mit Vorsicht verallgemeinert werden können. Hinzu kommt noch, daß die bisher diskutierten allgemeinen Prinzipien noch durch die Eigenschaften des Flugzeugtyps und die Betriebsweise beeinflußt werden.

Abb. 4.88 zeigt die verschiedenen Lärmkomponenten eines Zweikreistriebwerkes, wie sie aus Prüfstandsversuchen ermittelt worden sind [4.57]. Bei den älteren Triebwerken mit einem niedrigen Nebenstromverhältnis dominiert eindeutig der Strahllärm. Bei den neueren Triebwerken mit einem hohen Nebenstromverhältnis ist der Strahllärm erheblich reduziert. Er ist jedoch auch hier wieder relativ stark, wenn das Ventilatorgeräusch durch Wegnahme der Eintrittsleitschaufeln (gestrichelte Linien im Bild) verringert wird. Speziell bei der Abstrahlung nach hinten ist keine der drei Schallquellen Strahl, Ventilator und Turbine ohne Bedeutung.

Ein Beispiel zur spektralen Verteilung des Triebwerkslärmes wurde schon mit den Abb. 4.70 und 4.71 gegeben. Die Zerlegung des Gesamtschallspektrums in die Anteile Strahllärm und Lärm von rotierenden Baugruppen macht deutlich, daß im hochfrequenten Bereich über etwa 1,6 kHz der Lärm der rotierenden Baugruppen, im tieffrequenten Bereich der Strahllärm vorherrscht [4.62].

Der Beitrag einzelner Komponenten zum Gesamtpegel hängt auch von der entwickelten

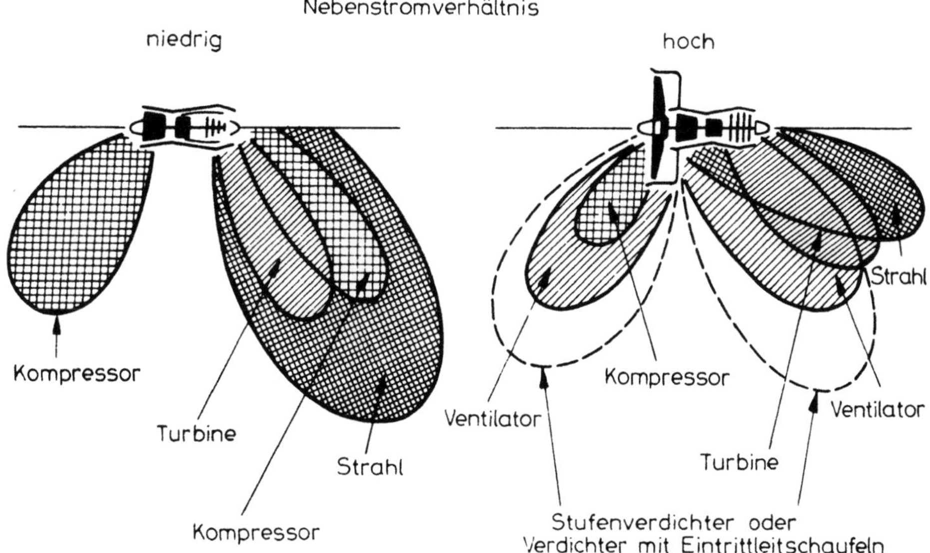

Abb. 4.88. Lärmkomponenten eines Triebwerkes bei niedrigem und hohem Nebenstromverhältnis

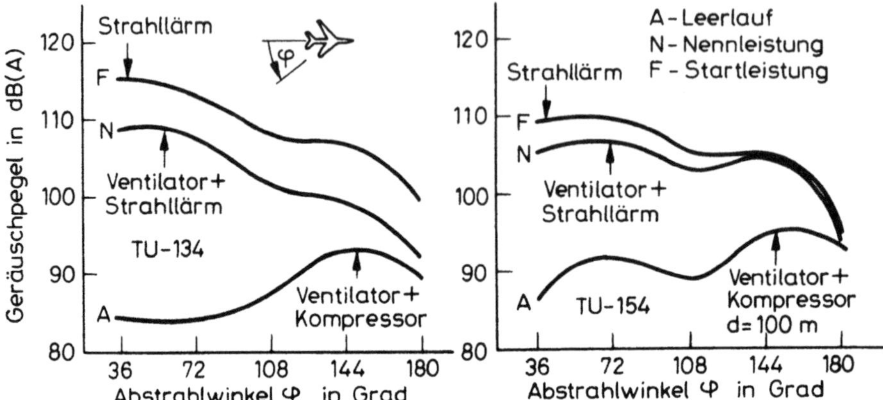

Abb. 4.89. Der Gesamtpegel in Abhängigkeit vom Winkel der Schallabstrahlung bei unterschiedlichen Leistungen. (Definition von φ im linken Bildteil oben)

Leistung ab. Abb. 4.89 zeigt Ergebnisse von Lärmmessungen an zwei stehenden Flugzeugen in 100 m Entfernung von der Flugzeugmitte und 1,2 m Höhe über dem Boden [4.63]. Die entwickelte Leistung im Leerlauf, Normalbetrieb und am Start beeinflußt stark das Strahlgeräusch. Bei Nenn- und Startleistung ist die Emission beider Flugzeuge in die Hauptstrahlrichtung am größten. Eine spektrale Zerlegung der Geräusche während der maximalen und minimalen Leistung sind in den Abb. 4.90 und 4.91 enthalten. Das Auftreten einzelner Pegelspitzen hat quellentypischen Charakter und veranschaulicht die Bedeutung entsprechender Komponenten. Da es sich um Terzspektren handelt, sind die Schaufelfrequenzen nicht so gut erkennbar (wie bei Schmalbandspektren). Bei dem verwendeten

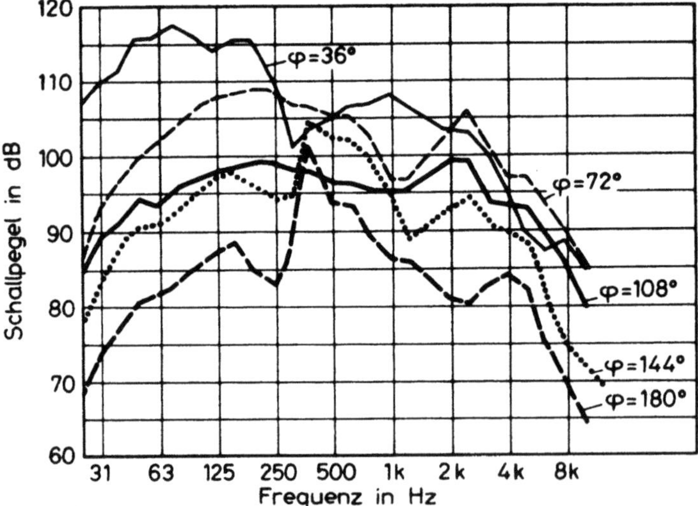

Abb. 4.90. Schallspektren eines Flugzeugs mit Zweikreis-Triebwerken während der Startleistung (Flugzeug am Boden, linksseitiges Triebwerk arbeitet, Winkel der Schallabstrahlung nach Abb. 4.89)

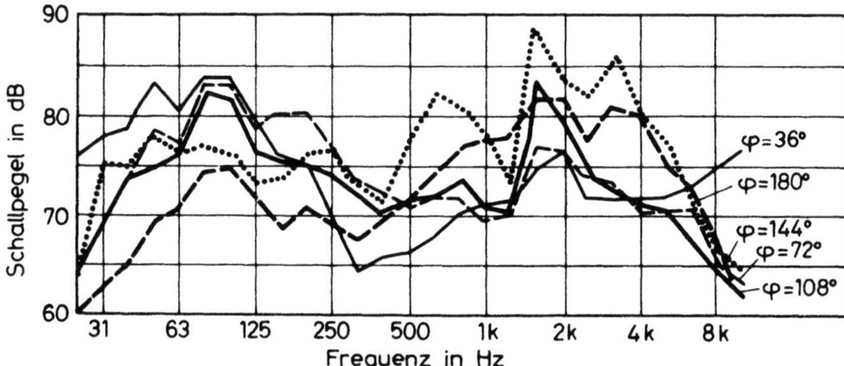

Abb. 4.91. Schallspektren eines Flugzeugs mit Zweikreis-Triebwerken beim Leerlauf

Triebwerk haben der A-bewertete Strahl- und Ventilatorlärm in der Hauptstrahlungsrichtung etwa gleiches Gewicht. Bei höheren Abstrahlwinkeln nimmt die pegelbestimmende Wirkung des Strahllärms schnell ab. Während des Leerlaufs wird der Gesamtschallpegel in alle Abstrahlrichtungen durch die tonalen Komponenten bestimmt. Der nach vorn abgestrahlte Ventilatorlärm ist höher als der nach hinten abgestrahlte. Offenbar ist der Beitrag des mit dem „kalten" Strahl in die umgebende Luft gelangenden Ventilatorlärms zum Gesamtpegel vermindert.

4.3.7 Die Geräuschemission von Hubschraubern

Die wichtigsten Schallquellen am Hubschrauber sind aus Abb. 4.92 zu ersehen [4.64]. Im Spektrum dominieren die Pegel bei den Schaufelfrequenzen des Haupt- und Heckrotors (Klangspektrum). Typisch ist, daß selbst hochzahlige Harmonische nochnachweisbar

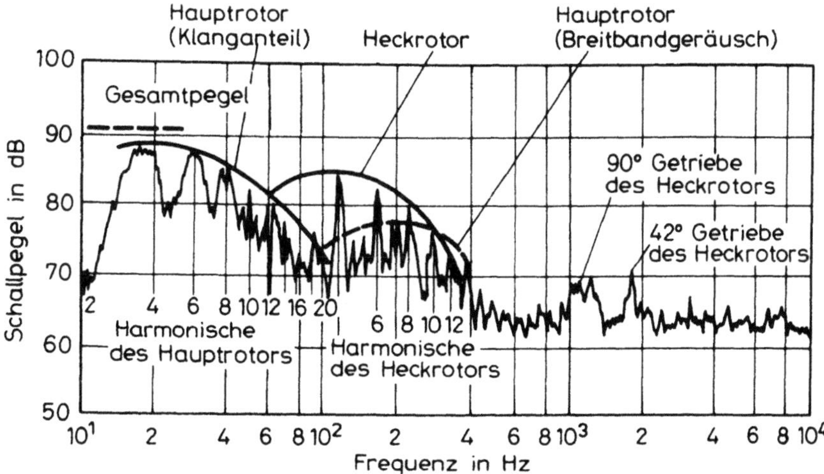

Abb. 4.92. Schallspektrum eines Hubschraubers (Rotorschub 27000 N, Geschwindigkeit der Blattspitzen = 220 m/s, Meßabstand = 60 m)

sind. Daneben verursachen auch die Rotortriebwerke einige herausragende Pegelspitzen. Das Klangspektrum wird durch die stationären und die periodisch schwankenden, an den Rotorblättern angreifenden Luftkräfte angeregt. Das breitbandige, unterlegte Geräusch entsteht durch unregelmäßig schwankende Luftkräfte.

Messungen zufolge steigt die Intensität der Einzeltöne etwa mit der zehnten Potenz der Blattspitzengeschwindigkeit an, die Intensität des Breitbandgeräusches nur mit der sechsten Potenz. Dadurch wird die große Pegelüberhöhung bei den Einzeltonfrequenzen des Spektrums der Abb. 4.92 erklärt. Wenn der Wirbel einer Blattspitze dicht an einem der nachfolgenden Blätter vorbeiläuft, entsteht bei den Frequenzen Blattzahl mal Drehzahl und den Harmonischen eine sehr viel stärkere Schallabstrahlung als im Normalfall [4.65]. Bei dieser charakteristischen Schallerscheinung, dem sogenannten „Knattern" oder „blade slap", können die Klangspitzen um 10...15 dB erhöht sein.

4.3.8 Der Überschallknall

Beim Flug mit supersonischen Geschwindigkeiten tritt eine neue Schallquelle, der Überschallknall, auf. Er dauert zwar nicht lange, ist jedoch von hoher Intensität und erstreckt sich über große Flächen am Erdboden. Der Überschallknall entsteht in solchen Höhen, wo die langsameren Flugzeuge herkömmlicher Bauart schon keine Lärmprobleme mehr hervorrufen. Die Schallintensität und die Größe der belasteten Bodenfläche (der sog. Knallteppich) hängt von der Geschwindigkeit, der Flughöhe, dem Startgewicht und Flugzeugtyp sowie von den Flugverhältnissen und atmosphärischen Bedingungen ab.

Die Entstehung, Ausbreitung und Wahrnehmung des Überschallknalls kann man sich an Hand der Abb. 4.93 klarmachen [4.66]. Von einer ruhenden, idealen Punktschallquelle breitet sich eine Schallfront mit Schallgeschwindigkeit nach allen Richtungen gleichmäßig aus. In gleichen Zeiten legt sie gleiche Wege zurück, was durch die konzentrischen Kreise in Abb. 4.93a veranschaulicht wird. Wenn sich die Schallquelle in „x"-Richtung bewegt, z. B. mit der halben Schallgeschwindigkeit, werden die in gleichen zeitlichen Intervallen emittierten Schallwellen Positionen wie in Abb. 4.93b einnehmen. Bei einer Steigerung der Quellengeschwindigkeit rücken die Wellenfronten vor der Schallquelle, in Bewegungsrichtung, immer dichter aneinander. Wenn die Schallgeschwindigkeit erreicht ist, wandeln sich die Schallwellenfronten in eine lokale Stoßfront um, die senkrecht zur Bewegungsrichtung auf der sogenannten Mach-Linie orientiert ist. Die Druckänderungen an der Wellenfront erfolgen sehr schnell, es bildet sich der Überschallknall aus (Abb. 4.93c). Steigt die Geschwindigkeit der Schallquelle noch weiter an, biegen sich die Mach-Linien, die nichts anderes als die Tangenten an die Wellenfronten sind, nach hinten um (Abb 4.93d). Alle Skizzen der Abb. 4.93 sind rotationssymmetrisch um die Achse der Bewegungsrichtung, so daß es sich eher um „Mach-Flächen" handelt. Im Falle der Abb. 4.93d bildet sich eine Kegelfläche aus, die sich zusammen mit der Quelle mit Überschallgeschwindigkeit bewegt. Die Kegelfläche erstreckt sich bis zum Erdboden, wo in einem breiten Streifen der Überschallknall zu hören ist (Abb. 4.94).

Die Strömungserscheinung, die den Überschallknall hervorruft, besteht im wesentlichen aus einem System von Kompressionswellen in der Nähe des Rumpf- und Flügelvorderteils sowie am Rumpf- und Flügelhinterteil und einem dazwischenliegenden Fächer von

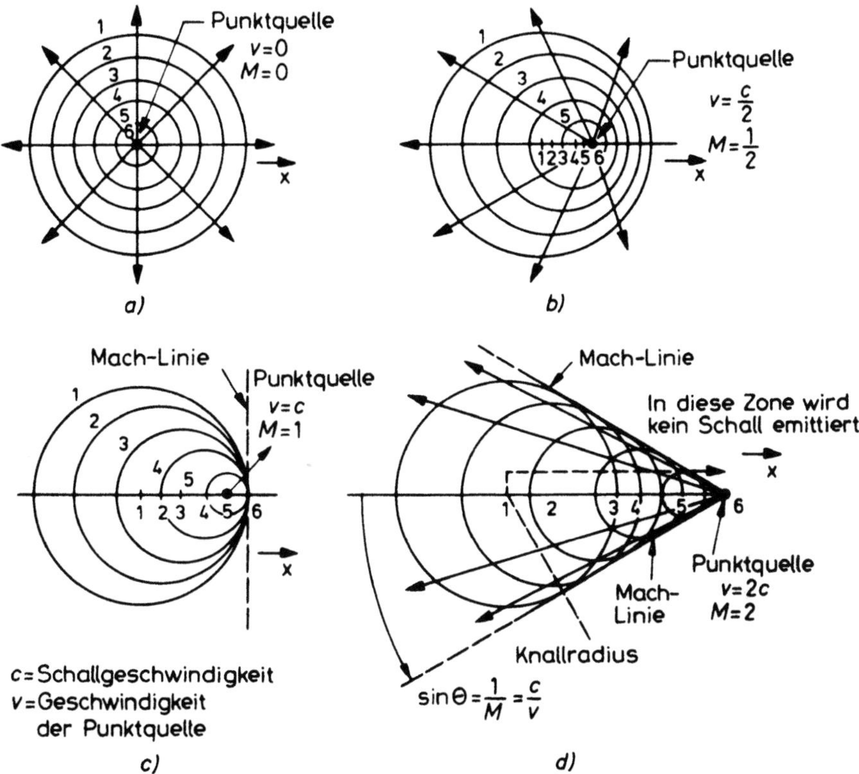

Abb. 4.93. Schallausbreitung bei ruhender und bewegter Punktschallquelle. **a** ruhende Schallquelle, **b** Bewegung mit der halben Schallgeschwindigkeit, **c** Bewegung mit Schallgeschwindigkeit, **d** Bewegung mit der doppelten Schallgeschwindigkeit

Expansionswellen. In Abb. 4.95 sind die Druckverhältnisse an einem Flügelprofil dargestellt. Am Flügelvorderteil verursacht die strömende Luft eine Druckerhöhung, im hinteren Flügelbereich eine Druckerniedrigung. Es bildet sich eine Druckwelle aus, die wegen ihrer charakteristischen Form N-Welle genannt wird. Ein Flugzeug hat viele Oberflächenteile, die in gleicher Weise eine Stoßwelle anregen. In der Nähe des Flugzeugs überlagern sich die

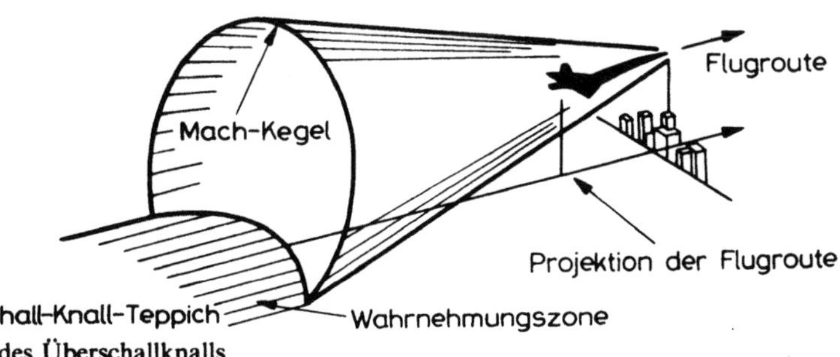

Abb. 4.94. Ausbreitung des Überschallknalls

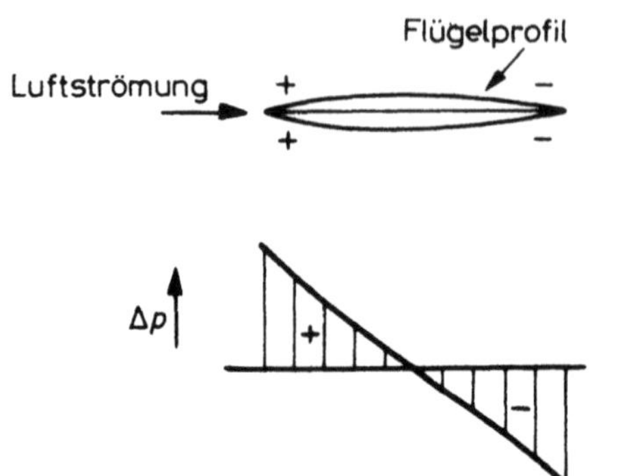

Abb. 4.95. Die Druckverteilung an einem Flügelprofil

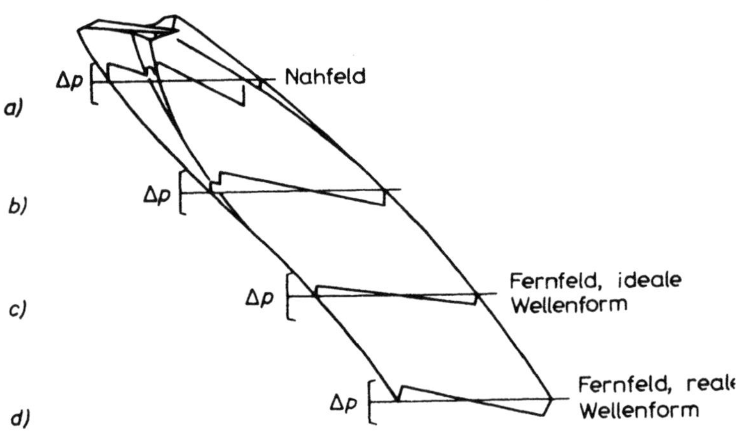

Abb. 4.96. Die Entstehung von N-Wellen im Nah- und Fernfeld des Flugzeugs

Einzelwellen, wie dies in Abb. 4.96a zu sehen ist. Dabei wird die N-Form verzerrt. In größerer
Entfernung vom Flugzeug sind kleinere Verzerrungen schon nicht mehr zu erkennen. In
Bodennähe verschwinden auch noch die scharfen Kanten des „N" wegen der größeren
Dämpfung der höherfrequenten Komponenten (s. Abschn. 6).

Der durch ein Flugzeug, das mit Überschallgeschwindigkeit in konstanter Höhe und
geradeaus fliegt, verursachte Überdruck ist in der Flugzeugspur am Boden am größten.
Senkrecht dazu vermindert sich die Schallintensität. Ebenso tritt eine Änderung der
Wellenform ein (Abb. 4.97) [4.66]. Unter idealen atmosphärischen Bedingungen ist die
Schallgeschwindigkeit nur eine Funktion der Lufttemperatur. Bei Annäherung an den
Erdboden wird die Luft im Normalfalle wärmer. Die Schallgeschwindigkeit steigt an und ein
Schallstrahl wird vom Erdboden weggebrochen. Das hat zu Folge, daß der Überschallknall
bei flachen Einfallswinkeln nicht mehr den Erdboden erreicht.

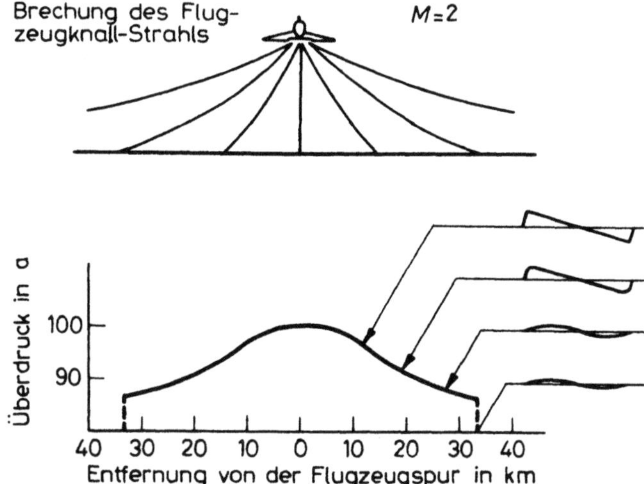

Abb. 4.97. Die Änderung des Überdrucks und der Wellenform eines Überschallknalls in Abhängigkeit von der am Boden gemessenen Entfernung zur Spurmitte

Neben den hohen Pegeln wirkt sich beim Überschallknall noch störend aus, daß das Spektrum sehr tieffrequent ist und dadurch beträchtliche Gebäudeschwingungen angeregt werden können.

5 Die Prognostizierung des Verkehrslärms

Grundlage zur Vermeidung der Störung der Bevölkerung durch den Lärm des Straßen-, Schienen- oder Luftverkehrs ist die Möglichkeit, die zu erwartende Lärmbelastung im voraus zu berechnen, d. h. zu prognostizieren. Dafür stehen als Unterlagen eine Reihe von Richtlinien zur Verfügung, da es kein einheitliches Ermittlungsverfahren für alle Verkehrsarten gibt.

Die Vorherberechnung des Verkehrslärms bietet einige Vorteile:

— Messungen, die i. allg. kostspieliger und zeitintensiver sind, können entfallen. (Bei Benutzung umfangreicher, auf Großrechnern installierter Prognoseprogramme können die Rechnerkosten allerdings auch die Meßkosten übersteigen.)

— Rechnungen können für alle Lärmbetroffenen unter denselben Randbedingungen, z. B. denselben Witterungsbedingungen, durchgeführt werden.

— In der Planungsphase bietet die Rechnung die einzige Möglichkeit, zu einigermaßen verläßlichen Pegelwerten zu kommen.

— Ein gutes Berechnungsverfahren gestattet nicht nur die Planung eines geeigneten Schallschutzes, es können auch verschiedene Schutzmaßnahmen in ihrer Wirkung miteinander verglichen werden, was eine Optimierung des Kosten-Nutzen-Verhältnisses von Schallschutzanlagen ermöglicht.

Der von einer Schallquelle in ihrer Umgebung erzeugte Schalldruckpegel, der sogenannte Immissionspegel (Immission = Einwirkung von Schall), hängt von den Eigenschaften der Schallquelle (Schallemission, Aussendung von Schall), den örtlichen Umgebungsbedingungen (Schallausbreitung) und der Witterung ab.

Der Schalldruckpegel an einem Immissionsort wird nach der Beziehung (5.1) berechnet:

$$L = L_o - \Delta L_d - \Delta L_L \pm \Delta L_B - \Delta L_D \pm \Delta L_G - \Delta L_Z \pm \Delta L_M \tag{5.1}$$

mit

$L_0 =$ Schallpegel im Referenzabstand d_0 (auch Emissionspegel, abhängig von der Schalleistung, Richtcharakteristik, Schallspektrum),

$\Delta L_d =$ Abstandsmaß,

$\Delta L_L =$ Luftabsorptionsmaß,

$\Delta L_B =$ Bodendämpfungsmaß,

$\Delta L_D =$ Bewuchsdämpfungsmaß,

$\Delta L_G =$ Bebauungsdämpfungsmaß,

$\Delta L_Z =$ Abschirmmaß,

$\Delta L_M =$ Witterungsdämpfungsmaß.

Einige Einflüsse können pegelerhöhend (positives Zeichen) und pegelerniedrigend (negatives Zeichen) sein, wie z. B. das Bebauungsdämpfungsmaß: Pegelerhöhung durch Reflexion, Pegelerniedrigung durch Abschirmung.

Wirken mehrere Schallquellen auf einen Immissionsort ein, z. B. mehrere Straßen oder Fahrstreifen, wird der Pegel jeder Quelle separat berechnet und die Einzelpegel durch logarithmische Addition zum resultierenden Schalldruckpegel zusammengefaßt.

In diesem Kapitel soll zunächst nur der erste Summand der Beziehung (5.1) behandelt werden. Zur Ermittlung eines repräsentativen Emissionspegels L_0 im Referenzabstand d_0 können zwei Wege, ein empirischer und ein semiempirischer beschritten werden. Der Unterschied zwischen den beiden Verfahren läßt sich am besten anhand eines Beispiels erläutern:

Der Mittelungspegel (energieäquivalente Dauerschallpegel) des Straßenverkehrslärms hängt von der Zahl der Fahrzeuge pro Zeiteinheit (z. B. eine Stunde), der Verkehrszusammensetzung, den mittleren Geschwindigkeiten, dem Straßenbelag und der Straßengradiente ab. Zur empirischen Ermittlung des Emissionspegels werden nun zahlreiche Messungen bei den verschiedensten Parameterkombinationen durchgeführt und die Abhängigkeit von den Einzelparametern mit Hilfe eines Regressionsansatzes nach der Methode der kleinsten Fehlerquadrate erarbeitet. Wegen der großen Zahl der Einflußparameter werden einzelne Gruppen von Messungen ausgewertet, die sich nur in einer Einflußgröße unterscheiden. Da sich die Einflußgrößen nicht unabhängig voneinander ändern, eine andere Verkehrszusammensetzung ergibt z. B. andere mittlere Geschwindigkeiten, sind dazu allerdings eine sehr große Zahl von Einzelmessungen nötig. Trotzdem sind die meisten angewandten Berechnungsverfahren empirischer Art oder enthalten zumindest sehr viele Meßergebnisse.

Bei dem semiempirischen Ansatz geht man nicht von Meßergebnissen der Zielgröße aus — in dem gewählten Beispiel des Emissionsmittelungspegels —, sondern von leichter zu gewinnenden Meßgrößen wie den Vorbeifahrtpegeln individueller Kraftfahrzeuge. Aus den elementaren Lärmereignissen wird die Lärmemission des Verkehrsstroms theoretisch in geschlossener Form oder als Simulationsanweisung abgeleitet. Dabei muß von vereinfachenden Voraussetzungen ausgegangen werden, die die Genauigkeit der Rechnung bestimmen.

5.1 Die Berechnung des Straßenverkehrslärms

Die Lärmemission der auf der Straße verkehrenden Fahrzeuge hängt ab von Art und Typ des Fahrzeugs, dem Betriebszustand (Geschwindigkeit und Gangwahl), dem technischen Zustand und der Ausstattung (Reifen) des Fahrzeugs usw. Wegen der vielen Einflußgrößen werden bei der Entwicklung von Berechnungsverfahren für häufig vorkommende Fälle einfachere Teilmodelle angegeben.

Die Teilmodelle lassen sich nach Abb. 5.1 gruppieren. Dementsprechend gibt es im wesentlichen zwei übergeordnete Veränderliche, den Verkehr und die Schallausbreitung. Beide können zwei Zustände annehmen, einen freien und einen behinderten (bzw. beim Verkehr: gebundenen). Dies führt zu vier Teilmodellen:
— frei fließender Verkehr, freie Schallausbreitung (Modell I),
— gebundener Verkehr, freie Schallausbreitung (Modell II),
— frei fließender Verkehr, behinderte Schallausbreitung (Modell III),
— gebundener Verkehr, behinderte Schallausbreitung (Modell IV).

Der einfachste Fall ist der des frei fließenden Verkehrs bei freier Schallausbreitung. Er ist zwischen Kreuzungen an langen, geraden Straßen ohne Randbebauung anzutreffen. Teilmodell II ist auf dieselbe Straße aber in der Nähe von Kreuzungen anzuwenden.

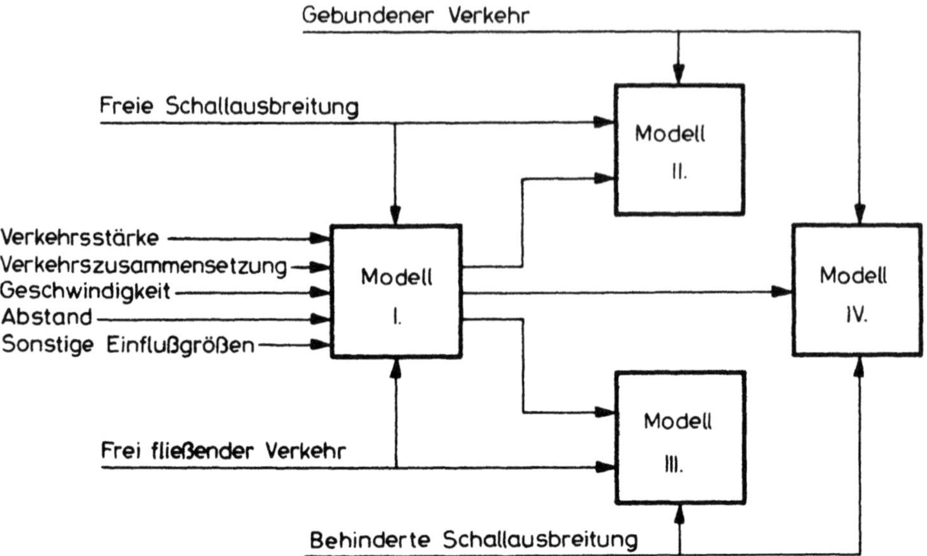

Abb. 5.1. Eingangsgrößen und Einflußparameter für Modelle zur Berechnung des Straßenverkehrslärms

Beide Teilmodelle sind bei kleineren Abständen für die Lärmemission der Straße kennzeichnend (erster Summand in 5.1). In Immissionsortentfernungen kann der Emissionsmittelungspegel durch Reflexionen insbesondere an Hausfronten erhöht oder infolge Abschirmungen durch Häuser, Hauszeilen oder Lärmschirme verringert werden. Die Behinderung der freien Schallausbreitung durch Reflexionen wird in den Teilmodellen III und IV behandelt.

Die Lärmimmission hängt u. a. noch vom Abstand des Immissionsortes, der Topographie auf dem Schallausbreitungsweg und in größerem Abstand von den Witterungsbedingungen ab. Diese Einflüsse werden in Kap. 6 ausführlich diskutiert.

Anmerkung: Um den Vergleich mit Richtlinien zu Berechnungsverfahren zu erleichtern, wird im folgenden für den international üblichen Begriff „energieäquivalenter Dauerschallpegel L_{eq}" der im deutschen Sprachraum gebräuchliche „Mittelungspegel L_m" verwendet.

5.1.1 Teilmodell I

Die Berechnungen nach dem Teilmodell I gehen zur Vereinfachung von folgenden idealisierten Bedingungen aus:
— Die Verkehrsströme auf der Straße enthalten drei Fahrzeugklassen (Pkw, Lkw und Lastzüge). Die Klassen Lkw und Lastzüge werden oft zu einer Klasse zusammengefaßt.
— Alle Fahrzeuge einer Klasse fahren mit derselben Geschwindigkeit (Durchschnittsgeschwindigkeit) und emittieren denselben Geräuschpegel, d. h. sie haben im Mittel dieselbe Schalleistung, die sich während der Fahrt nicht verändert.
— Die Straße ist gerade und unendlich lang. (Eine Straße kann als unendlich lang betrachtet

werden, wenn sie sich nach beiden Richtungen über eine Länge von mindestens dem dreifachen Referenzabstand d_0 erstreckt.)

— Das Straßenumfeld ist eben und der Boden vollständig reflektierend.

— Die Einzelfahrzeuge sind annähernd ungerichtete Schallquellen, so daß sich die abgestrahlte Schalleistung gleichmäßig auf einer Halbkugelfläche über der Straße verteilt.

Da der Mittelungspegel eines Verkehrsstroms energetisch additiv aus dem Mittelungspegel jedes einzelnen Fahrzeugs zusammengesetzt ist, werden zunächst diese berechnet. Auf den Beurteilungszeitraum T bezogen gilt definitionsgemäß

$$L_{m,i} = 10 \log \left[\frac{1}{T} \int_T 10^{L_i(t)/10} \, dt \right] \tag{5.2}$$

wo $L_i(t)$ der zeitliche Verlauf des Geräuschpegels des i-ten Fahrzeugs am Ort des Beobachters ist. Wenn d der momentane Abstand eines Beobachters zu dem Fahrzeug ist (Abb. 5.2) und d_0 der kürzeste Abstand (Referenzentfernung), läßt sich $L_i(t)$ ausdrücken als

$$L_i(t) = L_i(d_0) + 10 \log (d_0{}^2/d^2) = L_i(d_0) + 10 \log \frac{d_0^2}{d_0^2 + (v\,t)^2} \tag{5.3}$$

In (5.2) eingesetzt ergibt sich nach Ausführung der Integration

$$L_{m,i} = L_i(d_0) + 10 \log \frac{d_0\pi}{Tv} \tag{5.4}$$

wo v die während der Vorbeifahrt konstante Geschwindigkeit des Fahrzeugs ist und π der Winkel, unter dem die unendlich lange Straße dem Beobachter erscheint.

Zur Ermittlung der Vorbeifahrtpegel $L_i(d_0)$ wurden in vielen Ländern Messungen durchgeführt [5.1—5.5]. Wie Abb. 5.3 zeigt, streuen die Meßergebnisse über einen Bereich von 3...5 dB(A). Zurückzuführen ist dies auf die unterschiedlichen Fahrzeugparks und Straßenoberflächen in den einzelnen Ländern. Außerdem sind die Meßverfahren nicht identisch. Eine Meßentfernung von 7,5 m zur Fahrzeugmitte wird zwar meist angestrebt, doch kann die Meßhöhe noch variieren, was das Meßergebnis beeinflußt, da ein Straßenfahrzeug nur angenähert ein Kugelstrahler ist.

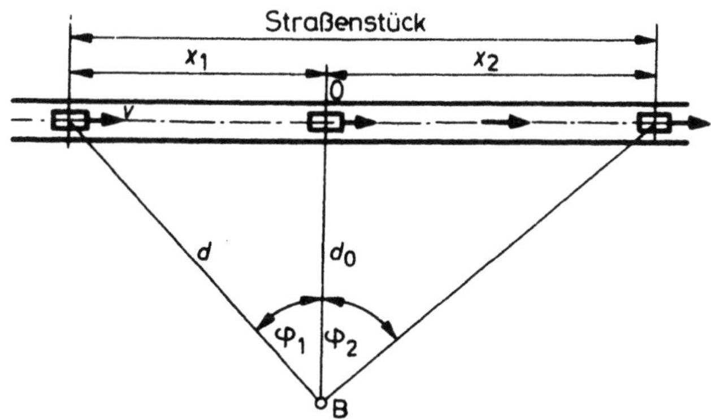

Abb. 5.2. Die geometrische Situation bei der Vorbeifahrt eines Fahrzeugs mit der Geschwindigkeit v an einem Beobachter im Abstand d_0

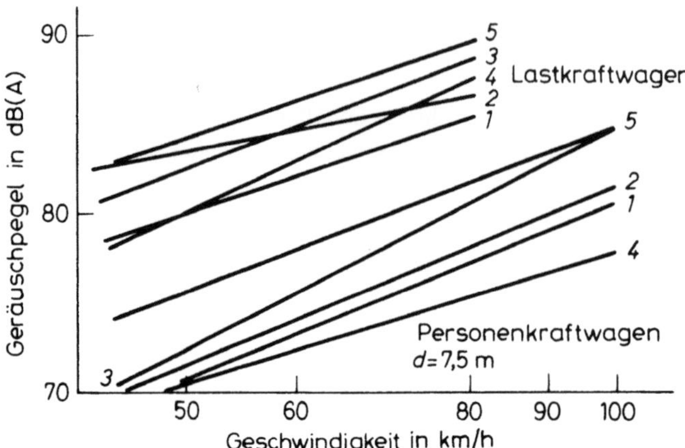

Abb. 5.3. Vorbeifahrtpegel von Pkw und Lkw in Abhängigkeit von der Geschwindigkeit aus verschiedenen Meßserien. *1* Lewis, *2* Ullrich, *3* Jonasson, *4* Van der Toorn, *5* Buna

Als Beispiel für die Anwendung von (5.4) seien die Pegel-Geschwindigkeitsbeziehungen angeführt, die die Grundlage des Berechnungsverfahrens der in der Bundesrepublik Deutschland eingeführten „Richtlinien für den Lärmschutz an Straßen — RLS 81" bilden [5.2]. Mit

$$L_{0,1}(7{,}5\text{m}) = 68 + 10 \log (1 + (v_1/50)^4) \qquad 30 \leqslant v_1 \leqslant 140 \text{ km/h}$$

$$L_{0,2}(7{,}5\text{m}) = 57 + 15 \log (v_2) \qquad 30 \leqslant v_2 \leqslant 95 \text{ km/h} \qquad (5.5\text{a})$$

$$L_{0,3}(7{,}5\text{m}) = 42 + 25 \log (v_3) \qquad 40 \leqslant v_3 \leqslant 95 \text{ km/h}$$

erhält man für eine Bezugsentfernung von 7,5 m und einen Mittelungszeitraum von 1h (auf einer Gußasphaltdecke)

$$L_{\text{m},1} = 34{,}5 + 10 \log (50/v_1 + (v_1/50)^3)$$

$$L_{\text{m},2} = 40{,}5 + 5 \log (v_2) \qquad (5.5\text{b})$$

$$L_{\text{m},3} = 25{,}5 + 15 \log (v_3)$$

Die Indizes bezeichnen einzelne Fahrzeugklassen: 1 = Pkw, 2 = Lkw bis 7,5 t Gesamtgewicht und Busse, 3 = schwere Lkw (Lkw mit Hänger, Lastzüge, Sattelschlepper). v_1, v_2 und v_3 sind die zugehörigen mittleren Geschwindigkeiten.

Die meisten Meßergebnisse liegen für den Geschwindigkeitsbereich über 40 km/h vor. Eine Extrapolation zu kleineren Geschwindigkeiten im Stadtverkehr ist schwierig, da wegen der unterschiedlichen Gangwahl sowohl die Geschwindigkeitsverteilungen als auch die Pegelverteilungen sehr breit sind. Auf Messungen in Großbritannien beruhen die Regressionskurven in Abb. 5.4 [5.6]. Unterhalb bestimmter Geschwindigkeiten wurden bei jeder Fahrzeugklasse keine weiteren Verringerungen der Vorbeifahrtpegel mehr gefunden. (In Abb. 5.4 ist zwar eine Splittung in sechs Fahrzeugkategorien durchgeführt, doch lassen sich diese ohne weiteres zu drei zusammenfassen.)

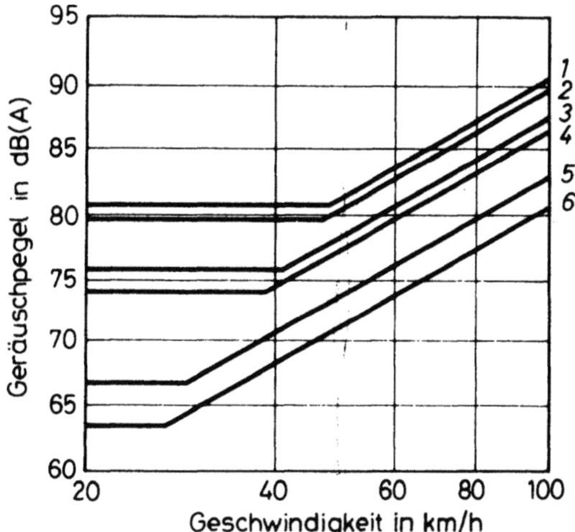

Abb. 5.4. Mittlere Vorbeifahrtpegel verschiedener Fahrzeugarten in Abhängigkeit von der Geschwindigkeit aus englischen Messungen. *1* Nutzfahrzeuge mit mehr als drei Achsen, *2* Nutzfahrzeuge mit drei Achsen, *3* Nutzfahrzeuge mit zwei Achsen, *4* Autobusse, *5* Lkw mit einem zulässigen Gesamtgewicht unter 3 t, *6* alle Pkw

Unter Verwendung der Beziehung (5.5) kann der Mittelungspegel L_m gemischter Verkehrsströme durch energetische Addition gewonnen werden:

$$L_m = 10 \log \left\{ \sum_{k=1}^{n} Q_k \cdot 10^{0,1\,L_{m,k}} \right\} \qquad (5.6)$$

Der Laufindex k bezeichnet die Fahrzeugkategorie, n ist die Anzahl der Kategorien. Q_k sind die auf die Zeitdauer von 1h bezogenen Verkehrsstärken jeder Kategorie. Wenn Q die Gesamtverkehrsstärke (in Fahrzeugen pro Stunde) ist und p_k die prozentualen Anteile jeder Fahrzeugkategorie an dieser, ergibt sich mit

$$Q = \sum_{k=1}^{n} Q_k \quad \text{und} \quad Q_k/Q = p_k/100 \qquad (5.7)$$

z. B. für $n = 3$ die Beziehung

$$L_m = L_{m,1} + 10 \log (Q) + 10 \log \left[\frac{p_1}{100} + \frac{p_2}{100} \cdot 10^A + \frac{p_3}{100} \cdot 10^B \right] \qquad (5.8)$$

wobei mit A und B die Differenzen

$$A = \frac{L_{m,2} - L_{m,1}}{10} \quad \text{und} \quad B = \frac{L_{m,3} - L_{m,1}}{10}$$

abgekürzt sind.

Bei dem Gleichungssatz (5.5) ist zwischen zwei Lkw-Klassen unterschieden worden. Das erscheint sinnvoll, da die von einem Lkw abgestrahlte Schallenergie direkt proportional der maximalen Leistung des Fahrzeugs ist und diese sich um den Faktor 5 unterscheiden kann (entsprechend Pegeldifferenzen von 7 dB). Ob Lärmberechnungen mit zwei oder einer Lkw-Klasse durchgeführt werden, hängt letztlich davon ab, ob Zähl- oder Prognosedaten für den Gesamt-Lkw-Verkehr oder gesplittet zur Verfügung stehen.

Eine bisher noch nicht angesprochene Fahrzeugkategorie ist die der motorisierten Zweiräder. Hier ist es wie bei den Lkw: Wegen der großen Leistungsbreite sind zwei Fahrzeugklassen zu bilden, die Klasse Mofa, Moped oder Mokick und die Klasse Kleinkraftrad und Motorrad. In Richtlinien werden motorisierte Zweiräder bisher nicht berücksichtigt. Es ist allenfalls der Hinweis zu finden, daß ein Motorrad (und Kleinkraftrad) einem leichteren Lkw äquivalent ist. Wegen der höchstzulässigen Lkw-Geschwindigkeit von 80 km/h auf Außerortsstraßen ist eine Gleichsetzung Motorrad/Lkw ungünstig (der Äquivalenzwert ist von der Geschwindigkeit abhängig). Besser ist ein Vergleich motorisierter Zweiräder mit Pkw, der nach Meßergebnissen aus [5.7] durchgeführt werden kann. Es gilt für den Mittelungspegel eines motorisierten Zweirads:

$$1 \text{ Mofa, Moped oder Mokick} = 4 \text{ Pkw mit } 50 \text{ km/h}$$
$$1 \text{ Kleinkraftrad oder Motorrad} = 13 \text{ Pkw mit derselben Geschwindigkeit.}$$

Die Berechnung des Mittelungspegels des Geräusches eines gemischten Verkehrsstroms ist nach der Gleichung (5.8) direkt mit einem Rechner oder schrittweise manuell durchzuführen. Die einzusetzende Geschwindigkeit kann die mittlere oder die auf der Straße zugelassene — abhängig von dem Zweck der Berechnung — sein.

Im allgemeinen Fall liegt ein Immissionsort im Einwirkungsbereich von mehreren Fahrbahnen (Fahrstreifen, Straßen), die sich in verschiedenen Abständen befinden und verschieden stark Schall emittieren. Dann müssen die Mittelungspegel für alle Fahrbahnen getrennt berechnet und durch energetische Addition zum resultierenden Mittelungspegel zusammengefaßt werden. (Wenn die Entfernung des Immissionsortes zur Straße viel größer ist als die Straßenbreite, kann so gerechnet werden, als ob der gesamte Verkehr auf der Straßenachse konzentriert wäre.)

Die Konstanten in den Beziehungen (5.5) charakterisieren den Stand der Technik der Lärmminderung an Kraftfahrzeugen (und Straßenbelägen). Sie müssen von Zeit zu Zeit überprüft und unter Umständen durch neuere Werte ersetzt werden.

Anhand der Gleichungen (5.4), (5.5) und (5.8) lassen sich noch einige allgemeingültige Gesetzmäßigkeiten ablesen. Bei gleicher Verkehrszusammensetzung und gleicher Geschwindigkeit der Fahrzeuge steigt der Mittelungspegel mit $10 \cdot \log (Q)$, bzw. um 3 dB(A) je Fahrzeugverdoppelung an. Wäre der von einem Fahrzeug emittierte Schallpegel unabhängig von der Geschwindigkeit, würde der Mittelungspegel mit zunehmender Geschwindigkeit abnehmen (um 3 dB(A) je Verdoppelung von v), da die Zeitdauer der Vorbeifahrt an einem Beobachter umgekehrt proportional der Geschwindigkeit ist. Das ist aber nicht der Fall, da die Kraftfahrzeuge mit zunehmender Fahrgeschwindigkeit lauter werden. Nach (5.5a) wächst der Vorbeifahrtpegel von Pkw bei $v > 60$ km/h mit 12 dB(A) pro Verdoppelung von v, der Vorbeifahrtpegel von Lkw mit 4,5...7,5 dB(A). Entsprechend steigt der Mittelungspegel eines Verkehrsstroms je nach Verkehrszusammensetzung um 2...9 dB(A) bei einer (hypothetischen) Verdoppelung der mittleren Geschwindigkeit.

Die Abhängigkeit des Mittelungspegels von dem prozentualen Lkw-Anteil ist in Abb. 5.5 dargestellt. Der durch den Lkw-Verkehr verursachte Pegelzuschlag zum Mittelungspegel reinen Pkw-Verkehrs ist für drei Pkw/Lkw-Geschwindigkeitskombinationen und zwei Verhältnisse schweren Lkw-Verkehrs zu leichtem Lkw-Verkehr berechnet. Die Kurven haben einen Sättigungscharakter. Eine Verdoppelung des Lkw-Anteils erzeugt eine geringere Pegelzunahme, wenn der Lkw-Anteil, von dem ausgegangen wird, höher ist. Das bedeutet, daß der Mittelungspegel eines reinen Pkw-Verkehrsstroms beim Hinzufügen einiger weniger Lkw sehr stark erhöht wird, während bei einem hohen Lkw-Anteil das Hinzufügen weiterer Lkw kaum ins Gewicht fällt. Umgekehrt bedeutet dies, daß bei Lärmminderungsmaßnahmen durch Verkehrsverbote nur dann spürbare Erfolge erzielt werden, wenn der Lkw-Verkehr total, d. h. zu 100% verboten wird. Eine weitere Folgerung ist, daß bei den Versuchen zur Minderung des allgemeinen Lärmniveaus an Straßen durch Maßnahmen am Fahrzeug zunächst mit Maßnahmen am Lkw zu beginnen ist.

Aus Abb. 5.5 ist außerdem noch zu entnehmen, daß der Einfluß des Lkw-Anteils umso größer ist, je kleiner die Verkehrsgeschwindigkeit und je größer das Verhältnis von schweren zu leichten Lkw ist. Das ist darauf zurückzuführen, daß der Vorbeifahrtpegel von Lkw mit abnehmender Geschwindigkeit wesentlich weniger stark abfällt als der von Pkw.

Im allgemeinen Fall sind die in die Berechnungen eingehenden Variablen Geschwindigkeit, Verkehrsstärke und Verkehrszusammensetzung nicht unabhängig voneinander. So beeinflußt die Zunahme des Lkw-Anteils und die Zunahme der Verkehrsstärke die mittlere Geschwindigkeit. Sie nimmt ab und der gemessene Mittelungspegel steigt weniger stark an als der Rechenwert.

Das Verhalten des Mittelungspegels auf Steigungs- oder Gefällestrecken ist wenig untersucht. Die publizierten Meßergebnisse sind zum Teil widersprüchlich. Der Einfluß von Steigungen scheint aber geringer zu sein als man früher angenommen hat. Nach [5.8] kann man an Steigungen von Stadtstraßen mit einem Zuschlag ΔL_S zum Mittelungspegel an vergleichbaren ebenen Straßen von

$$\Delta L_\mathrm{s} = 0{,}6\,(|s| - 5)\ s \geqslant 5\% \qquad (5.9)$$

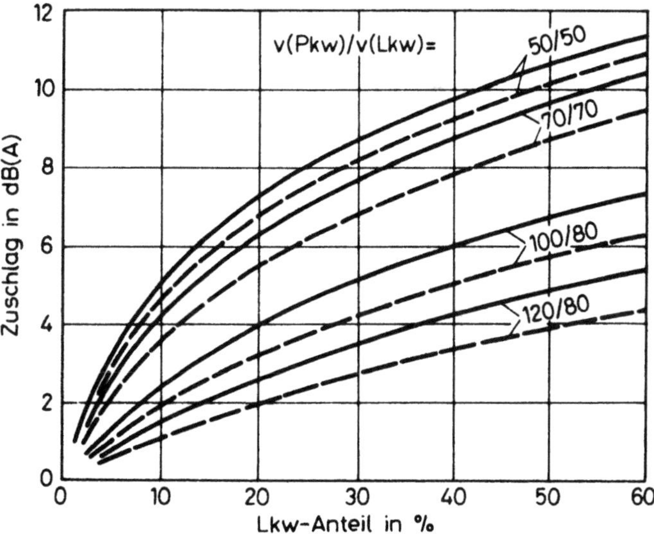

Abb. 5.5. Zuschlag zu dem für einen Pkw-Verkehrsstrom berechneten Mittelungspegel in Abhängigkeit vom prozentualen Lkw-Anteil für verschiedene mittlere Pkw- und Lkw-Geschwindigkeiten, durchgezogene Kurven: Zahl der schweren Lkw zu Zahl der leichten Lkw = 2 : 1; gestrichelte Linien: Zahl der schweren Lkw zu Zahl der leichten Lkw = 1 : 2

rechnen. s ist die Steigung und/oder das Gefälle in Prozent. Dieses Ergebnis an Stadtstraßen wurde in den „Richtlinien für den Lärmschutz an Straßen — RLS 81" auf alle Straßen verallgemeinert. In die Berechnung des Mittelungspegels (z. B. nach (5.5b)), zu dem (5.9) zu addieren ist, gehen allerdings nicht die tatsächlich auf den Steigungen gefahrenen Geschwindigkeiten ein, sondern die zulässigen, auf Bundesstraßen also 100 km/h für Pkw und 80 km/h für Lkw. Neuere Messungen von Fahrzeugvorbeifahrtpegeln an Steigungen von Außerortsstraßen in Österreich [5.9] zeigen aber, daß damit wesentlich zu hohe Mittelungspegel berechnet werden. Aus den Meßergebnissen lassen sich die folgenden Beziehungen ableiten:

$$L_{m,1} = 38,5 + 10 \log \left(70/v_1 + (v_1/70)^3\right)$$

$$L_{m,2} = 55,0 - 2,5 \log (v_2) \tag{5.5c}$$

$$L_{m,3} = 59,0 - 2,5 \log (v_3)$$

Dieser Gleichungssatz ist an Steigungs- und Gefällestrecken von Straßen mit den zulässigen Geschwindigkeiten 100 km/h und 80 km/h (für Lkw) anstelle von (5.5b) zu verwenden. Er gilt für Steigungen, die so lange sind, daß die Fahrzeuge auf ihnen eine konstante Geschwindigkeit erreichen. Der Mittelungspegel des Pkw-Verkehrs nimmt auch auf Steigungen mit abnehmender Geschwindigkeit ab. Die Steigerung des Antriebsgeräusches wird offenbar durch einen Rückgang des Rollgeräuschpegels überkompensiert. Bei den Lkw steigt der Pegel mit abnehmender Geschwindigkeit leicht an, da hier das Rollgeräusch eine untergeordnete Rolle spielt.

Wie in Abschn. 4.1.2 diskutiert worden ist, wird das Fahrzeuggeräusch und damit auch der Emissionsmittelungspegel durch die Art der Fahrbahn und ihre Textur beeinflußt. Der Einfluß ist umso stärker je höher die Geschwindigkeit ist. Korrekturwerte für unterschiedliche Straßenoberflächen sind als Mittelwerte über Innerorts- und Außerortsgeschwindigkeiten und verschiedene Verkehrszusammensetzung in Tabelle 5.1 zusammengestellt (nach den RLS 81).

Ist eine Straße nicht lang und gerade (oder sind die Emissions- und Ausbreitungsbedingungen nicht auf der gesamten Länge konstant), dann muß die Straße in einzelne, annähernd gerade Abschnitte unterteilt werden. Wenn der Straßenabschnitt $x_1 + x_2$ in Abb. 5.2 unter dem Winkel $\varphi_1 + \varphi_2$ oder allgemeiner $\Delta\varphi$ gesehen wird, ist die Gleichung (5.2) durch

$$\Delta L = 10 \log \frac{\varphi_1 + \varphi_2}{\pi} = 10 \log (\Delta\varphi/\pi) \tag{5.10}$$

zu korrigieren. Diese Korrektur ist in Abhängigkeit vom Sehwinkel in Abb. 5.6 aufgetragen.

Tabelle 5.1. Korrektur des Mittelungspegels für unterschiedliche Straßenoberflächen aus den „Richtlinien für den Lärmschutz an Straßen — RLS 81", herausgegeben vom Bundesminister für Verkehr

Straßenoberfläche	ΔL_{Stro} in dB(A)
Nicht geriffelte Gußasphalt-Fahrbahndecke	0
Asphaltbeton-Fahrbahndecke	$-0,5$
Beton- oder geriffelte/gewalzte Gußasphalt-Fahrbahndecke	$+1,0$
Pflaster mit ebener Oberfläche	$+2,0$
Pflaster mit nicht ebener Oberfläche	$+4,0$

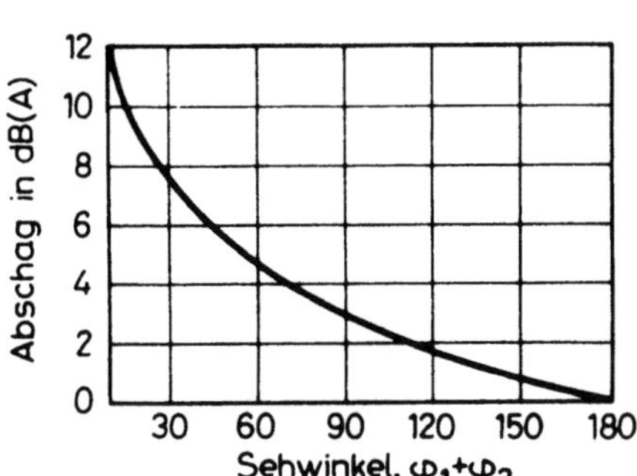

Abb. 5.6. Abschlag vom Mittelungspegel des Lärmes einer Straße endlicher Länge in Abhängigkeit vom Sehwinkel

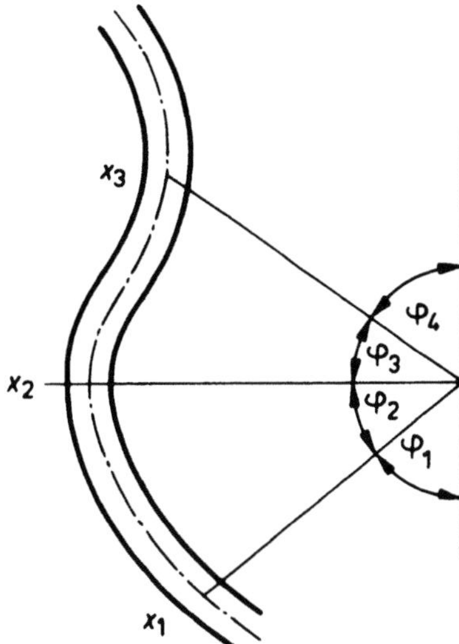

Abb. 5.7. Die Unterteilung einer kurvigen Straße in annähernd gerade Abschnitte

Ein Beispiel für die Unterteilung einer kurvigen Straße in einzelne, annähernd gleiche, gerade Abschnitte zeigt Abb. 5.7. Die von jedem dieser Abschnitte am Immissionsort erzeugten Mittelungspegel sind getrennt zu berechnen und durch energetische Addition zum Gesamtpegel zusammenzufassen. Mit der Ergänzung (5.10) entfällt eine der idealisierenden Bedingungen, die am Anfang dieses Abschnitts zusammengestellt worden sind.

5.1.2 Teilmodell II

Im Gegensatz zum Verkehr auf freier Strecke ist der Verkehrsfluß in Innenstädten und ganz besonders in der Nähe von Kreuzungen meist unregelmäßig. Es kommt zu Stauungen und an geregelten Kreuzungen zu Brems- und Anfahrvorgängen mit Pulkbildung. In solchen Fällen ist der Vorbeifahrtpegel von Fahrzeugen auch eine Funktion der Beschleunigung oder Verzögerung. Meßergebnisse sind bisher nur spärlich bekannt geworden. Das ist darauf zurückzuführen, daß der Vorbeifahrtpegel eines Fahrzeugs im Pulk oder in einer anfahrenden Schlange an einer Kreuzung wegen der Störung durch die Nachbarfahrzeuge kaum sauber zu messen ist. Zudem ist neben dem Pegel und der momentanen Geschwindigkeit auch noch die Beschleunigung zu ermitteln.

Nach einer Regressionsanalyse englischer Meßergebnisse kann der Vorbeifahrtpegel von Kraftfahrzeugen im Stadtverkehr durch

$$L_{0,1} = 33,2 + 23,8 \log (v_1) + 10,6\, a - 0,08\, a^2 - 5,73 a \log (v_1) \tag{5.11}$$

$$L_{0,2} = 48,5 + 18,9 \log (v_2) + 7,5\, a - 0,11\, a^2 - 4,29\, a \log (v_2)$$

ausgedrückt werden [5.10]. Mit 1 werden leichte Fahrzeuge (unter 15250 N), mit 2 schwere Fahrzeuge bezeichnet. Die Pegel beziehen sich auf eine Entfernung von 7,5 m und eine Höhe von 1,5 m. Die Geschwindigkeit v ist in km/h und die Beschleunigung a in m/s² einzusetzen. Die Gleichungen (5.11) sind in Abb. 5.8 dreidimensional dargestellt. Der Einfluß der

Beschleunigung auf den Vorbeifahrtpegel ist bei kleineren Geschwindigkeiten größer. Er nimmt mit zunehmender Geschwindigkeit ab. In Wirklichkeit dürfte aber der Beschleunigungseinfluß geringer sein als dargestellt, weil der Pegelanstieg durch die höheren Drehzahlen in einer kleineren Getriebestufe während der Messungen nicht von der Wirkung der Beschleunigung unterschieden werden kann.

Mit Hilfe von Gleichungen wie (5.11) kann die Lärmemission des anfahrenden Verkehrs berechnet werden [5.11, 5.12]. Wie in Teilmodell I auch wird die Rechnung durch idealisierende Voraussetzungen wesentlich vereinfacht:
— Die Beschleunigung der Fahrzeuge während der Anfahrperiode ist konstant.
— Bei Erreichen der gewünschten Geschwindigkeit fahren sie mit dieser unbeschleunigt weiter. Mathematisch gesehen ist an der Stelle des Übergangs von der Beschleunigung zur konstanten Geschwindigkeit eine Unstetigkeitsstelle, da der Pegel einen Sprung macht.
— Alle Fahrzeuge verkehren auf einer Fahrbahn.

Der wesentliche Schritt bei der Berechnung des Mittelungspegels ist die zeitliche Integration des Vorbeifahrtgeräusches. Es ist daher günstig, Beziehungen wie (5.11) so umzuformen, daß die Zeitabhängigkeit explizit wird. Durch die Substitution $v = 3,6\,a\,t$ erhält (5.11) die Form

$$L(t) = A + B \log(t)$$

mit $A = 64,6$ dB(A) und $B = 12,3$ für die Fahrzeugklasse 1.

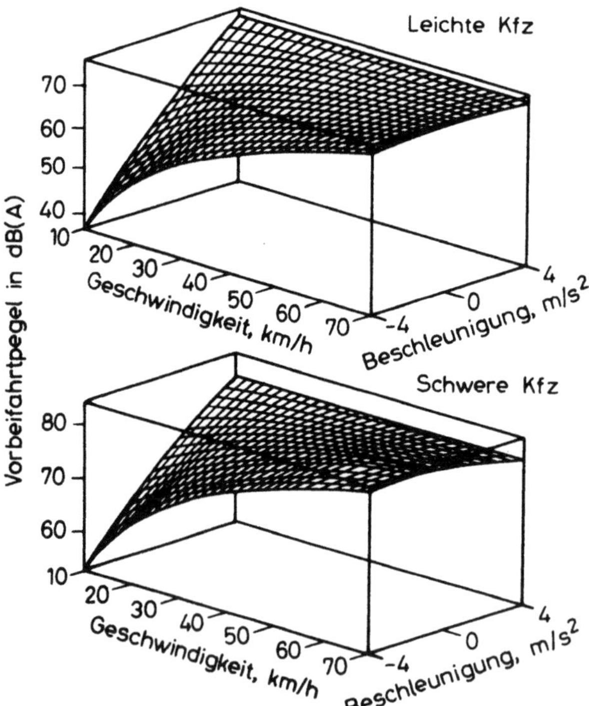

Abb. 5.8. Vorbeifahrtpegel von leichten und schweren Kraftfahrzeugen in Abhängigkeit von der Geschwindigkeit und Beschleunigung

Die Umformung enthüllt eine wesentliche Schwäche des Regressionsansatzes. Für kleine Zeiten t, d. h. kleine Geschwindigkeiten im näheren Anfahrbereich liegen die Vorbeifahrtpegel unter dem Standgeräusch. Eine Integration ab $t = 0$, dem Startzeitpunkt, ist nicht möglich.

Für nicht zu kleine Beschleunigungen kann nach Abb. 5.8 aber auch ein linearer Regressionsansatz gewählt werden. Wenn d_0 der Abstand eines Beobachters zur Straße ist und x die Entfernung zur Startlinie eines anfahrenden Pkw oder Lkw entlang der Straße, gilt

$$L(t) = A + Bt + 10 \log \frac{d_0^2}{d_0^2 + \left(\frac{a}{2} t^2 - x\right)^2} \, . \tag{5.12}$$

A und B hängen nur noch von der Beschleunigung ab und werden konstant, wenn die Beschleunigung während der Startphase konstant angenommen wird.

Der Mittelungspegel an einem Immissionsort enthält zwei Anteile, den Teilmittelungspegel während der Zeit der beschleunigten Fahrt und den Teilmittelungspegel während der Zeit der Fahrt mit konstanter Geschwindigkeit. Beide Anteile werden durch Integration nach (5.2) ermittelt, wobei die Integration des Beschleunigungsanteils am einfachsten numerisch durchzuführen ist. Die Integrationsgrenzen sind $t = 0$ (Start) und der Zeitpunkt t_m, bei dem die gewählte Endgeschwindigkeit v_m erreicht ist ($t_m = v_m/a$, v in m/s und a in m/s²). Beim zweiten Teilmittelungspegel, der nach (5.4) gewonnen wird, ist die Winkelkorrektur (5.10) noch zu beachten.

In Abb. 5.9 ist als Beispiel der Mittelungspegel eines startenden Pkw (untere Kurvenschar) in Abhängigkeit von der Entfernung des Immissionsortes zur Kreuzung berechnet.

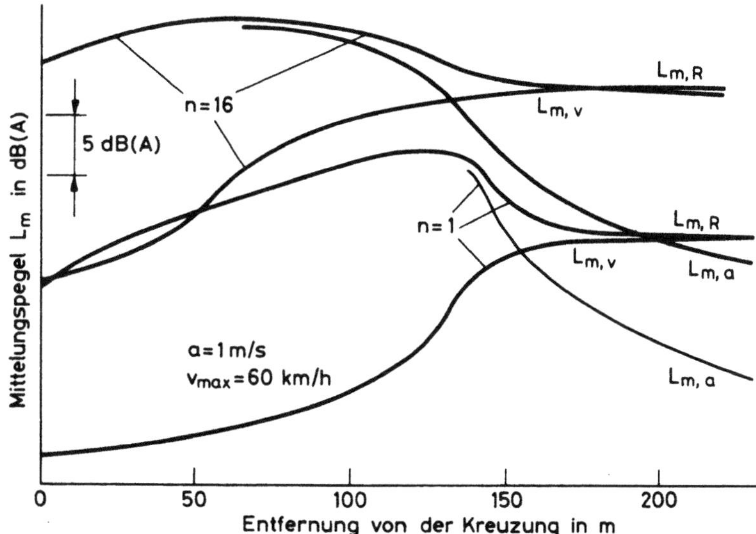

Abb. 5.9. Mittelungspegel während der Beschleunigungsphase, Mittelungspegel während der Konstantfahrt und resultierender Gesamtpegel eines startenden und dann mit konstanter Geschwindigkeit fahrenden Pkw in Abhängigkeit von der Entfernung zur Startlinie, gemessen entlang der Straße (untere Kurven) und für eine Schlange von 16 hintereinander startenden Pkw (obere Kurven)

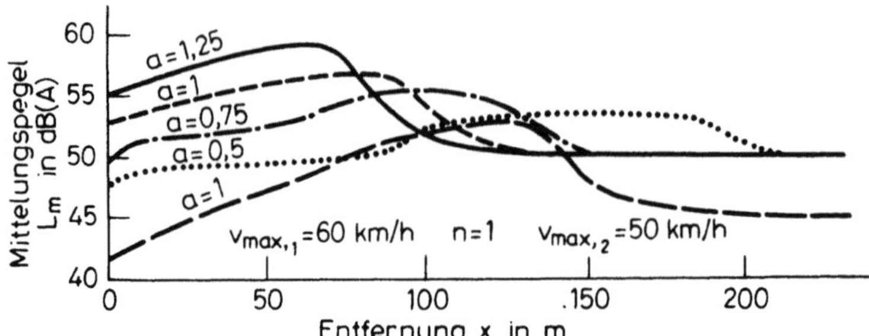

Abb. 5.10. Der Mittelungspegel eines startenden Lkw in Abhängigkeit von der Beschleunigung und der Entfernung x des Immissionsortes zur Startlinie, Vergleichskurve für einen Pkw mit einer Beschleunigung von 1 m/s^2

Dargestellt sind die Teilmittelungspegel während der Phase der Beschleunigung $L_{m,a}$ und während der Konstantfahrt $L_{m,v}$ sowie der resultierende Pegel $L_{m,R}$. Der resultierende Pegel wird in Kreuzungsnähe allein durch den Beschleunigungsanteil, in größeren Entfernungen zur Kreuzung im wesentlichen durch den Geräuschanteil der Konstantfahrt bestimmt.

Abbildung 5.10 enthält den Mittelungspegel eines an einer Kreuzung startenden Lkw. Die Berechnungen wurden für verschiedene mittlere Beschleunigungen durchgeführt. Zum Vergleich ist auch die Pegelkurve eines Pkw eingezeichnet. Die Kurven für den Lkw und den Pkw überschneiden sich. Es gibt daher offenbar Bereiche, wo ein schon mit konstanter Geschwindigkeit fahrender Lkw leiser ist als ein Pkw, der noch beschleunigt wird. Die Maxima der Pegelkurven rücken mit zunehmender Beschleunigung näher an die Kreuzung. Gleichzeitig steigen sie an.

Der Mittelungspegel einer anfahrenden Pkw-Schlange (oder Lkw-Schlange) kann durch

$$L_m(x)_{Q_k} = L_m(x)_{n_k} + 10 \log (Z) \tag{5.13}$$

und

$$L_m(x)_{n_k} = 10 \log \sum_{j=1}^{n_k} 10^{0,1 \cdot L_m(x_j)_k} \tag{5.14}$$

berechnet werden. Die einzelnen Indizes und Größen bedeuten:

$x_j = x + (j-1)s$

$Q_k = n_k Z$

k = Fahrzeugkategorie (Pkw, leichte Lkw, schwere Lkw),

j = laufende Nummer der Kfz in einer Schlange an einer Lichtsignalanlage,

Z = Zahl der Zyklen der Lichtsignalanlage pro Stunde,

s = der mittlere Abstand der in der Schlange stehenden Kfz,

x_j = Abstand des Immissionsortes von der Position des Fahrzeugs mit der Nummer j, gemessen entlang der Straße.

Voraussetzung zur Anwendung der Gleichung (5.13) ist, daß die Umlaufzeit der Lichtsignalanlage ($1/Z$) über den Berechnungszeitraum konstant bleibt. Der Mittelungspegel beim Start einer Schlange von 16 Pkw ist in Abb. 5.9 dargestellt, wieder aufgesplittet nach

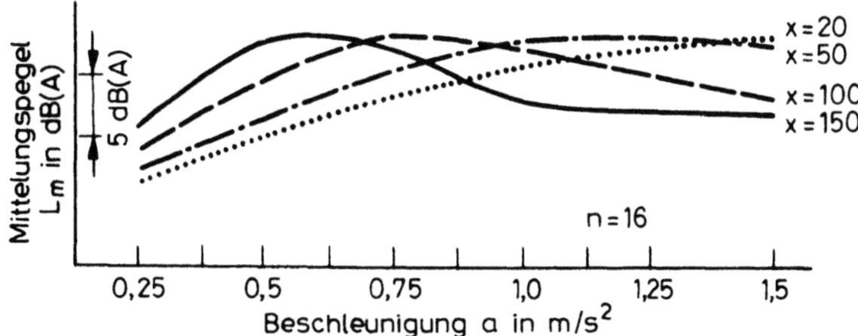

Abb. 5.11. Der Mittelungspegel von 16 startenden Pkw in Abhängigkeit von der mittleren Beschleunigung für verschiedene Immissionsortentfernungen x

Beschleunigungs- und Konstantfahrtanteil. Im Vergleich zur Kurve eines Pkw ist das Pegelmaximum näher an die Kreuzung herangerückt und die Pegelüberhöhung beim Maximum und damit auch die Pegelschwankung geringer geworden. In Abb. 5.11 ist der Mittelungspegel der 16 Pkw für verschiedene Immissionsortentfernungen x in Abhängigkeit von der mittleren Fahrzeugbeschleunigung aufgetragen. Hier zeigt sich, daß der Einfluß der Beschleunigung nur in der Nähe der Kreuzung, in einem Bereich bis etwa 150 m, zur Geltung kommt.

Bei einem gemischten Verkehrsstrom ist (5.13) getrennt auf die einzelnen Fahrzeugarten anzuwenden und die gewonnenen Mittelungspegel in der bekannten Weise zum resultierenden Gesamtpegel zusammenzufassen. Nach diesem Verfahren wurden die Abhängigkeiten des Mittelungspegels vom Lkw-Anteil in Abb. 5.12 berechnet. Es handelt sich hier allerdings um den extremen (theoretischen) Fall, daß alle Fahrzeuge an der Kreuzung zum Halten kommen.

Alle Abb. 5.9 ... 5.12 sind für eine Fahrtrichtung berechnet, gelten also strenggenommen nur bei Einbahnstraßen. Bei normalen Straßen mit Gegenverkehr wäre noch die Pegelemission in der Verzögerungsphase zu berücksichtigen. Das geschieht nach demselben

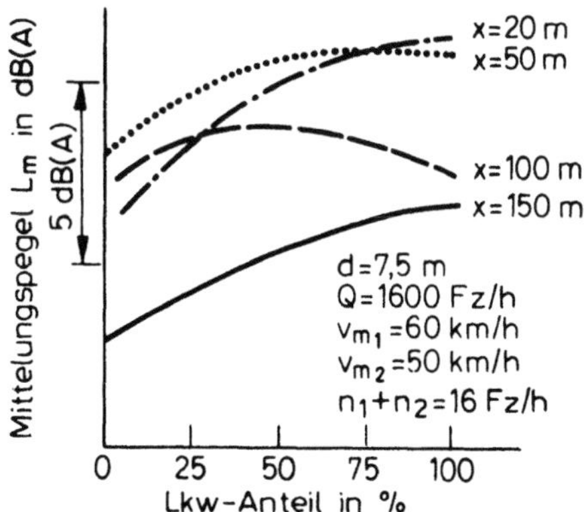

Abb. 5.12. Der Mittelungspegel eines gemischten, startenden Verkehrsstroms in Abhängigkeit vom Lkw-Anteil und für verschiedene Immissionsortentfernungen

Rechenformalismus mit negativen Beschleunigungen. Der Mittelungspegel während der Verzögerungsphase ist geringer als der Pegel bei Konstantfahrt (und gleicher Zeitdauer), so daß sich der Summenpegel während der Beschleunigungs- und Verzögerungsphase nur noch unwesentlich von dem Pegel für Konstantfahrt unterscheidet. Außerdem ist noch zu berücksichtigen, daß ein Teil der Fahrzeuge während der Grünphase der Ampel ungebremst und unbeschleunigt durchfährt. Aus diesen Gründen ist z. B. in den „Richtlinien für den Lärmschutz an Straßen-RLS 81" auf ein eigenes Berechnungsverfahren für Mittelungspegel im Kreuzungsbereich verzichtet worden. Es wird so gerechnet, als ob alle Fahrzeuge frei die Kreuzung passierten. Wegen der zweifellos vorhandenen höheren Lästigkeit des Straßenverkehrsgeräusches an Kreuzungen wird allerdings ein nicht meßbarer „Lästigkeitszuschlag" von 1 ... 3 dB(A) — je nach Entfernung zur Kreuzung — gemacht.

5.1.3 Teilmodell III

An größeren Flächen, wie z. B. an Hauswänden, wird der auftreffende Schall reflektiert, wodurch sich der Mittelungspegel örtlich erhöhen kann. Das Teilmodell III enthält für einfache Fälle Methoden zur Berechnung der Pegelzunahme infolge Schallreflexionen.

Trifft das Geräusch des Straßenverkehrs auf eine Gebäudefläche, wird nur ein geringer Anteil der Schallenergie von der Fläche absorbiert. Der weitaus größere Teil wird reflektiert, so daß ein in der Nähe befindlicher Beobachter sowohl vom direkten Schall der Straße als auch vom reflektierten Schall getroffen wird. Durch die Reflexion entsteht wie bei der Spiegelung in der Optik eine virtuelle Schallquelle, im Falle der Straße eine virtuelle Linienschallquelle. Ort und Länge der virtuellen Quelle ergeben sich durch Anwendung der Gesetze der linearen Optik. Die Originallinienquelle wird in eine Serie inkohärenter Punktstrahler zerlegt. Die Reflexion des Schalls von jedem dieser Strahler erfolgt nach dem Gesetz: Einfallswinkel ist gleich Reflexionswinkel. So wurden z. B. die Spiegelschallquellen der Längen l_2 und l_3 der Abb. 5.13a konstruiert. In manchen Fällen ist es einfacher, statt der Schallquelle den Immissionsort zu spiegeln, wie dies in Abb. 5.13b geschehen ist.

Zur Berechnung des Mittelungspegels der virtuellen Quelle l_2 der Abb. 5.13a am Immissionsort vor der Front des zurückstehenden Hauses sind folgende Einzelschritte durchzuführen:

— Berechnung des Mittelungspegels der Originalquelle nach (5.4) (für den Abstand des Immissionsortes zur Straße und eine unendliche Straßenlänge).

— Berücksichtigung der durch die Reflexionsfläche absorbierten Schallenergie durch Addition des Termes 10 log (1—α). α ist der Absorptionsfaktor der Reflexionsfläche. Er ist i. allg. unbekannt. Für glatte Fassaden kann aber in guter Näherung $\alpha = 0{,}2$, für gegliederte Fassaden (durch Balkone) $\alpha = 0{,}4$ angenommen werden.

— Da die virtuelle Linienquelle nicht unendlich lang ist, muß noch die Winkelkorrektur nach (5.10) berücksichtigt werden (durch Ermittlung des Winkels $\Delta\varphi$, unter dem l_2 erscheint).

Im allgemeinen sind, wie in Abb. 5.13b, die Entfernungen des Immissionsortes (oder des gespiegelten Immissionsortes) zur Original- und Spiegelschallquelle verschieden. Der erste Schritt des Berechnungsschemas ist dann noch durch 10 log ($d_{original}/d_{virtuell}$) zu korrigieren.

Den resultierenden Mittelungspegel berechnet man durch energetische Addition der direkten und reflektierten Mittelungspegel. Die Pegelerhöhung infolge Reflexion ist die

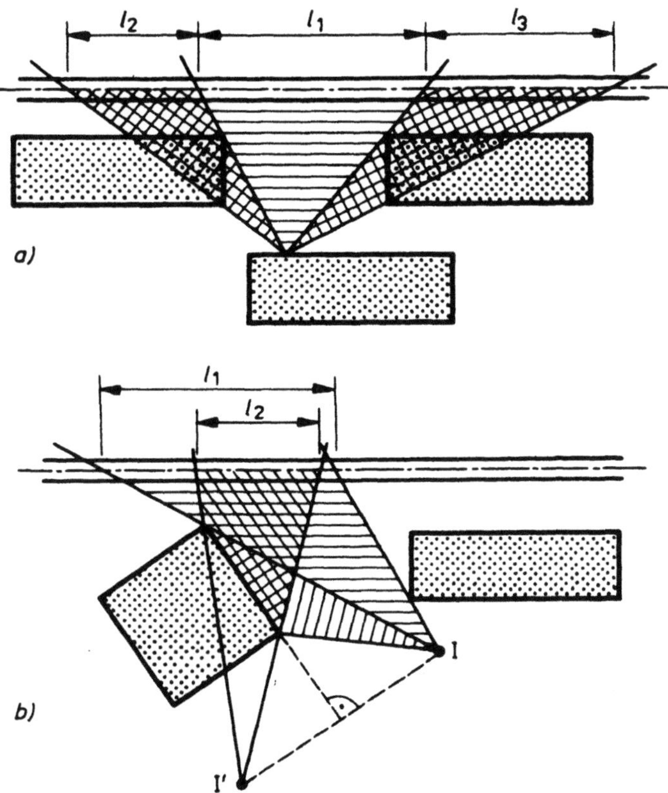

Abb. 5.13. Zur Konstruktion von Spiegellinienschallquellen **a** l_1 = das sichtbare, am Immissionsort einwirkende Straßenstück (Originalquelle), l_2 und l_3 = virtuelle Schallquellen durch Spiegelung an den kurzen Hausfassaden; **b** l_1 = am Immissionsort I sichtbare Originalquelle, l_2 = Spiegelschallquelle, gewonnen durch Spiegelung des Immissionsortes (virtueller Immissionsort I′)

Differenz des resultierenden und des direkten Mittelungspegels. Eine einfachere mathematische Formulierung der Pegelerhöhung ist nicht möglich.

Befinden sich rechts und links einer Straße parallele reflektierende Flächen, wie dies bei beidseitiger Randbebauung und in „Straßenschluchten" der Fall ist, tritt zusätzlich noch Mehrfachreflexion zwischen den Hausfassaden auf. Wendet man entsprechend Abb. 5.14 die Regeln der geometrischen Optik an, lassen sich rechts und links der Straße unendlich viele virtuelle Spiegelschallquellen konstruieren, deren Abstand zum Immissionsort an einer Hausfassade mit zunehmender Ordnung der Reflexion (Zahl der Reflexionen) ansteigt und deren Intensität mit der Ordnung k um den Faktor $(1-\alpha)^k$ abnimmt. Die Berechnung der Pegelerhöhung am Immissionsort wird dadurch erschwert, daß mit zunehmender Reflexionsordnung immer größere Schallanteile diffus (nach allen Richtungen) reflektiert werden, auf die die geometrische Optik — speziell die Regel: Einfallswinkel gleich Reflexionswinkel — nicht mehr anwendbar ist. Eine einfache mathematische Behandlung ist nur für die beiden Extremfälle, alle Reflexionen verlaufen vollständig geometrisch oder vollständig diffus, möglich.

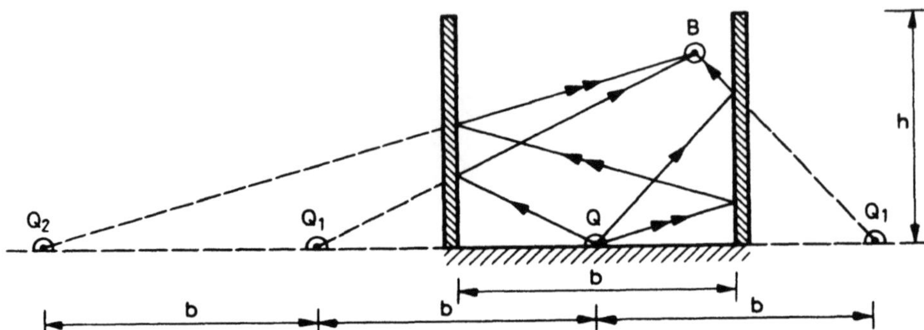

Abb. 5.14. Spiegelschallquellen bei der Mehrfachreflexion zwischen parallelen Wänden. Q = Originalquelle in Straßenmitte, B = Beobachter in der Nähe einer Wand, Q_1 und Q_2 = Spiegelquellen 1. und 2. Ordnung

Es wird von folgenden Voraussetzungen ausgegangen:

— Alle Fahrzeuge fahren in Straßenmitte, d. h. in Straßenmitte befindet sich auf der Straßenoberfläche eine Linienschallquelle, die gerade und unendlich lang sein soll.

— Symmetrisch zur Straßenmitte ist beidseitig eine geschlossene Randbebauung gleicher Höhe vorhanden. Die Bebauungshöhe ist geringer als die Entfernung zur Straßenmitte. α sei der Absorptionsfaktor der Hausfassaden und $\varrho = 1 - \alpha$ der Reflexionsfaktor.

Unter der Voraussetzung, daß alle Reflexionen wie in der Optik geometrisch verlaufen, berechnet man für die Erhöhung des Mittelungspegels durch alle Einfach- und Mehrfachreflexionen [5.13].

$$\Delta L_m = 10 \log \left[\frac{(1+\varrho)}{2 \cdot \sqrt{\varrho}} \ln \left(\frac{1+\sqrt{\varrho}}{1-\sqrt{\varrho}} \right) \right] \tag{5.16}$$

Diese Formel liefert für $\alpha = 0{,}2$ und $\alpha = 0{,}4$ Pegelerhöhungen von 4,6 dB bzw. 3,3 dB. Eine Unzulänglichkeit von (5.16) ist darin zu sehen, daß das Verhältnis des Abstandes der Randbebauungen zur Bebauungshöhe nicht mehr enthalten ist, so daß die Pegelerhöhung mit abnehmender Bebauungshöhe nicht gegen null geht.

Wenn angenommen wird, daß alle Reflexionen an und zwischen den Straßenrandbebauungen vollkommen diffus verlaufen, bildet sich im Straßenraum ein diffuses Schallfeld wie in einem Hallraum aus. Nach diesem Modell wurde in [5.13] die Erhöhung des Mittelungspegels innerhalb und am Rande langer Straßentunnel berechnet:

$$\Delta L_m(\text{Rand}) \approx \log \left[1 + 4/\pi(1/\bar{\alpha} - 1) \right] \tag{5.17}$$

$$\Delta L_m(\text{Mitte}) \approx 10 \log \left[1 + 8/\pi(1/\bar{\alpha} - 1) \right]$$

Der Absorptionsfaktor $\bar{\alpha}$ ist als Mittelwert über Tunnelwände und Tunneldecke zu verstehen. Die Pegelerhöhung in einer Straßenschlucht der Breite b und der Höhe h (in m) ist der eines rechteckigen Tunnels mit denselben Maßen analog. Der mittlere Absorptionsfaktor wird aber wegen der total „absorbierenden" Decke einer Straßenschlucht zu

$$\bar{\alpha} = \frac{\alpha + 0,5 \; b/h}{1 + 0,5 \; b/h},$$

wobei α der Absorptionsfaktor der Hauswände ist. In Abb. 5.15 ist die zweite der Beziehungen (5.17) für die beiden Absorptionsfaktoren $\alpha = 0,2$ (glatte Hausfassaden) und $\alpha = 0,4$ (gegliederte Hausfassaden) in Abhängigkeit vom Verhältnis b/h dargestellt. Für $b/h = 2$ ergeben sich z. B. Pegelerhöhungen von 4,3 und 3,2 dB. Diese Werte sind vergleichbar mit den Ergebnissen nach dem geometrischen Verfahren (5.16). Mit zunehmendem Abstand der Randbebauungen und/oder abnehmender Bebauungshöhe gehen die Pegelerhöhungen hier aber gegen null.

Die nach (5.16) oder (5.17) berechneten Pegelerhöhungen gelten für unendlich lang ausgedehnte Randbebauungen. In der Praxis reicht eine Ausdehnung nach beiden Seiten des Immissionsortes (im Falle (5.17) erste Formel auch nach einer Seite) auf eine Strecke der Länge $5b$. Für die Herleitung der Beziehungen war eine dichte Randbebauung gefordert. Diese Forderung ist noch erfüllt, wenn Baulücken nicht mehr als 30% ausmachen. Die nach (5.16) und (5.17) berechneten Werte sind echte Pegelerhöhungen, können also direkt zum Mittelungspegel der Originalschallquelle — Straße ohne Randbebauung — addiert werden.

5.1.4 Teilmodell IV

Teilmodell IV ist kein selbständiges Modell. Es handelt sich hier nur um eine Kombination der Teilmodelle II und III.

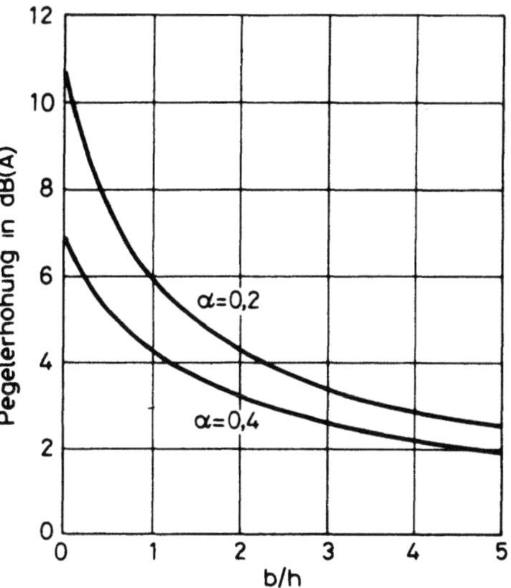

Abb. 5.15. Die Erhöhung des Mittelungspegels durch Ein- und Mehrfachreflexion innerhalb einer Straßenschlucht nach (5.17) für glatte Hausfassaden ($\alpha = 0,2$) und gegliederte Hausfassaden ($\alpha = 0,4$) in Abhängigkeit vom Verhältnis b/h ($b =$ Abstand der Hausfassaden rechts und links der Straße, $h =$ mittlere Bebauungshöhe)

5.2 Die Prognostizierung des Schienenverkehrslärms

Der Mittelungspegel des Schienenverkehrslärms wird ebenfalls durch (5.2) definiert. Der Übergang von (5.2) nach (5.3) ist im Nahbereich von Schienenstrecken aber nicht möglich, da der zeitliche Verlauf des Vorbeifahrtpegels eines Schienenfahrzeugs erheblich von dem eines Straßenfahrzeugs abweicht. Die Gesamtschallquelle Zug kann als lineare Verteilung punktförmiger Schallquellen im Abstand von einer Wagen- bzw. Drehgestell-Länge angenommen werden. Jeder Radsatz wirkt als eine Dipolpunktquelle, deren Achse parallel zur Radsatzachse verläuft.

Zur Berechnung des Mittelungspegels werden wieder eine Reihe idealisierender Voraussetzungen getroffen:

— Das Geräusch der Lokomotive weicht nicht wesentlich von dem der nachfolgenden Wagen ab.
— Die Richtcharakteristik der Einzelquellen hat Dipolcharakter. Die vertikale Winkelabhängigkeit soll aber, ebenso wie die Frequenzabhängigkeit der Schallabstrahlung, vernachlässigt werden.
— Alle Einzelquellen emittieren dieselbe Schallintensität.
— Die Vorbeifahrt der Züge erfolgt mit konstanter Geschwindigkeit, ist also unbeschleunigt.

Der Schalldruck eines Dipolstrahlers ist dem Kosinus des Winkels zwischen der Hauptabstrahlrichtung (senkrecht zur Schiene) und der Richtung zum Beobachter proportional. Für die Anwendung von (5.2) ist eine Beschreibung des zeitlichen Verlaufs des Zugvorbeifahrtpegels nötig. Dafür wurden mehrere Näherungsverfahren entwickelt, die im folgenden diskutiert werden.

Auf der Basis eines kombinierten Dipol/Monopol-Modells [5.14, 5.15] wurde in [5.14] eine mathematische Beschreibung des Vorbeifahrtpegels von Straßenbahnzügen gegeben:

$$L(t) = L_n + 10 \lg \frac{l}{D} \left[\arctan A - \arctan B + \eta \left(\frac{A}{1+A^2} + \frac{B}{1+B^2} \right) \right] \qquad (5.18)$$

Dieser Beziehung liegt die geometrische Situation der Abb. 5.16 zugrunde. Die einzelnen Größen bedeuten:

$$L_n = 10 \log \left(\frac{2k}{\varrho c l \cdot 10^{-12}} \right) = \text{normierter Schallquellenpegel}$$

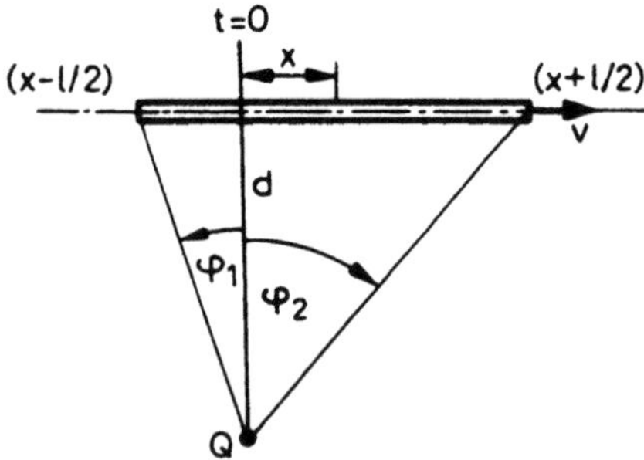

Abb. 5.16. Geometrische Situation bei Vorbeifahrt eines Zugs mit der Geschwindigkeit *v* an einem Beobachter im Abstand *d*

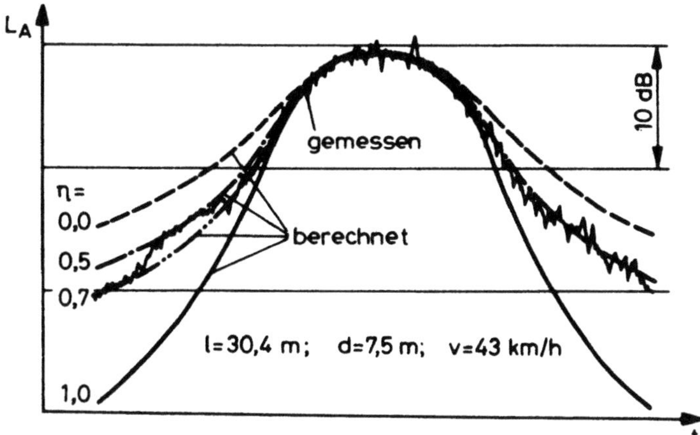

Abb. 5.17. Gemessene und nach (5.18) berechnete Vorbeifahrtpegel eines Straßenbahnzugs in Abhängigkeit von der Zeit

k = eine von der Stärke der Schallquelle abhängige Konstante,

ϱ = Dichte der Luft

c = Schallgeschwindigkeit

l = Zuglänge

$$A = \frac{vt + \dfrac{l}{2}}{d} \qquad B = \frac{vt - \dfrac{l}{2}}{d}$$

$$D = \frac{2d}{l} \qquad \text{und} \qquad \eta = \frac{k_\mathrm{D}}{k_\mathrm{D} + k_\mathrm{M}}$$

k_D und k_M kennzeichnen die Quellenstärke des Dipol- bzw. Monopolstrahlers und η ist ein Maß für den Dipolanteil. η ist gleich 1 bei einem reinen Dipolstrahler und gleich 0 bei einem reinen Monopolstrahler.

Zur Herleitung von (5.18) wurde zunächst eine Integration nach dem Ort x durchgeführt und dann über die Transformation $x = v\,t$ die Zeit eingesetzt (Abb. 5.16). Ein Vergleich von (5.18) für verschiedene Verhältnisse η mit einem gemessenen Vorbeifahrtpegel in Abb. 5.17 zeigt, daß der reelle zeitliche Verlauf des Schallpegels besser für Werte $\eta < 1$ übereinstimmt, daß also die Beimischung eines Monopolstrahlers gerechtfertigt erscheint.

Durch Einsetzen von (5.18) in (5.2) wird der Mittelungspegel eines vorbeifahrenden Zugs berechnet. Ohne näher auf die weitere Ableitung einzugehen, erhält man als Endergebnis für den i-ten Zug aus der j-ten Zugklasse

$$L_{\mathrm{m}.j.i} = L_{\mathrm{n},i} + 10 \lg \frac{1}{v\,T} \left[(A_1 \arctan A_1 - B_1 \arctan B_1) - \right.$$

$$\left. - (1 - \eta) \frac{1}{2} \ln \frac{1 + A_1^2}{1 + B_1^2} \right] \tag{5.19}$$

Die Größen A_1 und B_1 sind die Größen A und B für $t = T/2$ [5.14].

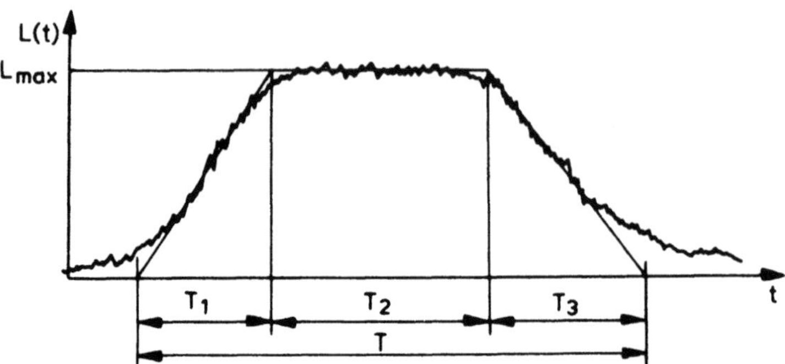

Abb. 5.18. Unterteilung des Pegelverlaufs bei einer Zug-Vorbeifahrt in charakteristische Teile, lineare Approximation der ansteigenden und abfallenden Flanke

Die Berechnung des Mittelungspegels mit Hilfe von Formeln wie (5.18) ist sehr aufwendig. Bequemer und einfacher zu handhaben sind Näherungsverfahren, insbesondere für Züge, deren Vorbeifahrtpegel ein längeres, konstantes Pegelniveau enthält. Ein sehr einfaches Verfahren ist in Abb. 5.18 skizziert. Die an- und absteigende Flanke der Kurve des Vorbeifahrtpegels wird linear in Abhängigkeit von der Zeit approximiert. Wenn der Pegelanstieg pro Zeiteinheit gleich dem Pegelabfall pro Zeiteinheit ist und mit m in dB/s bezeichnet wird, gilt

$$L_{m,j,i} = L_{max,j,i} + 10 \log \left(\frac{1}{T} [T_2 + 8,7/m] \right) \tag{5.20}$$

Bei einer anderen Approximation werden, wie bei der Vorbeifahrt eines Straßenfahrzeugs (Monopolstrahler), die ansteigenden und abfallenden Flanken durch eine logarithmierte Lorentzkurve angenähert [5.16]. Schneidet man aus der Kurve des Vorbeifahrtpegels das konstante Stück heraus und fügt die beiden Reststücke zusammen, erhält man eine (5.3) entsprechende Pegelkurve (Abb. 5.19). Die Integration dieser Kurve plus dem konstanten Stück ergibt

$$L_{m,j,i} = L_{max,j,i} + 10 \log \left(\frac{d\,\pi}{v\,T} + \frac{t_p}{T} \right) \tag{5.21}$$

wobei t_p proportional dem Verhältnis Zuglänge zu Zuggeschwindigkeit ist und als Maß für die Dauer der Vorbeifahrt des Zugs angesehen werden kann. Die Berechnungsfehler durch die Approximierung sind bei langen Zügen, niederen Geschwindigkeiten und kleinen Abständen zur Bahnlinie geringer als nach dem Verfahren (5.20).

Ein weiteres Verfahren zur Abschätzung des Mittelungspegels eines Zugs aus seiner Vorbeifahrtkurve basiert auf der effektiven Expositionszeit (Vorbeifahrtdauer) t_e

$$L_{m,j,i} = L_{max,j,i} + 10 \log \frac{t_e}{3600} \tag{5.22}$$

Die Expositionszeit ist so definiert, daß (5.22) denselben Mittelungspegel ergibt, wie er tatsächlich wahrgenommen wird. Die Messung der Expositionszeit nach der Definitionsgleichung ist allerdings sehr schwierig und ziemlich ungenau. Daher wird für t_e die Zeitdauer in

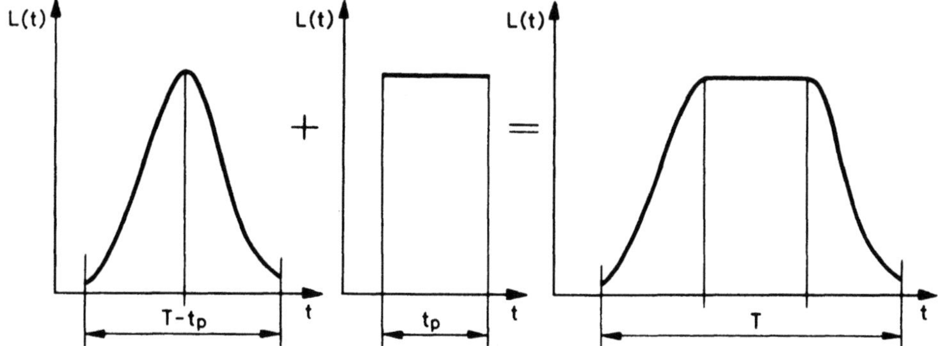

Abb. 5.19. Unterteilung wie in Abb. 5.18, Approximation der ansteigenden und abfallenden Flanke wie bei der Vorbeifahrt einer isotropen Punktschallquelle

Sekunden verwendet, während der der Vorbeifahrtpegel den Schwellenpegel $L_{max} - 10$ dB(A), neuerdings auch $L_{max} - 5$ dB(A), überschreitet. Im letzteren Falle beträgt die Expositionszeit für eine Linienschallquelle aus Dipolstrahlern näherungsweise [5.17]

$$t_e \sim t_s = \frac{1}{v}\left(1 + \frac{1,2d}{l}\right) \tag{5.23}$$

Die zeitliche Abhängigkeit des Vorbeifahrtpegels eines Zugs ist unabhängig von seiner Geschwindigkeit, jedoch nicht der höchste Pegel bei der Vorbeifahrt L_{max}. Liegen gemessene

Tabelle 5.2. Die Mittelungspegel von Zügen in einem Abstand von 25 m zur Mittelachse des nächstliegenden Gleises und 3,5 m Höhe über Schienenoberkante nach „Information Schall 03", herausgegeben von der Deutschen Bundesbahn, München 1976

Zuggattung	Bezugsgeschwindigkeit v_0 in km/h	Bezugslänge l_0 in m	$L_{m_i}(N=1)$ dB(A)
TEE/IC-Züge* ⎫			
D-Züge* ⎬	$v_0 = 160$ km/h	$l_0 = 200$ m	65
Güterzüge ⎭	$v_0 = 100$ km/h	$l_0 = 700$ m	
TEE/IC-Züge**	$v_0 = 250$ km/h	$l_0 = 200$ m	
D-Züge**	$v_0 = 200$ km/h	$l_0 = 200$ m	
Nahverkehrszüge*	$v_0 = 100$ km/h	$l_0 = 100$ m	57
Güterzüge	$v_0 = 50$ km/h	$l_0 = 450$ m	
Nahverkehrszüge**	$v_0 = 100$ km/h	$l_0 = 150$ m	
S-Bahnzüge (Triebw.)	$v_0 = 100$ km/h	$l_0 = 190$ m	
Straßenbahnzüge	$v_0 = 60$ km/h	$l_0 = 25$ m	50
U-Bahnzüge	$v_0 = 80$ km/h	$l_0 = 80$ m	

* mit herkömmlichen Fahrzeugen, überwiegend klotzgebremst
** mit neuen Fahrzeugen, scheibengebremst

Vorbeifahrtkurven für eine Geschwindigkeit v_0 vor und soll der Mittelungspegel für Züge derselben Art, aber bei anderen Geschwindigkeiten berechnet werden, ist L_{max} nach

$$L_{max} = L_{max}(v_0) + n \log (v/v_0) \qquad (5.24)$$

zu korrigieren. Ein typischer Wert für den Geschwindigkeitskoeffizient ist $n = 20$.

Wenn sich die Meßergebnisse auf einen durchschnittlichen Zug der Zugkategorie j beziehen, erhält man durch energetische Addition der Mittelungspegel jedes Zugs der Kategorie den Gesamtmittelungspegel der Kategorie j:

$$L_{m,j} = L_{m,j,i} + 10 \log N - k \log (d/d_0) \qquad (5.25)$$

N ist die stündliche Zahl der Züge der Art j. k ist der in Kap. 6 näher erläuterte Ausbreitungskoeffizient, der umso näher bei 10 liegt, je länger der Zug im Verhältnis zum Abstand d ist.

Meßdaten zur Anwendung der Gleichungen (5.18) bis (5.24) sind in Abschn. 4.2 und in Richtlinien zu finden. In Tabelle 5.2 sind die in der Richtlinie „Information Schall 03" der Deutschen Bundesbahn verwendeten Mittelungspegel verschiedener Zugarten zusammengefaßt. Der Bezugsabstand beträgt 25 m zur Mittelachse des nächstliegenden Gleises und die Höhe 3,5 m über Schienenoberkante. Liegen andere Geschwindigkeiten vor, ist nach (5.24) zu korrigieren. Weichen die Längen der zu berechnenden Züge von den Bezugslängen l_0 der Tabelle ab, ist nach

$$L_m(l) = L_m(l_0) + 10 \log (l/l_0)$$

zu korrigieren.

5.3 Die Prognostizierung des Luftverkehrslärms

Auch die Berechnung des Mittelungspegels, der durch die Lärmemission des Flugverkehrs verursacht wird, beruht auf der Definitionsgleichung (5.2). Die Herleitung des zeitlichen Schallpegelverlaufs einzelner Lärmereignisse im Luftverkehr ist aber eine schwierige Aufgabe. Während im Straßenverkehr je nach Geschwindigkeit das Antriebs- oder Rollgeräusch dominiert und im Schienenverkehr das Rollgeräusch, wird der resultierende Schallpegel eines Flugzeugs durch das Zusammenwirken mehrerer Einzelquellen — Freistrahl, Ventilator, Brennkammer, Turbine — erzeugt (s. Abschn. 4.3). Während im Straßen- und Schienenverkehr die Annahme einer Monopolabstrahlung bzw. Diopolabstrahlung zur Erklärung der Richtcharakteristik der Schallquellen ausreicht, ist beim Flugzeug noch mit der Quadrupolcharakteristik (beim Freistrahl) zu rechnen. Bei der Ermittlung des Flugzeuggeräusches sind die Schallintensitäten und Abstrahlcharakteristiken der Teilschallquellen getrennt zu berücksichtigen, da das Spektrum und die Abstrahlcharakteristik der resultierenden Schallintensität vom relativen Gewicht der Einzelquellen abhängt. Hinzu kommt noch, daß sich Größe und Richtung der zum dynamischen Gleichgewicht gehörenden Kraftkomponenten, die dominierende Schallstrahlungsrichtung, die Länge des Schallausbreitungswegs und die Größe des Doppler-Effektes in Abhängigkeit von Ort und Zeit ändern, so daß die Kenntnis der örtlichen Lage des Flugzeugs in jedem Moment des Vorbei- oder Überflugs unerläßlich ist. Wegen der großen Zahl von

Einflußparametern ist eine genaue Berechnung des Mittelungspegels des Flugverkehrs nur mit Hilfe von Großrechenanlagen möglich.

Praktischen Ansprüchen genügt das Rechenverfahren nach der internationalen Norm ISO 3891. Der Mittelungspegel wird definiert als

$$L_{\mathrm{m}} = 10 \log \left(\frac{1}{T} \sum_{i=1}^{n} t_{\mathrm{e,i}} \cdot 10^{0,1\,L_{\mathrm{max,i}}} \right) \tag{5.26}$$

$L_{\mathrm{max,i}}$ = maximaler Vorbeiflugpegel der i-ten Flugoperation, gemessen am Immissionsort,

T = Beurteilungszeitraum, je nach Zweck der Berechnung 8, 12, 16 Stunden oder länger bis zu einem Jahr,

n = Zahl der Flugoperationen während der Zeitdauer T

$t_{\mathrm{e,i}}$ = effektive Dauer der i-ten Flugoperation.

Die effektive Flugdauer (Einwirkungszeit des Geräusches) ist definiert durch

$$t_{\mathrm{e}} \cdot 10^{0,1\,L_{\mathrm{max}}} = \int_{-\infty}^{+\infty} 10^{0,1\,L(t)}\,\mathrm{d}t \tag{5.27}$$

Dies entspricht der Definition der effektiven Expositionszeit in (5.22) bei der Vorbeifahrt eines Zugs. Ebenso ist (5.26) analog zu (5.22), wenn man dort energetisch über den Laufindex i summiert.

Zur Anwendung von (5.26) stehen Meßwerte zur Verfügung, die im wesentlichen durch Fluglärm-Überwachungsstationen gewonnen worden sind. Einige Ergebnisse sind in Tabelle 5.3 zusammengefaßt [4.48]. Für die Geräuschdauer beim Vorbeiflug wurde in [5.18] folgende empirische Formel veröffentlicht:

$$t_{\mathrm{e}} = \frac{ad}{v + d/b} \tag{5.28}$$

v ist die Fluggeschwindigkeit und d die Entfernung. a und b sind Konstanten mit den Zahlenwerten

$a = 3$, $b = 50$ für Starrflügelflugzeuge und

$a = 5$, $b = 30$ für Hubschrauber.

Tabelle 5.3. Maximalpegel und Überflug-Zeitdauern nach Messungen durch Fluglärm-Überwachungssysteme

Flugzeugtyp Linie	Jahr	$L_{\mathrm{A,max}}$	t_{10}
707—100	1980	84,5	32,5
Lufthansa	1981	83,0	25,8
707—100	1980	84,7	31,0
Andere	1981	84,1	29,7
747—200	1980	80,7	26,0
Lufthansa	1981	79,4	22,6
747—200	1980	82,5	23,1
Andere	1981	80,9	23,9

Tabelle 5.4. Zuordnung von Flugzeugklassen zu Flugzeuggruppen

Flugzeuggruppe		Betriebs- bedingungen	Flugzeug- klasse
PROP 1	Propellerflugzeuge mit Kolben- oder Turbinenmotor	Abflug	1
	mit einem Höchstabfluggewicht bis zu 5,7 t	Anflug	2
PROP 2	Propellerflugzeuge mit Kolben- oder Turbinenmotor	Abflug	3
	mit einem Höchstabfluggewicht von mehr als 5,7 t	Anflug	4
S 1	Strahlflugzeuge mit einem Höchstabfluggewicht bis	Abflug	5
	zu 100 t, die den Anforderungen des Anhangs 16 zu	Anflug	6
	dem Abkommen über die internationale Zivilluftfahrt		
	(ICAO) entsprechen		
S 2	Sonstige Strahlflugzeuge mit einem Höchstabflugge-	Abflug	7
	wicht bis zu 100 t	Anflug	8
S 3 (2/3)	Zwei- und dreistrahlige Strahlflugzeuge mit einem	Abflug, Auslastung	
	Höchstabfluggewicht von mehr als 100 t, die den	unter 85%	9
	Anforderungen des Anhangs 16 zu dem Abkommen	Abflug, maximale	
	von ICAO entsprechen	Auslastung	10
		Anflug	11
S 3 (4)	Vierstrahlige Flugzeuge der Gruppe S 3	Abflug, Auslastung	
		unter 85%	12
		Abflug, maximale	
		Auslastung	13
		Anflug	14
S 4	Sonstige Strahlflugzeuge mit einem Höchstabflugge-	Abflug, Auslastung	
	wicht von mehr als 100 t	unter 85%	15
		Abflug, maximale	
		Auslastung	16
		Anflug	17

Werte für die Geschwindigkeit sind in Abhängigkeit von der Bogenlänge und der Flugzeugklasse aus Datenblättern zu entnehmen [5.18]. Zur Erleichterung der Berechnungen ist es auch bei Flugzeugen zweckmäßig, einzelne Flugzeuggruppen zu Klassen zusammenzufassen (Tabelle 5.4) [5.18].

Wegen der frequenzabhängigen Dämpfung des Schallpegels auf dem langen Ausbreitungswege ist es zweckmäßig, vom Spektrum des maximalen Vorbeifluggeräusches auszugehen. Die Spektren einiger Flugzeugklassen sind in den Abb. 5.20 bis 5.22 für eine Flughöhe von 300 m dargestellt. Eine Umrechnung auf andere Flughöhen ist durch

$$L = L_{300} - 20 \log \left(d/d_0 \right) - R\alpha (d - d_0) \tag{5.29}$$

möglich. d_0 ist die Bezugsentfernung von 300 m, d die tatsächliche Flughöhe, R ein Richtungsfaktor und α die frequenzabhängige Dämpfungskonstante.

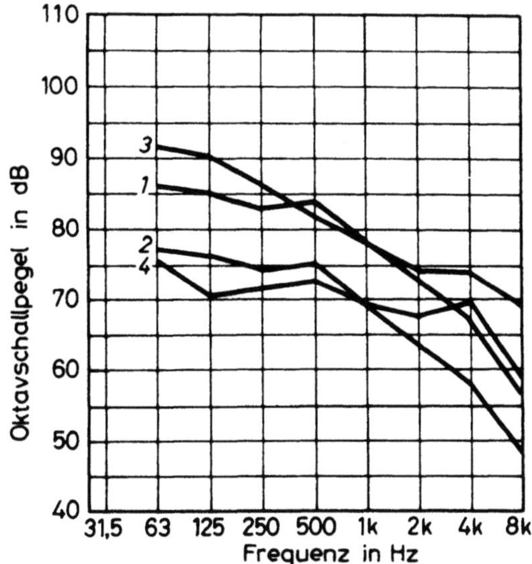

Abb. 5.20. Oktavbandspektren der maximalen Vorbeiflugpegel von Flugzeugen der Klassen 1 bis 4 nach Tab. 5.4 in einer Flughöhe von 300 m

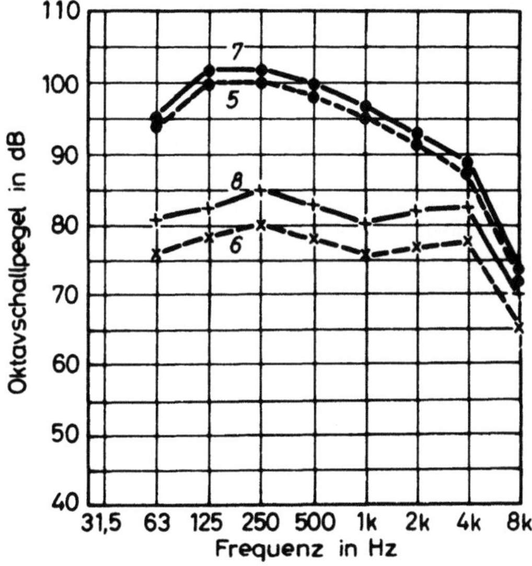

Abb. 5.21. Oktavbandspektren der maximalen Vorbeiflugpegel von Flugzeugen der Klassen 5 bis 8 nach Tab. 5.4 in einer Flughöhe von 300 m

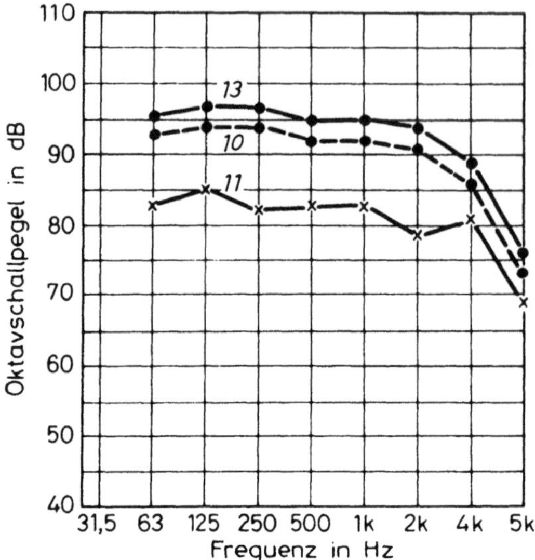

Abb. 5.22. Oktavbandspektren der maximalen Vorbeiflugpegel von Flugzeugen der Klassen 10, 11 und 13 nach Tab. 5.4 in einer Flughöhe von 300 m

Unter Verwendung von (5.29) wird der Pegel in allen Oktavbändern berechnet und die Einzelwerte durch

$$L_A = 10 \log \sum_{i=1}^{n} 10^{0,1(L_i - L_{A,i})} \tag{5.30}$$

zum maximalen, A-bewerteten Vorbeiflugpegel zusammengefaßt. L_i ist der Pegel im i-ten Oktavband und $L_{A,i}$ die Pegelkorrektur entsprechend der A-Bewertung. Der zweite Summand in (5.29) beschreibt die geometrische Divergenz, der dritte Summand berücksichtigt die Schallabsorption in der Luft. Zahlenwerte für diese Konstanten sind der Tabelle 5.5 zu entnehmen. Die Dämpfungskonstanten hängen von der Temperatur und dem

Tabelle 5.5. Zahlenwerte für die Dämpfungskonstante, Richtungsfaktor und die Konstanten $L_{A,i}$ der A-Bewertung (in Oktaven)

Mittenfrequenz Hz	Dämpfungs- konstanten dB/m	Richtungsfaktor		$L_{A,i}$ dB
		Klassen von 1—4	Klassen von 5—17	
63	$0,33 \cdot 10^{-3}$	1	1,2	$-26,2$
125	$0,66 \cdot 10^{-3}$	1	1,2	$-16,1$
250	$1,3 \cdot 10^{-3}$	1	1,2	$-8,6$
500	$2,3 \cdot 10^{-3}$	1	1,2	$-3,2$
1000	$4,9 \cdot 10^{-3}$	1	1,1	0
2000	$10,2 \cdot 10^{-3}$	1	1	1,2
4000	$25,6 \cdot 10^{-3}$	1	1	1
8000	$43,0 \cdot 10^{-3}$	1	1	$-1,1$

Feuchtegehalt der Luft ab. Genauere Zahlenwerte sind, aufgeschlüsselt nach Terzbändern, in der Norm ISO 3891 zu finden.

Das vorgestellte Berechnungsverfahren ist für mittlere An- und Abflugoperationen in der Nähe von Flughäfen entwickelt worden. Im Falle des Überflugs mit konstanter Flughöhe sind Pegelkorrekturen von 3...5 dB(A) anzubringen. Ebenso kann bei niedrigen An- und Abflughöhen, wenn sich der Schall in der Nähe des Bodens ausbreitet, der Bodeneffekt (Kap. 6) nicht außer acht gelassen werden.

Es ist zu erwähnen, daß neben dem Mittelungspegel noch eine Reihe weiterer Bewertungs- und Beurteilungsgrößen entwickelt worden sind, die die spezielle Störwirkung des Fluglärms besser charakterisieren sollen. Zu ihrer Berechnung sind ähnliche Verfahren entwickelt worden, die sich aber in vielen Einzelheiten unterscheiden können (z. B. im Gewichtsfaktor für Nacht- und Taggeräusche, in der Anwendung von EPNL anstelle von L_A, in Integrationsintervallen usw.). Ein Vergleich oder gar eine Umrechnung dieser Bewertungsgrößen mit oder auf den Mittelungspegel ist daher i. allg. nicht möglich.

6 Ausbreitung des Verkehrslärms

Die bisherigen Berechnungen des Mittelungspegels von Verkehrsgeräuschen wurden für Immissionsorte in geringen Entfernungen — beim Straßenverkehr meist in Abständen von 7,5 m bis 25 m — durchgeführt. Zweck war die Gewinnung eines Pegels, der die Emission der Verkehrslärmquelle beschreibt. Auf den kurzen Entfernungen wird der Mittelungspegel kaum durch die Topographie oder die Witterung beeinflußt. Im folgenden wird die theoretisch zu erwartende Schallausbreitung und ihre Beeinflussung durch Effekte der Luft- und Bodenabsorption sowie durch verschiedene Witterungsbedingungen diskutiert.

6.1 Die geometrische Schallausbreitung

Die von einer Schallquelle abgestrahlte Schalleistung verteilt sich mit zunehmender Entfernung auf immer größere Hüllflächen. Dabei nimmt die Schallintensität, die als Energiefluß pro Flächen- und Zeiteinheit definiert ist, kontinuierlich ab. Die Intensitätsabnahme verläuft für alle im Geräuschspektrum enthaltenen Frequenzen gleich, so daß sich der Charakter des Verkehrsgeräusches bei der geometrischen Schallausbreitung nicht verändert.

Beim Verkehrslärm sind Punkt- und Linienschallquellen zu betrachten. Ein Beispiel für eine punktförmige Schallquelle ist ein einzelnes auf einer Straße fahrendes oder stehendes Kraftfahrzeug (Abb. 6.1 oben). Beispiele für Linienschallquellen sind z. B. Schlangen von vor Ampeln stehenden Fahrzeugen (Abb. 6.1 Mitte) oder fahrende Eisenbahnzüge (Linienquelle endlicher Länge, Abb 6.1 unten). Eine echte, nicht aus einer Kette von Punktschallquellen bestehende Linienquelle erhält man durch die zeitliche Integration der während der Vorbeifahrt eines Fahrzeugs emittierten Schallintensität. Die zeitlich nacheinander erfolgenden Beiträge des Vorbeifahrtgeräusches zum Mittelungspegel erscheinen durch die Integration als gleichzeitig von einer Linienquelle geleistet.

Eine ungerichtet strahlende Punktschallquelle erzeugt in einem ungestörten, verlustfreien, homogenen Medium in der Entfernung r ein Schalldruckquadrat von

$$p^2(r) = \varrho c \, \frac{P}{4\pi r^2} \cdot \tag{6.1}$$

ϱc ist der Wellenwiderstand der Luft und P die abgestrahlte Schalleistung. Mit $r_0 = 1\,\mathrm{m}$ und L_p als Schalleistungspegel der Quelle ist der Schalldruckpegel

$$L(r) = L_p - 11 - 20 \lg \frac{r}{r_0} \tag{6.2}$$

Bei einer direkt über dem Boden angeordneten Punktschallquelle, z. B. einem Fahrzeug auf der Straße, ist in (6.1) durch $2\pi r^2$ zu teilen und in (6.2) 11 durch 8 zu ersetzen, da sich die

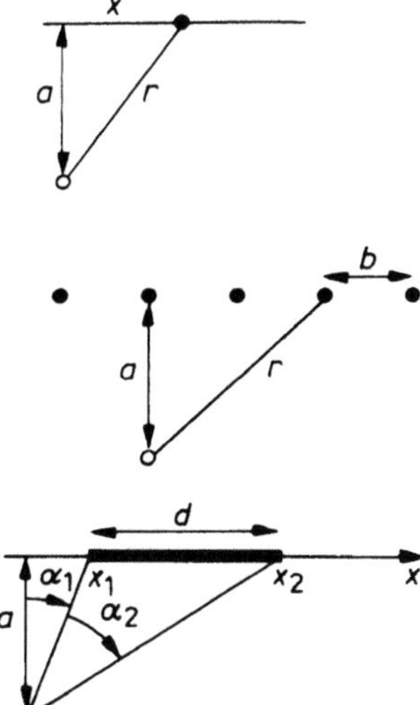

Abb. 6.1. Geometrische Grundlagen zur Definition des Schalldruckquadrats einer punktförmigen Schallquelle, einer aus inkohärenten Punktquellen zusammengesetzten Linienquelle und einer Linienquelle endlicher Länge

Schalleistung nur auf den Halbraum über dem Boden verteilt. Die geometrische Pegelabnahme mit wachsender Entfernung beträgt gemäß (6.2) 6 dB pro Verdoppelung der Entfernung.

Bei einer Linienschallquelle, die aus einer Kette inkohärenter Punktquellen besteht (Abb. 6.1 Mitte) hängt die Größe der Pegelabnahme von dem Verhältnis der Entfernung zum Abstand aufeinanderfolgender Punktquellen ab [6.1]. Das Schalldruckquadrat ist in diesem Falle durch

$$p^2 = \frac{P\varrho c}{4\pi} \sum_{n=-\infty}^{+\infty} \frac{1}{a^2 + (nb)^2} = \frac{P\varrho c}{4ab} \coth\left(\frac{\pi a}{b}\right) \tag{6.3}$$

gegeben. a ist der kürzeste Abstand zur Schallquelle und b der Abstand der Punktquellen. In der Nähe der Quellenkette überwiegt beim Beobachter der Einfluß der nächsten Punktquelle, während die Beiträge der Nachbarquellen vernachlässigbar werden. Mathematisch formuliert bedeutet dies, daß a/b klein gegen 1 ist und $\coth(\pi a/b)$ gegen $\frac{1}{\pi a/b}$ geht, so daß

$$p^2 = \frac{P\varrho c}{4\pi a^2} \tag{6.4}$$

gilt. Die geometrische Pegelabnahme entspricht der einer Punktschallquelle. Wird dagegen a/b groß gegen 1, gilt

$$\coth\left(\pi \frac{a}{b}\right) \to 1 \qquad \text{und} \qquad p^2 = \frac{P\varrho c}{4ab}, \tag{6.5}$$

Die Pegelabnahme beträgt jetzt 3 dB pro Entfernungsverdoppelung und entspricht damit der Charakteristik eines Linienstrahlers.

Der Ort $a_{\ddot{u}}$ des Übergangs vom Verhalten als Punktstrahler zum Verhalten als Linienstrahler kann durch Gleichsetzen von (6.4) und (6.5) ermittelt werden:

$$a_{\ddot{u}} = b/\pi$$

Bei einer Linienschallquelle beschränkter Länge (Abb. 6.1 unten) ist das Schalldruckquadrat durch

$$p^2 = \frac{P\varrho c}{4\pi a d}(\alpha_2 - \alpha_1) \tag{6.6}$$

gegeben. d ist die Länge der Linienschallquelle, z. B. eines Eisenbahnzugs oder eines Straßenabschnitts, und $\alpha_2 - \alpha_1$ der Winkel, unter dem vom Beobachter aus das Quellenstück sichtbar ist. In der Nähe der Linienquelle gilt

$$a \ll d, \qquad \alpha_2 - \alpha_1 \approx \pi \qquad \text{und} \qquad p^2 = \frac{P\varrho c}{4ad}. \tag{6.7}$$

Die endliche Linienquelle verhält sich wie ein unendlicher Linienstrahler, d. h. die Pegelabnahme beträgt 3 dB pro Verdoppelung der Entfernung. Für große Entfernungen gilt dagegen

$$a \gg d, \qquad \alpha_2 - \alpha_1 \approx d/a \qquad \text{und} \qquad p^2 = \frac{P\varrho c}{4\pi a^2}. \tag{6.8}$$

Die Linienquelle endlicher Länge verhält sich wie ein Punktstrahler. Der Ort des Übergangs vom Linien- zum Punktstrahler ergibt sich auch hier durch Gleichsetzen von (6.7) und (6.8) zu

$$a_{\ddot{\text{U}}} = d/\pi$$

Zur Herleitungen der Gleichungen (6.1) bis (6.8) waren stationäre Schallquellen vorausgesetzt. Da sich die Verkehrsmittel aber mit der Geschwindigkeit v bewegen und sich dadurch am Immissionsort der Pegel in Abhängigkeit von der Zeit ändert, treffen (6.1) bis (6.8) nur auf die Ausbreitung des maximalen Vorbeifahrtgeräusches zu.

Der Mittelungspegel, den eine bewegte Punktschallquelle oder eine bewegte, endliche Linienquelle erzeugt, wird durch Integration über den Weg der Quelle oder über die Vorbeifahrtzeit (Transformation: $x = vt$) gewonnen (s. z. B. (5.3)):

$$L_{\text{m}} = 10 \log\left[\frac{1}{T}\frac{1}{p_0^2} \int\limits_{x = -\frac{vT}{2}}^{x = +\frac{vT}{2}} p^2(x)\,\mathrm{d}x\right] \tag{6.9}$$

Unter Verwendung von (6.1) für das Schalldruckquadrat führt die Integration über einen geradlinigen Weg bewegter Punktschallquellen zu folgendem Ausdruck

$$L_{\text{m}} = 10 \log\left(\frac{1}{T}\frac{P\varrho c}{4vap_0^2}\right) \tag{6.10}$$

Die Abnahme des Mittelungspegels mit der Entfernung erfolgt also ebenfalls mit 3 dB pro Entfernungsverdoppelung. Die Schallpegelabnahme ist unabhängig davon, ob die Integration über den Weg einer punktförmigen, bewegten Schallquelle, einer endlichen, bewegten Linienquelle (Zug) oder einer unendlich langen, bewegten Fahrzeugkette (Verkehrsstrom) erfolgt ist. In letzterem Falle ist die Schallpegelabnahme auch unabhängig von dem Abstand aufeinander folgender Punktquellen, im Gegensatz zu einer Kette stehender Fahrzeuge. Wird die Integration nur über kurze Fahrzeugwege durchgeführt, z. B. bei einem kurzen Straßenabschnitt entlang einer Bebauungslücke, erfolgt die Pegelabnahme wie bei einer

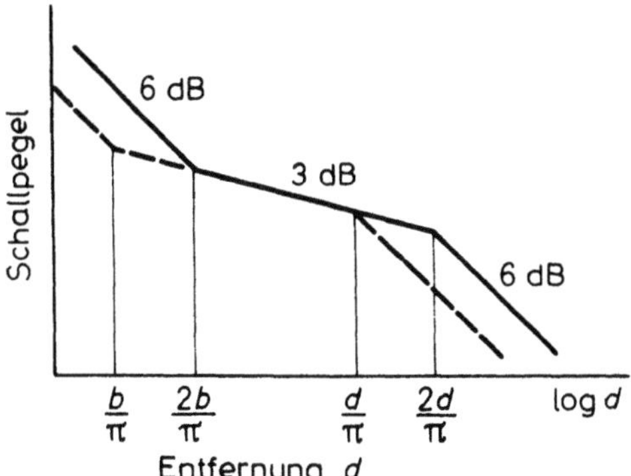

Abb. 6.2. Die Enfernungsabhängigkeit des Schallpegels einer aus Monopolstrahlern (gestrichelte Linie) bzw. Dipolstrahlern (durchgezogene Linie) aufgebauten Linienschallquelle endlicher Länge

stehenden endlichen Linienquelle: in der Nähe der Quelle mit 3 dB, weiter entfernt mit 6 dB pro Verdoppelung der Entfernung.

In Kap. 4 und 5 wurde gezeigt, daß die Richtcharakteristik des von einigen Verkehrsmitteln abgestrahlten Geräusches nicht außer acht gelassen werden kann. Das durch die Wechselwirkung Rad/Schiene erzeugte Rollgeräusch von Eisenbahnzügen kann am besten durch die Annahme eines Dipolstrahlers pro Radsatz beschrieben werden.

Die Ausbreitung des Schalls eines Dipolstrahlers verläuft genauso wie der einer ungerichteten Monopolschallquelle. Bei einer aus einer Kette von Dipolstrahlern aufgebauten endlichen Linienquelle verschiebt sich lediglich der Ort des Übergangs vom Linien- zum Punktstrahler. In Abb. 6.2 werden die Schallpegelabnahmen einer endlichen Kette aus ungerichteten Monopolschallquellen (gestrichelte Linien) und einer Kette aus Dipolstrahlern (durchgezogene Linien) miteinander verglichen. Die Orte des Übergangs vom Linien- zum Punktstrahler bzw. umgekehrt liegen bei der Kette aus Dipolstrahlern in der doppelten Entfernung.

Eine aus inkohärenten Einzelstrahlern aufgebaute Linienquelle endlicher Länge (z. B. ein Eisenbahnzug bei der Vorbeifahrt) verhält sich in unmittelbarer Nähe der Schallquelle wie eine Punktquelle, in der näheren Umgebung wie eine Linienquelle und in größeren Entfernungen wieder wie eine Punktquelle. Die Übergänge erfolgen allerdings nicht, wie in Abb. 6.2 dargestellt, sprunghaft sondern kontinuierlich. Die dargestellten Geraden sind nur die Asymptoten an die tatsächlich kontinuierliche Kurve.

Der Mittelungspegel einer sich bewegenden, aus Dipolstrahlern aufgebauten Linienquelle ist im Vergleich zum Mittelungspegel eines Monopolstrahlers gleicher Schalleistung um 3 dB geringer:

$$L_\mathrm{m} = 10 \log\left(\frac{1}{T}\,\frac{P\varrho c}{8vap_0{}^2}\right) \qquad (6.11)$$

6.2 Die Luftabsorption

Wenn sich der Schall über eine größere Entfernung ausbreitet, ist die tatsächliche Pegelabnahme höher als nach dem geometrischen Modell erwartet. Eine der möglichen Ursachen für die Zusatzdämpfung ist die Absorption von Schallenergie in der Luft. Zwei Effekte führen zu den zusätzlichen Verlusten: die „klassische" Absorption infolge der inneren Reibung in Gasen und infolge der Wärmeleitfähigkeit und die auf Relaxationsprozesse der Luftmoleküle zurückzuführende „molekulare" Absorption.

Die Ausbreitung von Schallwellen ist mit örtlichen Geschwindigkeitsdifferenzen und Temperaturschwankungen verbunden. Durch die innere Reibung, die Viskosität, wird mechanischer Impuls auf die Luftmoleküle übertragen. Die auftretenden Temperaturschwankungen, bedingt durch höhere Temperaturen in Verdichtungen und niedere in Verdünnungen der Luft, beeinflussen die kinetische Energie der Moleküle. Das Ausgleichen der Geschwindigkeiten und Temperaturen geschieht durch Entzug von Energie der Schallwellen. Eine theoretische Deutung der Effekte wurde durch Stokes und Kirchhoff gegeben. Ihre Berechnungen führten zu einem Ausdruck für den Absorptionskoeffizienten, der sich als umgekehrt proportional dem Quadrat der Wellenlänge bzw. proportional dem Frequenzquadrat erwies.

Die molekulare Absorption beruht auf der Erscheinung, daß bei der Wechselwirkung von Luftmolekülen mit der Schallwelle nicht nur die Translationsenergie der Moleküle erhöht wird, sondern auch Rotationen der Atome eines Moleküls umeinander und Schwingungen gegeneinander angeregt werden. Zum Aufbau der Rotationen und Schwingungen ist eine bestimmte Zeit nötig, die Relaxationszeit, während der der Schallwelle Energie entzogen wird. Die Schalldämpfung durch die molekulare Absorption hat Resonanzcharakter. Sie ist bei der Frequenz am höchsten, die der Relaxationszeit entspricht (Frequenz = reziproke Relaxationszeit) und fällt zu höheren und tieferen Frequenzen hin ab. In Luft spielt sowohl die Absorption durch die Stickstoffmoleküle als auch durch die Sauerstoffmoleküle eine — allerdings unterschiedliche — Rolle. Die resultierende Absorption in Luft und die dazu beitragenden Einzelkomponenten sind in Abhängigkeit von der Frequenz in Abb. 6.3 dargestellt [6.2]. Die Gesamtabsorption wird im Bereich des hörbaren Schalls durch die klassische Absorption und die molekulare Absorption des Sauerstoffs, im niederfrequenten Bereich durch die molekulare Absorption des Stickstoffs bestimmt. Abb. 6.3 ist gültig für die angegebenen Zustandsparameter der Luft. Insbesondere der relative Feuchtegehalt der Luft übt einen großen Einfluß auf die Relaxationsprozesse aus. Die Feuchtigkeit verringert die Relaxationszeiten und verschiebt die molekulare Absorption in den Frequenzbereich des hörbaren Schalls.

Die Pegelabnahme eines Schmalbandgeräusches durch die Luftabsorption — angegeben meistens in dB/100 m — hängt linear von der Entfernung ab im Gegensatz zur geometrischen Pegelabnahme, die linear zum Logarithmus der Entfernung verläuft. Daher wird die Luftabsorption mit zunehmender Entfernung immer bedeutender und mit eine Ursache für die möglichen, hohen Pegelschwankungen in großen Entfernungen zu einer Schallquelle. So lassen sich z. B. durch die Änderungen der die Absorption beeinflussenden meteorologischen Bedingungen die großen Streuungen von Pegelmeßwerten des Flugzeuggeräusches erklären. Andererseits ist die Wirkung der Luftabsorption beim Straßenverkehr auf Ausbreitungswegen unter 200 m gering.

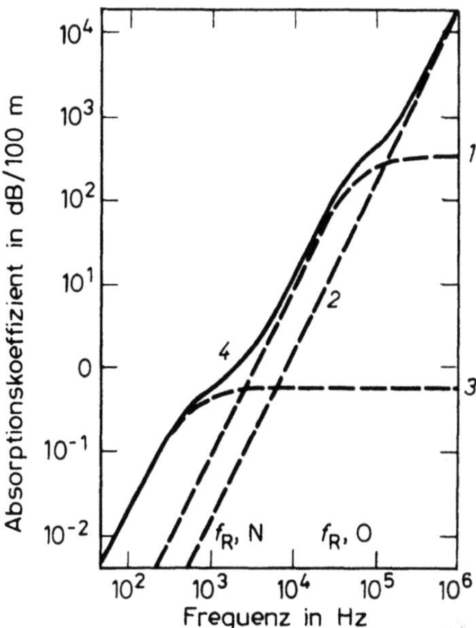

Abb. 6.3. Die Abhängigkeit der resultierenden Luftdämpfung und der Einzelkomponenten von der Frequenz (Luftdruck = 1 bar, Temperatur = 20 °C, relative Feuchte = 70%), berechnet nach [6.2]. *1* Relaxation des Sauerstoffes, *2* „klassische" Absorption plus Rotationsanregung der Luftmoleküle, *3* Relaxation des Stickstoffes, *4* resultierende Dämpfung, $f_{R,}$ O = Relaxationsfrequenz der O_2-Moleküle, $f_{R,}$ N = Relaxationsfrequenz der N_2-Moleküle

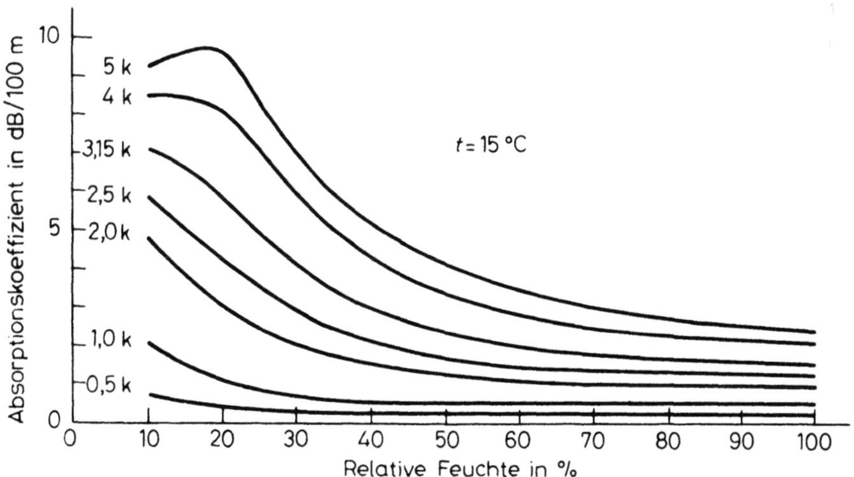

Abb. 6.4. Der Absorptionskoeffizient der Luft in Abhängigkeit von der Terzmittenfrequenz und der relativen Luftfeuchte bei einer Lufttemperatur von 15° C.

Beim Rechnen mit A-bewerteten Summenpegeln eines Breitbandgeräusches, wie es die Verkehrsgeräusche sind, kann der Absorptionsfaktor nicht mehr als unabhängig von der Entfernung angenommen werden. Spielt die Absorption bei den Berechnungen eine nicht zu vernachlässigende Rolle, wird die Pegelabnahme am besten oktavweise berechnet und die Oktavpegel dann wieder unter Berücksichtigung der A-Bewertung zum Summenpegel zusammengefaßt.

Zahlenwerte für die Absorptionsfaktoren können dem Anhang der Norm ISO 3891 entnommen werden. Für einige Terzfrequenzen sind die Dämpfungskoeffizienten in Abhängigkeit von der relativen Luftfeuchte in Abb. 6.4 dargestellt.

6.3 Der Bodeneinfluß

Bei Immissionsortentfernungen von mehr als 40 m und geringen Schallausbreitungshöhen bis etwa 5 m über Grund tritt durch akustische Effekte am Erdboden eine weitere zusätzliche Pegelminderung auf. Die unter dem Begriff „Bodenabsorption" zusammengefaßten Effekte hängen von den schallabsorbierenden und schallreflektierenden Eigenschaften des Bodens sowie von der Höhe der Schallquelle und des Beobachters über dem Boden ab. Physikalisch gesehen handelt es sich um das Problem der Schallausbreitung über einer Fläche komplexer, akustischer Impedanz.

Ausgehend von der Geometrie der Abb. 6.5 läßt sich der Reflexionsfaktor R_e eines ebenen Wellenfeldes unter Vernachlässigung der in den Boden eindringenden Schallenergie durch

$$R_e = \frac{\sin\varphi - Z_1/Z_2}{\sin\varphi + Z_1/Z_2} \qquad (6.12)$$

ausdrücken [6.2]. Es ist Z_1 die akustische Impedanz der Luft (ϱc), Z_2 die akustische Impedanz des Erdbodens und φ der Einfallswinkel zur Bodenoberfläche.

R_e und Z_2 sind komplexe Größen mit Ausnahme des Falles der totalen Reflexion, wenn R_e gleich 1 und Z_2 unendlich groß wird. Bei streifendem Schalleinfall ist sin φ klein gegen Z_1/Z_2, so daß der Reflexionsfaktor ungefähr -1 wird. Die einfallende und die reflektierte Welle sind gegenphasig. Die Interferenz der direkten und reflektierten Welle hat theoretisch eine Auslöschung des Schalls zur Folge (unabhängig von den Eigenschaften der

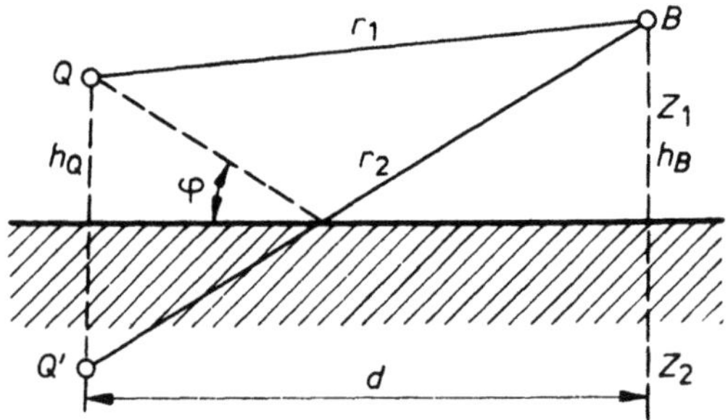

Abb. 6.5. Skizze zum Interferenzeinfluß bei der Bodendämpfung. Q = Schallquelle, Q′ = Spiegelschallquelle, r_1 = Direktschall, r_2 = reflektierter Schall, h_Q = Schallquellenhöhe, h_B = Höhe des Beobachters

reflektierenden Bodenoberfläche). Bei flachem Schalleinfall (kleine Winkel φ) überlagern sich die Phasenverschiebung durch die Wegdifferenz zwischen direktem und reflektiertem Schall und die Phasenverschiebung, die die Schallwelle bei der Reflexion am Boden erfährt. Die letztere ist von der Höhe der Schallquelle und des Beobachters über dem Boden, ihrem Abstand voneinander und der akustischen Impedanz des Bodens abhängig. Die Theorien zur Berechnung der resultierenden Bodenabsorption sind relativ kompliziert. Ausgangspunkt ist meist die Absorptionstheorie poröser Materialien. Daneben stehen in Einzelfällen für verschiedene Bodenarten Meßergebnisse zur Verfügung.

In aller Regel sind aber für konkrete Situationen benötigte Reflexions- oder Absorptionsfaktoren nicht erhältlich. Meßergebnisse an einer Bodenart können nicht verallgemeinert werden, da neben der Art des Bodens auch noch die Struktur der Oberfläche und die Art des möglichen, niederen oder mittelhohen Bewuchses eine entscheidende Rolle spielt. Berechnungen der Ausbreitung von Straßen- und Schienenverkehrslärm werden daher meistens für Witterungsbedingungen durchgeführt, wo eine Strahlenkrümmung zum Erdboden hin eintritt (s. Abschn. 6.4) und die Bodeneinflüsse vernachlässigbar werden (bei Temperaturinversion und/oder Mitwind).

6.4 Meteorologische Einflüsse auf die Schallausbreitung

Bei bestimmten Wetterlagen ist eine Verstärkung oder auch Abschwächung von Geräuschen wahrzunehmen. Ursachen dafür sind Änderungen der Lufttemperatur (Temperaturgradient) und der Windgeschwindigkeit (Geschwindigkeitsgradient) in Abhängigkeit von der Höhe über dem Erdboden. Diese Einflüsse können direkt auf die Schallausbreitung einwirken. Sie können aber auch sonst vorhandene Dämpfungen auf dem Schallaubreitungswege (Bodenabsorption, Bewuchsdämpfung, Abschirmung durch Hindernisse) teilweise oder sogar vollständig aufheben.

Unter der Einwirkung der Sonnenstrahlung, ihrer Reflexion und Absorption am Erdboden ergeben sich Temperaturschichtungen in der Luft. Der Normalfall ist, daß die Temperatur mit zunehmender Höhe über dem Erdboden abnimmt. Im umgekehrten Fall, der z. B. dann eintritt, wenn sich der Erdboden schneller abkühlt als die Luft darüber, spricht man von Temperaturinversion. Da die Schallgeschwindigkeit von der Temperatur abhängt, haben Temperaturgradienten Gradienten der Schallgeschwindigkeit und eine Beugung von Schallstrahlen in der Atmosphäre zur Folge. Im Normalfall mit der Höhe abnehmender Temperaturen werden die Schallwellen vom Boden weggelenkt (Abb. 6.6a). In einiger Entfernung zur Schallquelle entsteht ein Schallschatten. Bei Temperaturinversion erfolgt die Strahlkrümmung entgegengesetzt zum Boden hin (Abb. 6.6b) und erhöht damit die vorhandene Immission.

Ähnliche Einflüsse auf die Schallausbreitung übt der Wind aus. Windgeschwindigkeit und Schallgeschwindigkeit addieren sich vektoriell. Da durch die Reibung am Erdboden die Windgeschwindigkeit verringert wird, ergibt sich für den Gegenwindbereich (Wind vom Beobachter zur Quelle) eine resultierende Schallgeschwindigkeit, die mit der Höhe abnimmt und eine Krümmung der Schallstrahlen vom Erdboden weg verursacht. Bei Mitwind ist die

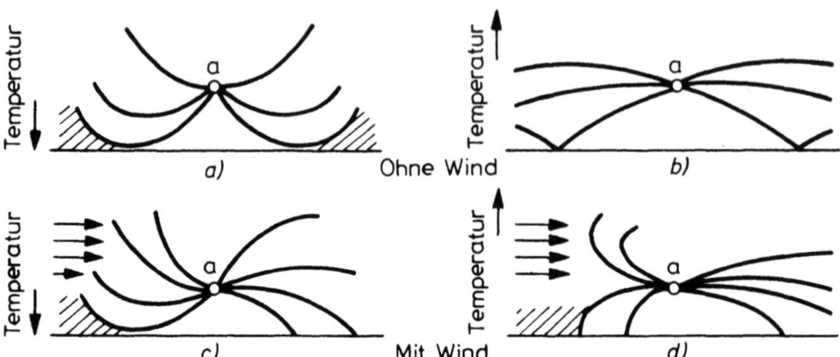

Abb. 6.6. Einflüsse von Gradienten der Lufttemperatur und der Windgeschwindigkeit auf die Schallausbreitung

Strahlenkrümmung zum Erdboden hin gerichtet (Abb. 6.6 c und d). Da bei der Ausbreitung gegen den Wind die Schallstrahlen ab einer bestimmten Entfernung den Boden nicht mehr erreichen, kommt es wieder zur Ausbildung eines Schallschattens, in dem Pegelminderungen bis zu 30 dB auftreten können.

Der Gradient der Windgeschwindigkeit ändert sich örtlich, zeitlich und mit der Höhe. Dies führt zu starken örtlichen und zeitlichen Schwankungen des Schallpegels, die hauptsächlich in größeren Entfernungen von Schallquellen geringerer Ausdehnung auftreten. Eine ausgeprägte Richtcharakteristik kann diese Wirkung noch verstärken [6.3]. Bei Linienschallquellen, wie Straßen und Schienenwegen, hat sich allerdings gezeigt, daß im Mitwindfall (Wind von der Straße zum Beobachter) die Pegelschwankungen durch die Meteorologie wesentlich geringer sind als bei Gegenwind. In 400 m Entfernung schwankt der Mittelungspegel bei gleichen Verkehrsbedingungen über einen Bereich von ± 3 dB(A) gegen ± 10 dB(A) bei Gegenwind. Daher wird bei Berechnungen des Verkehrslärms i. allg. die Mitwindsituation zugrunde gelegt.

Durch Turbulenzen hervorgerufene Streuungen führen unabhängig von der Windrichtung zu zusätzlichen Pegelminderungen bei der Schallausbreitung.

Ein Beispiel für den Einfluß von Windgeschwindigkeit und Temperaturgradient auf die zusätzlich hervorgerufene Dämpfung zeigt Abb. 6.7. Bei den dargestellten Spektren von am Boden gemessenen Flugzeuggeräuschen sind die geometrische Pegelabnahme und die Abnahme durch Luftabsorption abgezogen [6.2]. Während der Messungen herrschten die folgenden meteorologischen Bedingungen: Mitwind von 0 und 5 m/s, Gegenwind von 5 m/s und Gegenwind von 5 m/s bei einem negativen Temperaturgradienten. Abhängig vom Wind ändert sich die Größe der Zusatzdämpfung und die Frequenz, bei der die maximale Zusatzdämpfung (des Bodeneffektes) eintritt. Bei Gegenwind wird der Frequenzbereich, in dem die Bodendämpfung eine Rolle spielt, breiter.

Der Mittelungspegel des Straßenverkehrsgeräusches nimmt nach [6.4] in horizontalem, unbebauten Gelände mit

$$\Delta L_{\mathrm{m}}(r, \text{Mitwind}) = 14 \log (r/r_0)$$

$$\Delta L_{\mathrm{m}}(r, \text{Gegenwind}) = 16 \log (r/r_0)$$

(6.13)

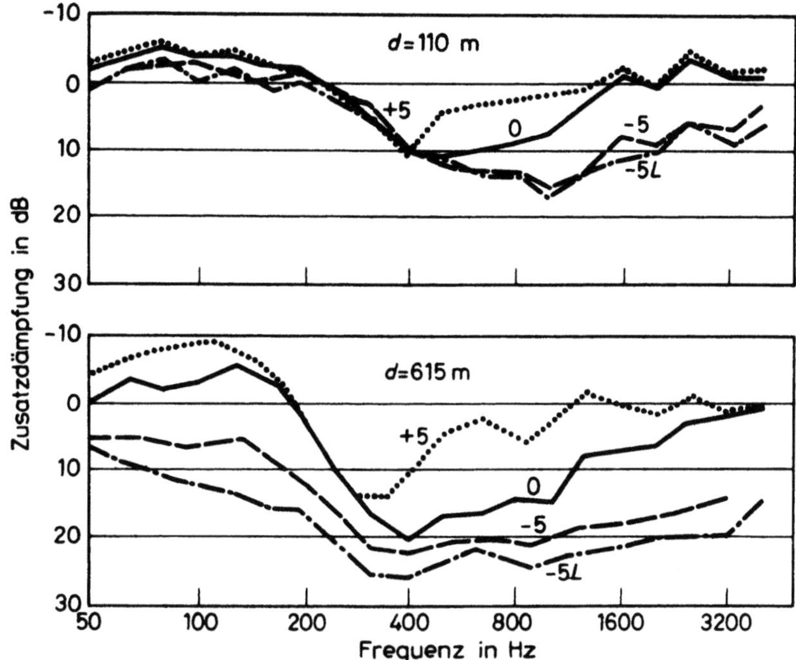

Abb. 6.7. Ein Beispiel für die Bodendämpfung, gemessen in 110 m und 615 m Entfernung, in Abhängigkeit von der Frequenz und bei verschiedenen Windverhältnissen

ab ($r_0 = 25$ m). Diese Beziehungen wurden durch linear-logarithmische Anpassungen an Meßwerte gewonnen. Sie gelten für Entfernungen bis 400 m zur Straße und exakt nur für eine Höhe des Immissionsortes von 4 m über der Straßenoberfläche. Ähnliche Zusammenhänge wurden in [6.5] für die Schallausbreitung in bebauten Gebieten gegeben:

$$\Delta L_m (r, \text{Mitwind}) = 20,5 \log (r/r_0)$$

$$\Delta L_m (r, \text{Gegenwind}) = 24,2 \log (r/r_0) \tag{6.14}$$

$$\Delta L_m (r, \text{Normalwind}) = 22,3 \log (r/r_0)$$

Unter Normalwind wird die Windrichtung senkrecht zur Schallausbreitungsrichtung verstanden. Das ist eine Windrichtung, die in bebauten Gebieten häufiger vorkommt.

7 Maßnahmen zur Minderung des Verkehrslärms

Nach der Erörterung der akustischen Eigenschaften der Quellen des Verkehrsgeräusches, der pegelbestimmenden Einflußparameter, der Methoden zur Prognostizierung des Verkehrslärms und der Schallausbreitung sollen in diesem Kapitel schließlich die möglichen lärmmindernden Maßnahmen diskutiert werden. Die allgemeinen Grundsätze der Methoden der Lärmbekämpfung sind bei den verschiedenen Verkehrsarten ähnlich, so daß sich eine getrennte Darstellung erübrigt.

Lärmmindernde Maßnahmen können direkt an der Quelle, auf dem Schallausbreitungswege oder am Immissionsort getroffen werden. Um zu einer wirksamen und wirtschaftlich tragbaren Absenkung des allgemeinen Verkehrslärmniveaus zu kommen, reichen einzelne Maßnahmen nicht aus. Es sind alle Möglichkeiten von der Quelle bis zum Beobachter in Betracht zu ziehen.

Die ständig steigende Zahl möglicher, lärmmindernder Maßnahmen läßt eine bis ins Einzelne gehende Diskussion der Technik und Wirkungsweise nicht zu. Das Ziel dieses Kapitels ist es, eine allgemeine Übersicht und Systematisierung zu geben. Als Beispiel für die zur Verfügung stehenden Maßnahmen sind in Tabelle 7.1 eine Reihe von Möglichkeiten zur Bekämpfung des Straßenverkehrslärmes zusammengefaßt [7.1].

Tabelle 7.1. Hauptmöglichkeiten zur Verringerung der Lärmbelastung durch den Straßenverkehr

Maßnahmen an der Quelle	— Technisch-konstruktive Maßnahmen am Kfz (niedrigere Motordrehzahlen, Kapselung) — Beeinflussung der Betriebsweisen (niedertouriges Fahren ohne heftige Beschleunigungen) — Verringerung der Rollgeräusche (Optimierung von Reifen und Fahrbahnoberflächen, Verringerung der Fahrgeschwindigkeit)
Verkehrsmengenbeeinflussung	— Verlagerung vom motorisierten zum nichtmotorisierten Individualverkehr (IV) und öffentlichen Verkehr (ÖV) (Fahrradförderung. Attraktivitätssteigerung das ÖV und Fußgängerverkehr, Park-und-Ride-Systeme) — Mehrfachbesetzung der Kfz (Mitfahrgemeinschaften, Kfz-Nutzungsgemeinschaften) — Zeitliche Entzerrung von Verkehrsmengen in den Stoßzeiten (Koordinierung der Betriebszeiten von Verkehrsverursachern)
Stadtgebietsplanungen	— Verkehrsbedarf verringern durch Dezentralisierung von Standorten der Hauptverkehrsverursacher (Betriebe, Verwaltungen, Schulen, Einkaufs- und Kulturzentren) — Verkehrsberuhigung (Durchgangsverkehr unterbinden, Anliegerverkehr verlangsamen)

	— Örtliche und zeitliche Verkehrsbeschränkungen (mit Ausnahmemöglichkeiten für lärmarme Kraftfahrzeuge)
Verkehrswegeplanung und -lenkung	— Bündelung von Verkehrswegen (Schienenwege und Straßen gemeinsam führen) — Trassenwahl in lärmtechnisch optimierter Lage (Verlärmung nichtbelasteter Gebiete vermeiden) — Bündelung des Verkehrs auf Hauptverkehrsstraßen — Sicherung kontinuierlicher Verkehrsflüsse (Grüne Welle) auf bevorzugten Hauptverkehrsstraßen — Nutzungseinschränkungen auf Hauptverkehrsstraßen in Wohngebieten (Lkw-Fahrverbote, Geschwindigkeitsbeschränkungen) — Lkw-Vorzugsstreckennetze
Maßnahmen auf dem Ausbreitungsweg	— Erdwälle, künstliche Steilwälle und Wände zur Abschirmung unter Berücksichtigung der Akzeptanz und des Unterhaltungsaufwandes — Trogbaustrecken mit reflexionsmindernden Seitenwänden — Tunnelbauten, Abdeckungen und Überbauungen unter Berücksichtigung des Aufwandes für künstliche Belichtung und Belüftung, — Grünpflanzungen mit abschirmender (oft nur psychologischer) und schallschluckender Wirkung
Maßnahmen an Gebäuden	— Lärmtechnisch günstige Orientierung und Positionierung von Gebäude- und Wohnungsgrundrißanordnungen (Block- und Atriumbauweisen, unempfindliche Räume zum Lärm, Wintergarten, Abschirmung durch Garagen) — Schallschutzfenster unter Berücksichtigung der Lüftungsproblematik — Ausnutzung der Kombinationswirkung von wärme- und schalldämmenden Maßnahmen. — Außenfassaden gliedern und Bewuchs vorsehen zur Verhinderung von Halleffekten in Straßenschluchten.

7.1 Gesetzliche Regelungen

Ein vollständiges System gesetzlicher Regelungen enthält Grenzwerte für im Betrieb befindliche und neu zuzulassende Verkehrsmittel, Grenzwerte für die höchstzulässigen Geräuschimmissionen in Bau- und Wohngebieten und Konsequenzen bei Überschreitungen der Grenzwerte. Welche der möglichen Minderungsmaßnahmen dann anzuwenden ist, wird durch die Differenz zwischen dem berechneten oder gemessenen Istpegel und dem Richtpegel oder zulässigen Pegel bestimmt.

Wenn eine allgemeine, nicht örtlich oder zeitlich begrenzte Absenkung des Verkehrsgeräuschniveaus angestrebt wird, kommt als wichtigste Maßnahme die Emissionsminderung am Fahrzeug in Frage. Da solche Maßnahmen immer mit Mehrkosten bei der Fahrzeugbeschaffung gekoppelt sind, ist eine dafür notwendige Voraussetzung die Rücknahme der

Grenzwerte für die maximal zulässige Geräuschemission bei der Erteilung der Betriebserlaubnis (Typprüfpegel). Abb. 7.1 gibt einen Überblick über die Verteilungen der Typprüfpegel von in verschiedenen Ländern zugelassenen Personenkraftwagen [7.2]. Die geräuschärmsten Pkw werden in der Schweiz zugelassen, wo auch die Importvorschriften am schärfsten sind.

Eine Grenzwertverschärfung wird allerdings nur mit einer zeitlichen Verzögerung wirksam. Geänderte Grenzwerte gelten in aller Regel für Neufahrzeuge, so daß sie sich erst dann voll auswirken, wenn der Fahrzeugpark fast vollständig erneuert worden ist. Die zeitliche Wirkung einer Grenzwertverschärfung kann durch

$$\Delta L_{\mathrm{m}} = 10 \log \frac{1}{1 + z\left[\dfrac{(1-p)\cdot 10^{0,1\cdot(L_1-A)} + p \cdot 10^{0,1\cdot(L_2-B)}}{(1-p_0)\cdot 10^{0,1\cdot L_1} + p_0 \cdot 10^{0,1\cdot L_2}} - 1\right]} \tag{7.1}$$

berechnet werden [7.3]. ΔL_{m} ist die zu erwartende Pegelminderung,

$L_1 =$ der ursprüngliche Grenzwert für Pkw,
$A =$ die Geräuschminderung der Pkw,
$L_2 =$ der ursprüngliche Grenzwert für Lkw
$B =$ die Geräuschminderung der Lkw,
$z =$ der Neuwagenanteil,
$p =$ der Lastwagenanteil im untersuchten Jahr und
$p_0 =$ der Lastwagenanteil im Referenzjahr (Bezug von ΔL_{m}).

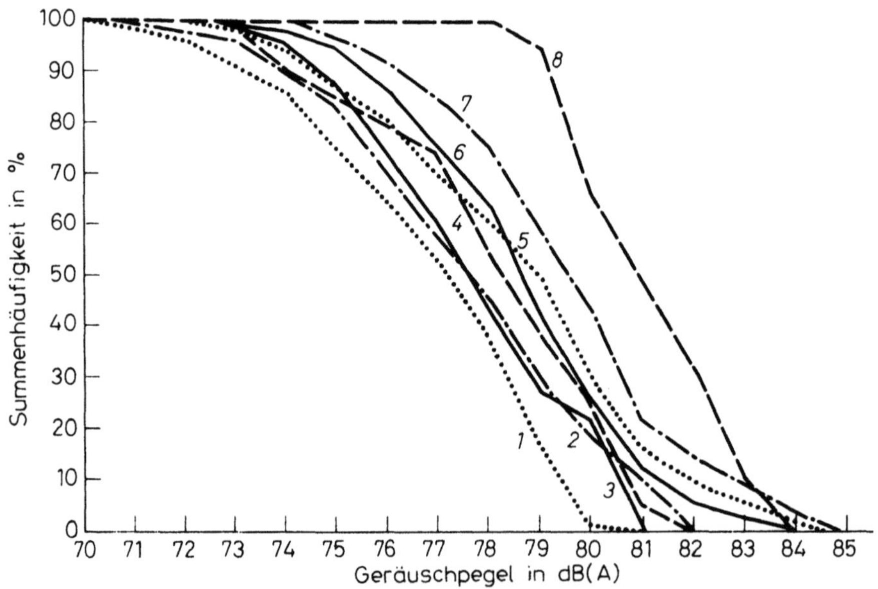

Abb. 7.1. Verteilungen der maximalen Geräuschpegel von Personenkraftwagen bei der Typprüfung in verschiedenen Ländern. *1* Schweiz (1981) N = 977, *2* Niederlande (1976—77), *3* Frankreich (1980), *4* Großbritannien (1979) N = 20, *5* Bundesrepublik Deutschland (1980) N = 54, *6* Schweden (1978—79) N-745, *7* USA (1978) N = 60, *8* Ungarn (1981)

Bei der Herleitung von (7.1) wurde (5.8) verwendet und vorausgesetzt, daß die Pegelminderung der neuen Fahrzeuge im Betrieb auf der Straße der Grenzwertverringerung entspricht. Dies ist aber normalerweise nicht der Fall, da bei der Typprüfung ein Betriebszustand der Fahrzeuge vorgeschrieben ist, der in dieser extremen Form im normalen Betrieb selten vorkommt. Gleichung (7.1) kann daher nur zur Abschätzung einer oberen Schranke der Pegelabsenkung durch Grenzwertverschärfung verwendet werden.

Ein Anwendungsbeispiel zeigt Abb. 7.2, wo der Zusammenhang zwischen den Pegeldifferenzen und dem Anteil neuer Fahrzeuge dargestellt ist. Wenn der Geräuschpegel von Pkw um 5 dB(A) herabgesetzt wird und der von Lkw um 10 dB(A) sind nach Kurve 7 bei einem Lkw-Anteil von 10% mindestens 70% des Fahrzeugparkes zu erneuern, um den allgemeinen Mittelungspegel um 3 dB(A) abzusenken, eine Größe, von der angenommen wird, daß sie gut wahrnehmbar ist. Bei einem hohen Lastwagenanteil hat der Einsatz leiserer Pkw allein wenig Sinn (Kurve 1).

Gleichung (7.1) gestaltet sich recht einfach, wenn nur die Pegelminderung einer Fahrzeugklasse zu berechnen ist. Wenn z. B. die Lkw-Klasse entfällt, d. h. p und p_0 null sind, ergibt sich

$$\Delta L_\mathrm{m} = 10 \log \frac{1}{1 + z\,[10^{-0,1\,A} - 1]} \tag{7.2}$$

Bei Prognoseberechnungen interessiert nicht die Abhängigkeit der Pegelminderung vom Neuwagenanteil sondern die zeitliche Abhängigkeit. Das bedeutet, daß die Einsatzzeiten neuer, leiserer Fahrzeuge bekannt sein sollten. Der ebenfalls benötigte zeitliche Verlauf des Fahrzeugaustausches kann in erster Näherung nach einer Wachstumsfunktion abgeschätzt werden:

$$z = 1 - e^{-kt} \tag{7.3}$$

mit z als Neuwagenanteil, t als Zeit in Jahren und $1/k$ als „Wachstumskonstante". Bei einer mittleren Pkw-Lebensdauer von 4,3 Jahren (Schätzwert für die Bundesrepublik Deutschland) wird k zu 0,16. 70% Neuwagenanteil werden in diesem Falle nach 7,5 Jahren erreicht.

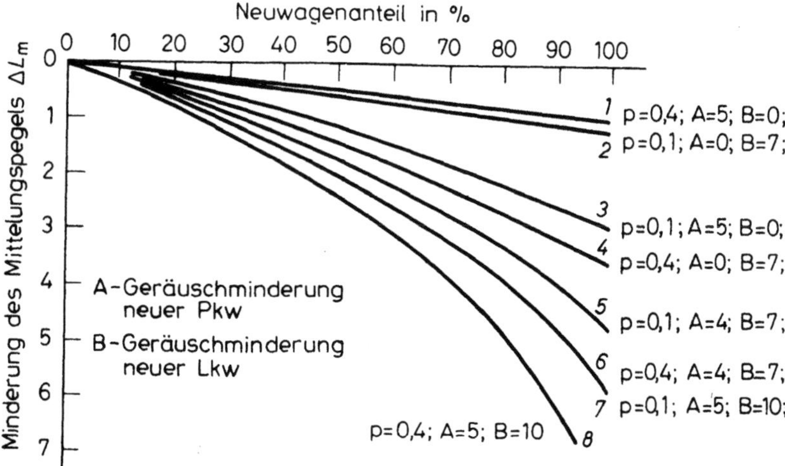

Abb. 7.2. Einfluß der Erneuerung des Fahrzeugparkes auf die Lärmemission

Die zukünftige Entwicklung des Straßenverkehrslärms hängt weiter noch von der zeitlichen Entwicklung der mittleren Verkehrsstärken — den DTV-Werten (durchschnittliche tägliche Verkehrsstärke) in Fahrzeugen pro Tag — ab:

$$\Delta L_{\mathrm{m}} = 10 \log \frac{\mathrm{DTV}(t)}{\mathrm{DTV}(t_0)} = 10 \log \frac{\mathrm{Fl}(t)\,\mathrm{Nl}(t_0)}{\mathrm{Fl}(t_0)\,\mathrm{Nl}(t)} \qquad (7.4)$$

Wegen der unterschiedlichen Geschwindigkeiten sind für die DTV-Werte von Autobahnen, Außerortsstraßen und Innerortsstraßen getrennte Berechnungen durchzuführen. Die durchschnittlichen täglichen Verkehrsstärken hängen von den pro Jahr von allen Fahrzeugen (getrennt nach Pkw und Lkw) zurückgelegten Wegen, der Fahrleistung Fl in km/Jahr, und der Länge Nl des jeweiligen Straßennetzes im Prognosejahr t und Referenzjahr t_0 ab.

Während der Nutzungsdauer der im Betrieb befindlichen Fahrzeuge nimmt die Geräuschemission i. allg. zu. Nach [7.4] scheint die Pegelzunahme aber nicht gravierend zu sein. Die Messung der Vorbeifahrtpegel einer großen Zahl von Pkw und der Vergleich mit dem Fahrzeugalter ergab einen mittleren Pegelanstieg von 0,2 dB(A) pro Jahr seit der Zulassung. Wegen der großen Streubreite der Meßwerte ist diese Größe allerdings so unsicher, daß es sich nicht empfiehlt, die altersbedingte Geräuschpegelzunahme von Pkw bei Prognoseberechnungen zu berücksichtigen.

Ein Teil der Pegelzunahme der im Betrieb befindlichen Fahrzeuge kann durch mangelnde Wartung und gewollte Manipulation verursacht sein. Solche Mängel könnten durch eine Kontrolle der Geräuschentwicklung von Kraftfahrzeugen im Straßenverkehr erkannt und eliminiert werden. Diese Minderungsmaßnahme wäre sofort und ohne Verzögerung wirksam und beträfe den Anteil der Fahrzeuge, die z. B. durch einen Defekt am Auspuff besonders zur Störung der Bevölkerung beitragen. Bisher ist allerdings noch kein brauchbares Verfahren zur in-situ-Messung entwickelt worden, das bei Wiederholungsmessungen reproduzierbare Ergebnisse liefert.

7.2 Die Emissionsminderung an Verkehrsmitteln

Die Emissionspegel von Fahrzeugen derselben Art sind nicht identisch. Sie streuen immer über einen bestimmten Bereich. So gibt es Fahrzeuge, die leiser sind als das Gros der artgleichen Fahrzeuge. Wenn man die Ursache dafür erkennen könnte, wäre es möglich, ohne konstruktive Änderungen das Herstellungsverfahren so zu modifizieren, daß leisere Fahrzeuge produziert werden könnten. In der Regel ist dieser Weg nicht beschreitbar, so daß die Minderung der Emission von Verkehrsmitteln immer mit technisch-konstruktiven Maßnahmen gekoppelt ist.

Neben der konstruktiven Auslegung der geräuschbestimmenden Bauteile eines Fahrzeugs hängt seine Emission aber auch von den Betriebsparametern der entscheidenden Teilschallquellen und dem Fahrverhalten des Fahrers ab.

7.2.1 Der Einfluß der Fahrweise auf die Lärmemission von Pkw

Daß zwischen der Lärmemission eines Pkw und der Weise, wie er gefahren wird, ein Zusammenhang besteht, wurde schon im Kap. 4 erläutert. In Abb. 7.3 werden Verteilungen der im praktischen Einsatz ermittelten Geräuschpegel für verschiedene Fahrweisen miteinander verglichen [7.5]. Bei der hochtourigen Fahrweise hatte der Fahrer die Anweisung, aggressiv zu fahren und das Leistungsvermögen des Fahrzeugs soweit wie möglich auszunutzen. Bei der angepaßten Fahrweise wurde der Fahrer angewiesen, im Verkehrsfluß „mitzuschwimmen" und unnötig starke Drehzahländerungen zu vermeiden. Die niedertourige Fahrweise ist dadurch charakterisiert, daß darüber hinaus während der gesamten Fahrt eine bestimmte Motordrehzahl nicht überschritten werden sollte.

Die Spitzenpegel sind bei der niedertourigen Fahrweise um rund 7 dB(A) geringer als bei der hochtourigen. Die 50-Perzentile der Verteilungen differieren immer noch um 5 dB(A). Selbst wenn man annimmt, daß der Durchschnittsfahrer angepaßt fährt, können offenbar die Betriebsdrehzahlen im Mittel noch beachtlich abgesenkt werden, wenn der Fahrer bewußt auf die Schaltpunkte achtet. Das allgemeine Geräuschniveau (und auch der Verbrauch an Treibstoff) ließe sich ohne konstruktive Änderungen am Fahrzeug absenken.

7.2.2 Die Minderung der Lärmemission durch Maßnahmen an den Verkehrsmitteln

Die bisherigen Bemühungen, durch konstruktive Maßnahmen die Lärmemission von Straßenfahrzeugen zu mindern, bezogen sich meist auf den Antrieb. Dessen Geräusche können inzwischen soweit verringert werden, daß sowohl bei den Pkw als auch bei den Lkw das Rollgeräusch (Reifengeräusch) in den meisten Betriebszuständen zur dominierenden Lärmquelle wird. Konstruktive Maßnahmen an Luftfahrzeugen setzen ebenfalls an der Kraftquelle an, während bei Schienenfahrzeugen das Rad/Schiene-System Ziel der Bemühungen ist.

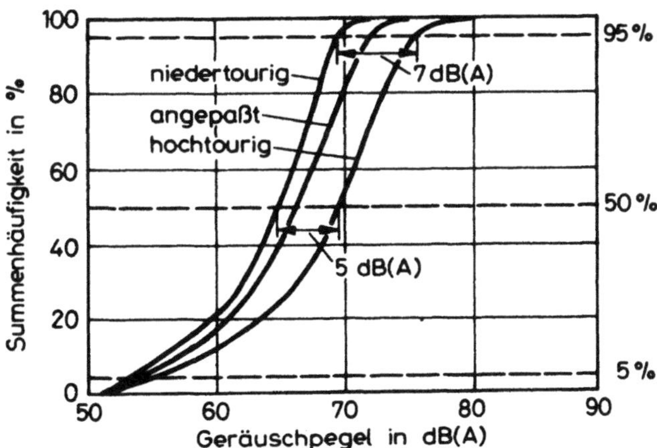

Abb. 7.3. Ein Beispiel zur Verteilung der Pkw-Fahrgeräuschpegel im praktischen Betrieb bei unterschiedlicher Fahrweise

7.2.2.1 Die Verminderung des Motorgeräusches

Als Möglichkeiten zur Lärmminderung stehen im wesentlichen Reduktionen der Drehzahl, Kapselungen der Motoren und Maßnahmen an den Schalldämpfersystemen zur Verfügung.

Die Verschiebung des Drehzahlniveaus zu niederen Drehzahlen ist der einfachste Weg zur Lärmbekämpfung. Beispiele solcher Motoren sind in den Renaultfahrzeugen R4 GTL und R5 GTL zu finden, deren Typprüfpegel bei 73 dB(A) bzw. 74 dB(A) liegen. Beim R4 GTL wurde unter Beibehaltung der Nennleistung der Hubraum gegenüber dem normalen R4 von 850 cm³ auf 1108 cm³ erhöht und die Nenndrehzahl von 5000 U/min auf 4000 U/min abgesenkt.

Die Maßnahmen zur Minderung des von der Motoroberfläche abgestrahlten Geräusches (Versteifung des Kurbelgehäuses, Verwendung von Turbolademotoren, Verwendung von Deckeln aus Blech usw.) beruhen auf den Theorien, die in Kap. 4 im einzelnen dargelegt worden sind.

Ein Weg zur Geräuschminderung, dem immer größere Bedeutung zukommt, ist die Verhinderung der Ausbreitung des Motorgeräusches durch Teil- oder Vollkapselungen. Hier sind zwei Ausführungen möglich: die fahrzeugseitige Kapselung des Motorraums und die motornahe Kapselung. Bei der ersteren können bereits vorhandene Karosserieflächen vorteilhaft zur Kapselung herangezogen werden [7.6]. Neben der Schalldämmung (Verhinderung der Ausbreitung) spielt vor allem die Schalldämpfung (Schalldurchgang durch die Kapselwand) eine wesentliche Rolle. Um ein gutes akustisches Ergebnis zu erreichen, muß der Geräuschpegel im Innern der Kapsel so gering wie möglich gehalten werden. Dies ist bei eng anliegenden motorseitigen Kapselungen je nach Ausführung sehr schwierig oder sogar unmöglich. Demgegenüber kann bei diesem Konzept eine bessere Schalldichtheit gewährleistet werden. Eine extreme Ausführung der motornahen Kapselung stellt die integrierte Anordnung in Verbindung mit der sogenannten Skelettbauweise dar.

Zur Erzielung einer guten Kapselwirkung sind eine Reihe von Forderungen zu stellen [7.7]:

— Der Motor und meistens auch das Getriebe sind schalldämmend so zu verkleiden, daß ein vorgegebener Geräuschzielwert erreicht wird.
— Die Innenflächen der Kapseln sind, soweit dies möglich ist, mit schallabsorbierendem Material zu belegen, um den Schallpegel im Innern nicht zu sehr ansteigen zu lassen. Dabei werden an die verwendeten Materialien auch sehr hohe nichtakustische Anforderungen gestellt.
— Die Geräuschabstrahlung von außerhalb der Kapsel angeordneten Aggregaten muß durch verbesserte und der Kapselwirkung angepaßte Schalldämpfer vermindert werden.
— Durch Öffnungen in der Kapsel dürfen keine wesentlichen Geräuschanteile austreten.
— Die Kühlung in der Kapsel muß so ausgelegt sein, daß auch nach dem Abstellen des Motors an den eingeschlossenen Bauteilen keine unzulässig hohen Temperaturen erreicht werden.
— Die Bauteile innerhalb der Kapsel müssen für Wartungszwecke leicht zugänglich sein.

Eine motornahe Versuchskapsel wurde durch das Volkswagenwerk für einen VW-Golf entwickelt (Abb. 7.4) [7.7]. Die Kapsel, die auch das Getriebe mit einschließt, ist — durch Gummielemente isoliert — am Motor befestigt und durch Schnellverschlüsse leicht zu öffnen. Die Ölwanne ist als Kapselteil ausgebildet. Sie ist schwingungsisoliert gegen das Kurbelgehäuse abgedichtet. Die Kraftstoffzuführung und der Vergaser befinden sich

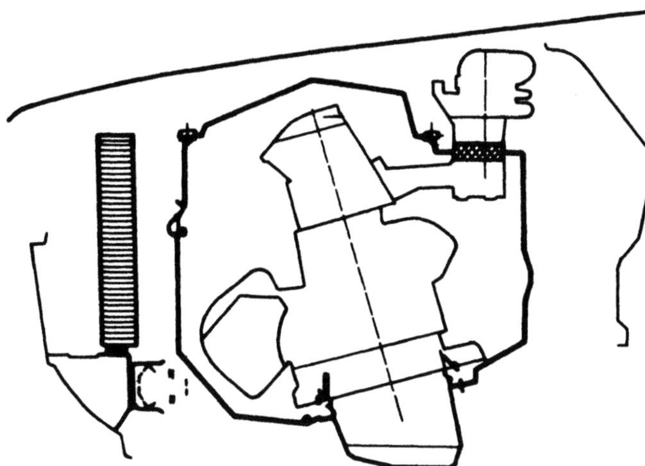

Abb. 7.4. Beispiel einer Pkw-Motorkapselung

außerhalb der Kapsel. Um eine gute Pegelminderung zu erreichen, mußten zusätzlich noch die Ansaug- und Abgasschalldämpfer verbessert werden. Schließlich wurden 7 dB(A) Pegelminderung bei der beschleunigten Vorbeifahrt gemessen.

Motorkapseln haben allerdings auch einige Nachteile:
— relativ hohe Kosten (stark verformte Bleche, viele Verbindungselemente),
— geringe Anpassungsfähigkeit an Motorvarianten und Nebenaggregate,
— großer Platzbedarf im Motorraum.

Bei Personenkraftwagen ist der Motorraum meist nach vier oder fünf Seiten abgeschlossen. Der Geräuschaustritt erfolgt hauptsächlich durch den offenen Boden. Die einfachste Ausführung einer Karosseriekapsel ist daher eine mit Absorptionsmaterial belegte Abschirmung unter Motor und Getriebe. Sehr gute Ergebnisse wurden durch einen dichten Abschluß der Wagenunterseite unter dem Motor- und Getrieberaum bei einem VW-Golf erzielt [7.7].

Wegen der anderen räumlichen Verhältnisse wurden bei Nutzfahrzeugen kastenartige Kapseln, die meist nach einem Baukastensystem aufgebaut sind, entwickelt. Abb. 7.5 zeigt verschiedene Schnitte einer solchen karosserieseitigen Motor- und Getriebekapsel [7.6]. Das abkippbare, schallabsorbierend ausgekleidete Kapseloberteil ist in das Frontlenkerfahrerhaus integriert. Das zur Vermeidung von Verunreinigungen und Brandgefahren nur schalldämmend gestaltete Kapselunterteil ist rahmenfest angeordnet. Die Kühlluft durchströmt zu- und abluftseitige Schallabsorptionsstrecken. Zur Kühlung nicht durchströmter Kapselbereiche werden Teilströme abgezweigt.

Das fahrzeugseitige Kapselkonzept ist beim Pkw einfacher anzuwenden. Schließt man den Motorraum nach unten ab, läßt sich eine deutliche Geräuschverringerung erreichen. Je dichter aber die Kapsel wird, desto größer sind auch die auftretenden Schwierigkeiten [7.7]
— mit der Durchführung von Auspuffleitung, Antriebswellen und Lenkung,
— durch die Erhitzung aller Teile in der Kapsel, die vorher dem kühlenden Luftstrom ausgesetzt waren,
— mit der Flüssigkeits- und Schmutzaufnahme der schallabsorbierenden Materialien,

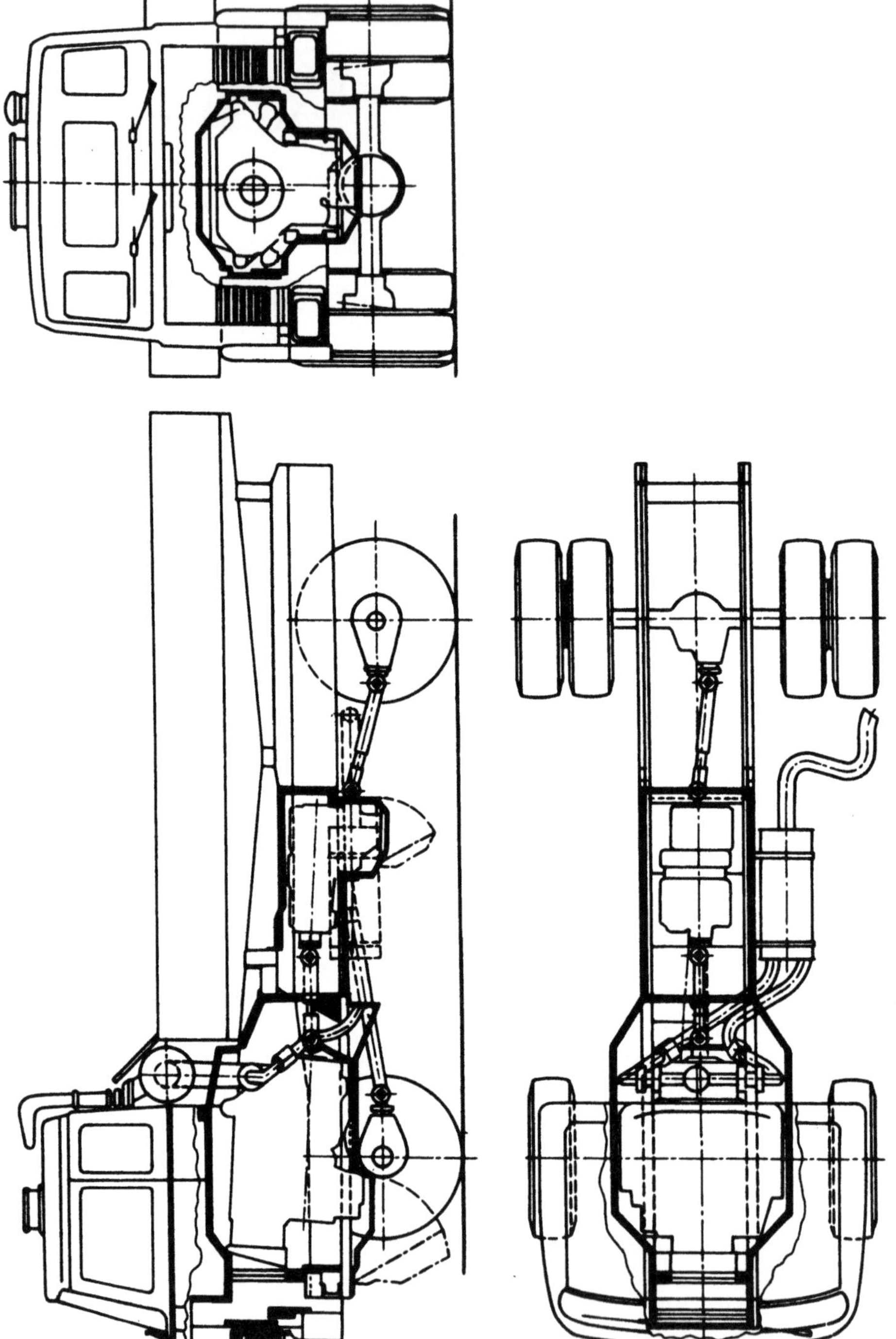

Abb. 7.5. Die schematische Darstellung einer fahrzeugseitigen Kapselung eines Lkw-Motors, deren Unterschalen heruntergeklappt werden können

— durch Brandgefahr und Erschwerung der Reinigung und Wartungsarbeiten,
— durch lästigere Innengeräusche.

Alle Kapselmaßnahmen haben Kühlprobleme zur Folge. Es sind mehrstufige Kühlsysteme (elektromagnetische Lüfter, vergrößerte Kühlervolumina) einzusetzen und weitere zusätzliche Maßnahmen zu ergreifen.

Durch die Verwendung von Kapseln ergeben sich aber auch Vorteile im Fahrbetrieb: Verringerung der Fahrwiderstände, eine gleichmäßige Betriebstemperatur und u.U. eine geringere Verschmutzung im Motorraum.

7.2.2.2 Maßnahmen an Ansaug- und Abgasschalldämpfern

Besonders dann, wenn durch eine Motorkapselung die Geräuschemission des Antriebs herabgesetzt worden ist, spielen die Ansaug- und Abgasschalldämpfer eine wichtige Rolle. Hier haben sich zwei verschiedene Dämpfungsprinzipien bewährt: Reflexions- und Absorptionsschalldämpfung. Während die Auspuffschalldämpfer häufig eine Kombination beider Dämpferarten sind, werden die Ansaugschalldämpfer fast ausschließlich als Reflexionsdämpfer (nach dem Wirkungsprinzip von Helmholtz-Resonatoren) aufgebaut.

Im Absorptionsschalldämpfer wird die Schallenergie bei der Reibung der schwingenden Moleküle am Skelett der verwendeten porösen Stoffe durch Umwandlung in Wärme vernichtet. Im Reflexionsdämpfer werden die in einer Leitung fortschreitenden Schallwellen durch Reflexion an Querschnittsänderungen (Aufweitungen oder Verengungen) teilweise zurückgeworfen, so daß ihre Intensität in Ausbreitungsrichtung geschwächt wird [7.8]. Der Vorteil der Reflexionsdämpfer ist, daß sie bei verhältnismäßig kleinen Abmessungen eine wirksame Dämpfung der Geräusche im niederfrequenten Bereich ermöglichen. Ein Nachteil ist darin zu sehen, daß Töne, deren halbe oder viertel Wellenlängen mit den Abmessungen des Schalldämpfers oder angeschlossener Rohre übereinstimmen, durch Resonanzen verstärkt werden können. Durch die Resonanzen treten oft auch unerwünschte Rückwirkungen auf die Gemischbildung im Vergaser auf. Ein weiterer Nachteil ist der, daß die Abgase beim Durchströmen vieler Kammern einem relativ hohen Strömungswiderstand ausgesetzt sind, der sich ungünstig auf das Leistungsverhalten auswirken kann. Diese negativen Eigenschaften sind bei Absorptionsschalldämpfern nicht anzutreffen. Sie sind jedoch in ihren Abmessungen größer und dämpfen bevorzugt den höherfrequenten Bereich.

Die theoretische Behandlung insbesondere der Reflexionsschalldämpfer ist noch nicht soweit fortgeschritten, daß eine genaue Vorausberechnung von Dämpfungseigenschaften möglich wäre. Für Abschätzungen behilft man sich mit einer einfachen eindimensionalen akustischen Theorie und mit Näherungverfahren, von denen die Theorie der akustischen Filter am weitesten verbreitet ist. Sie beruht auf der Annahme kleiner Störungen, d. h. die Druckwellen haben eine so geringe Amplitude, daß deren Wirkung auf den Gaszustand vernachlässigbar klein ist. Darüber hinaus wird angenommen, daß die Teilchengeschwindigkeit klein ist gegenüber der Schallgeschwindigkeit und daher auch vernachlässigt werden kann. Die nach diesem Verfahren berechneten Dämpfungen sind immer höher als die Meßwerte (der Einfügungsdämpfung). Eine Weiterentwicklung des Berechnungsverfahrens beruht auf der Berücksichtigung der Strömungsgeschwindigkeit im Auspuffsystem. Neuerdings wird auch versucht, die Vorgänge im Schalldämpfer zwar nach einer linearen Theorie aber zweidimensional zu behandeln. Der Hauptnachteil der bisher angewendeten

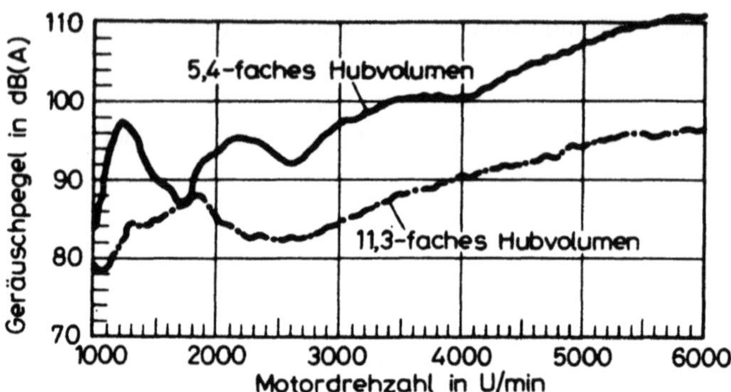

Abb. 7.6. Der Einfluß des Dämpfervolumens auf den Mündungsschall einer Abgasanlage

akustischen Theorie ist aber der, daß die Berechnung des Dämpferverhaltens erst nach einer Entkoppelung des Systems Motor-Schalldämpfer erfolgt [7.9]. Insgesamt gesehen sind die Rechenansätze noch so unbefriedigend, daß man bei der Auslegung von Schalldämpfern auch heute noch zum überwiegenden Teil auf Faustformeln, Erfahrungswerte und experimentelle Arbeiten angewiesen ist.

Zur Erzielung höherer Einfügungsdämpfungen sind große Dämpfervolumina erforderlich, da die Dämpfung einer Abgasanlage in gewissen Grenzen proportional zum Dämpfervolumen zunimmt. So bringt z. B. die Vergrößerung des Dämpfervolumens vom 5,4-fachen des Hubraumvolumens auf das 11,3-fache nach Abb. 7.6 einen Dämpfungsgewinn um 10 dB(A) [7.10]. Ein guter Schalldämpfer sollte ein Volumen haben, das nicht unter dem 10-fachen des Hubraumvolumens liegt.

Das Dämpfervolumen kann allerdings nicht beliebig gesteigert werden, da — abgesehen von dem benötigten Platz für den Einbau — auch die schallabstrahlende Oberfläche vergrößert wird. Als Ausweg bietet sich die Verwendung doppelwandiger, mit Schallabsorptionsmaterial belegter Dämpfer oder abgeschirmter Dämpfer an.

Abb. 7.7 zeigt den prinzipiellen Aufbau eines Ansauggeräuschdämpfers üblicher Bauart, der als Helmholtz-Resonator ausgebildet ist. Er besteht aus dem Volumen V und dem Ansaugrohr mit der Länge l und der mittleren Querschnittsfläche S_m. Aus diesen Größen berechnet sich die Resonanzfrequenz f_0 zu

$$f_0 = \frac{c}{2\pi} \sqrt{\frac{S_m}{lV}} \tag{7.5}$$

Bei der Helmholtz-Resonanz tritt Schallverstärkung auf. Erst oberhalb einer Frequenz von $f_0\sqrt{2}$ ist eine wesentliche Schalldämpfung zu beobachten. Der theoretische Dämpfungsverlauf ist in Abb. 7.7 als Kurve a eingetragen. Kurve c beschreibt den am Motor gemessenen Dämpfungsverlauf. Bei Kurve b wurden nach dem Reziprozitätsgesetz der Akustik die Orte der Schallquelle und des Mikrofons vertauscht und der Dämpfer mit einem Lautsprecher beschallt.

Da die Dämpfung umso besser ist, je höher die zu dämpfende Frequenz über der Helmholtz-Resonanz liegt, ist diese möglichst tief zu wählen, d. h. Volumen und Ansaugrohrlänge sollten groß und der Querschnitt des Ansaugrohres gering sein. Die

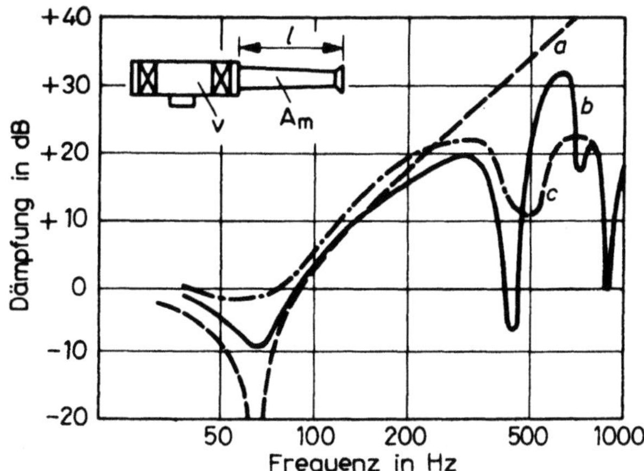

Abb. 7.7. Die Dämpfung eines als Helmholtz-Resonator ausgebildeten Ansaugschalldämpfers in Abhängigkeit von der Frequenz

Grenzen für die erste Forderung sind i. allg. der Einbauraum und die Vermeidung von Resonanzen bei zu tiefen Frequenzen (z. B. wegen der Koinzidenzen mit Resonanzen des Fahrgastraums). Die Grenze für die zweite Forderung ist die Strömungsgeschwindigkeit im Ansaugrohr bzw. der damit verbundene Filterwiderstand.

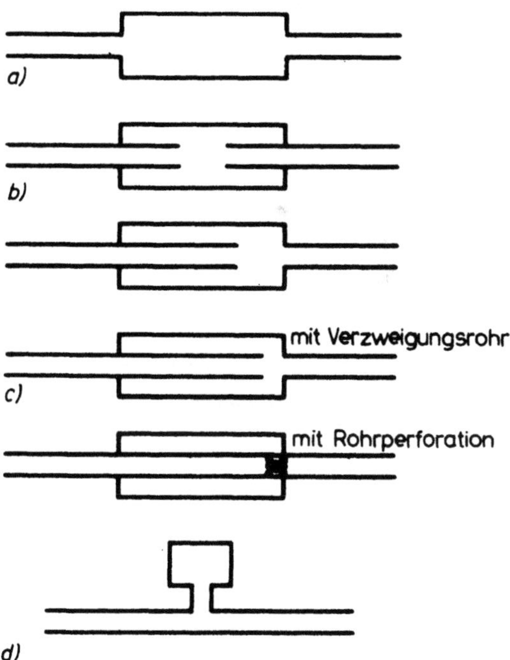

Abb. 7.8 Schematischer Aufbau grundlegender Dämpferelemente, die in Reflexionsschalldämpfern verwendet werden. **a** einfache Expansionskammer, **b** Expansionskammer mit innerer Verzweigung, **c** Pfeifenresonator, **d** Helmholtz-Resonator

In den einzelnen Kammern eines Schalldämpfersystems werden verschiedene Bauelemente verwendet, von denen einige in Abb. 7.8 zusammengestellt sind [7.9]. Der Helmholtz-Resonator wird — auch als Abzweigresonator — für die Bekämpfung einzelner Frequenzbereiche verwendet. Weitere Abstimmungselemente sind Lochtraufen und die Schallreflexionsstellen an Rohrenden, Leitungsaufweitungen und Reduktionsblenden im System. Lochtraufen wirken durch die Aufteilung der kanalförmigen Strömung in der Rohrleitung wie ein System vieler Schallpunkte. Die Reflexionsblenden sind in verschiedenen konstruktiven Ausführungen z. B. als Stauboden oder als Einfach- bzw. Doppelpfeife

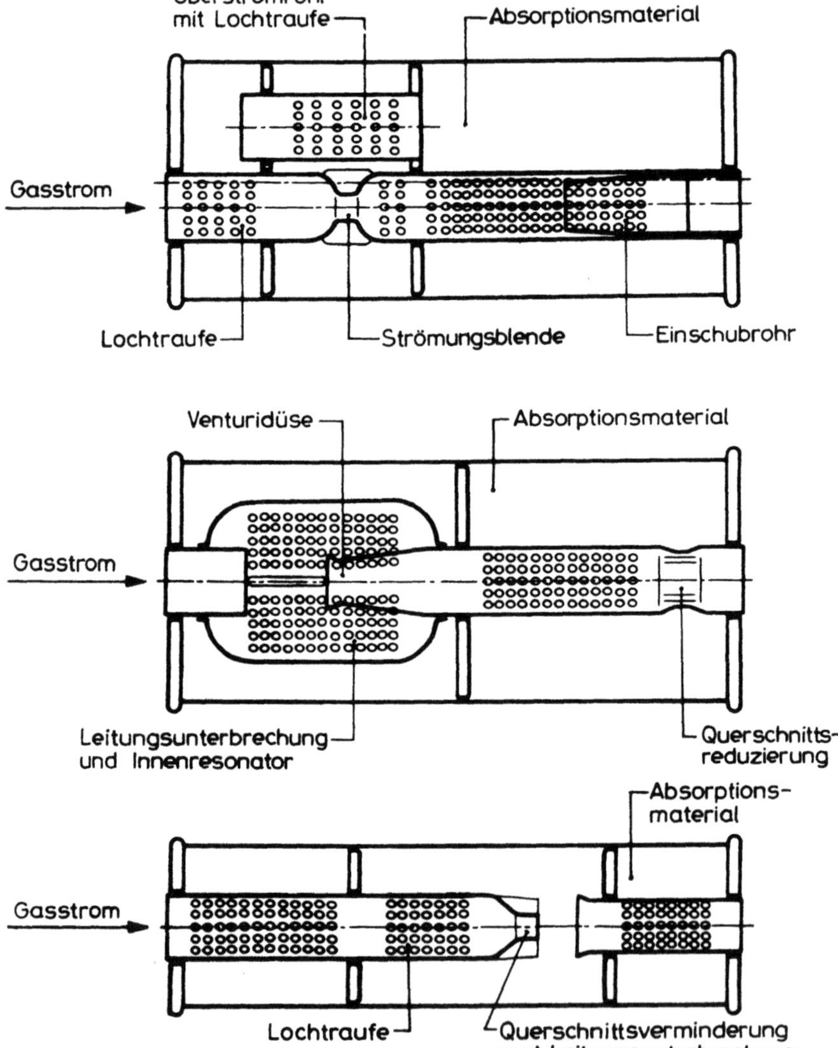

Abb. 7.9. Akustische Abstimmelemente im Abgasschalldämpfer

mit vermindertem Strömungswiderstand zu verwenden. Außerdem werden Düsen in den verschiedensten Formen oder auch als vollständig eingebaute Venturidüsen benutzt. Bei der Venturidüse beruht die Wirksamkeit darauf, daß die vorhandene Reflexionswirkung der Düse durch Erhöhung der Strömungsgeschwindigkeit weiter gesteigert wird. Eine Anordnung solcher Elemente eines Reflexionsschalldämpfers in Absorptionsschalldämpfern zeigt Abb. 7.9 [7.12].

Eine weitere Methode zur Abschätzung der Wirkung einzelner Parameter auf die Schalldämpfung ist die Anwendung der elektrischen Vierpoltheorie. In Abb. 7.10 sind zwei Ersatzschaltbilder für einen Reflexionsschalldämpfer skizziert [7.11]. Der Verbrennungsmotor kann durch eine Druck- (bzw. Spannungs-) oder Stromquelle (Materiestrom bzw. elektrischer Strom) ersetzt werden. Die Übertragungsparameter des Schalldämpfers werden mit Hilfe der „black box"-Methode unter Annahme eines Kurzschlusses und durch Unterbrechung der Eingangs- und Ausgangspolpaare bestimmt. So berechnet sich z. B. die Einfügungsdämpfung (Schallpegel ohne und mit Schalldämpfer) einer Expansionskammer, des einfachsten Elementes eines Schalldämpfers, zu

$$D = 10 \log \left[1 + \frac{1}{4} \left(m - \frac{1}{m} \right)^2 \sin^2 kl \right]. \tag{7.6}$$

m ist das Querschnittsverhältnis, k die Wellenzahl und l die Länge der Expansionskammer.

Gemessene und nach (7.6) berechnete Dämpfungswerte stimmen gut überein (Abb. 7.11) [7.11]. Je größer das Querschnittsverhältnis ist, desto größer ist die maximale Dämpfung. Die Frequenzlage der Dämpfungsextremwerte bleibt ungeändert. Bei Verlängerung der Expansionskammer verschieben sich dagegen die Maxima und Minima zu tieferen Frequenzen, während der maximale Dämpfungswert erhalten bleibt.

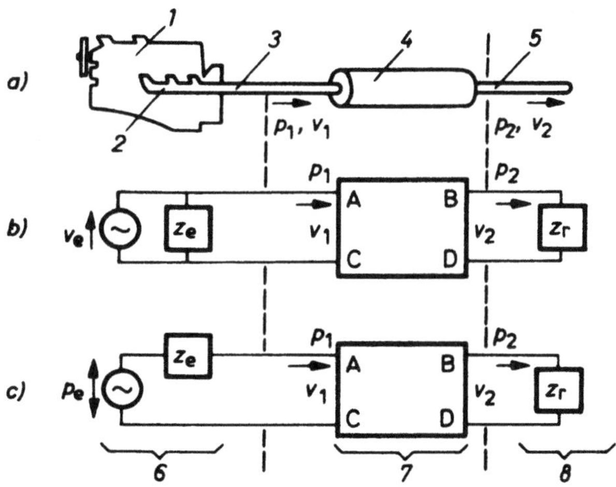

Abb. 7.10. Elektrische Ersatzschaltungen zur Berechnung der Einfügungsdämpfung eines Auspuffsystems. **a** einzelne Teile des Auspuffsystems, **b** Ersatzschaltbild bei Annahme einer Volumenstromquelle, **c** Ersatzschaltbild bei Annahme einer Druckquelle. *1* Motor, *2* Auspuffsammelrohr, *3* vordere Rohrleitung, *4* Schalldämpfer, *5* hintere Rohrleitung, *6* Quelle, *7* Übertragungsmatrix des Schalldämpfers, *8* Abschluß des Netzes

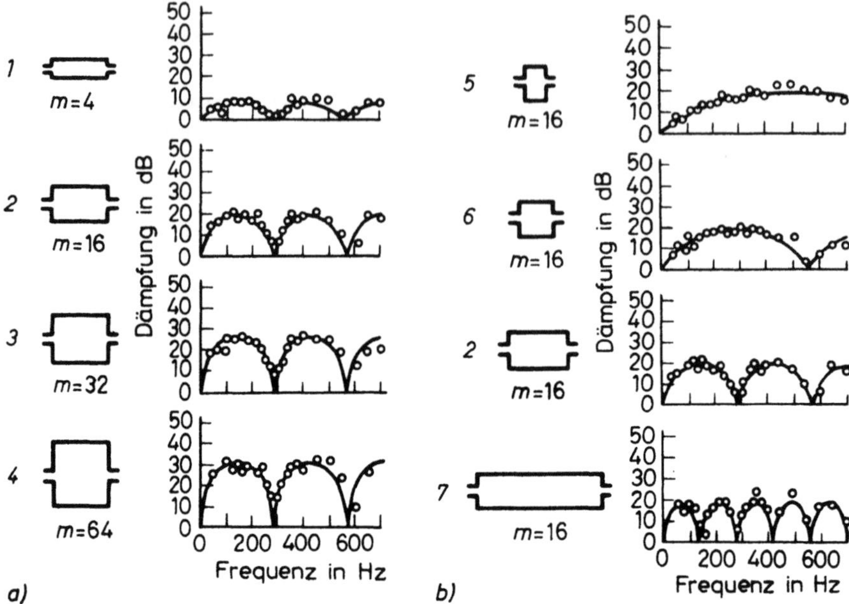

Abb. 7.11. Berechnete und gemessene Dämpfung einer Expansionskammer in Abhängigkeit von der Frequenz bei **a** verschiedenen Querschnittsverhältnissen und **b** Kammerlängen

Die tatsächliche Dämpfung eines Schalldämpfers hängt allerdings auch von den Abschlüssen des Vierpolnetzes — dem Motor und der hinteren Rohrleitung — ab. Die Versuche, diese Parameter (Impedanzen und Quellstärke) theoretisch oder experimentell zu bestimmen, haben bisher aber noch nicht zu befriedigenden Ergebnissen geführt. Sicher ist, daß bei allen Arten von Schalldämpfern die Einbaustelle innerhalb der Abgasleitung einen Einfluß auf die erzielte Dämpfung hat. Physikalisch betrachtet verhalten sich die dem Dämpfer vorgeschalteten Leitungen wie einseitig geschlossene, die nachgeschalteten oder zwischen Dämpfer geschalteten Leitungen wie beidseitig offene Rohre. Die Grundfrequenz der Schallquelle sollte nicht mit der Resonanzfrequenz der Gassäule in den Rohrstücken übereinstimmen. Ein Beispiel für die ideale Lage von Schalldämpfern in der Abgasleitung zeigt Abb. 7.12 (aus [7.12], entsprechend der akustischen Theorie).

Die Schalldämpfung wird zusätzlich noch durch die Gasströmung und die Abgastemperatur beeinflußt. Die ohne Strömung berechneten Dämpfungswerte liegen um 5...10 dB höher als die Meßwerte (s. Kurve c in Abb. 7.7), wenn das Verhältnis der Strömungsgeschwindigkeit zur Schallgeschwindigkeit Werte von $M = 0,1...0,2$ erreicht. Wenn der Reflexionsfaktor bekannt ist, kann der Berechnungsfehler aus Abb. 7.13 entnommen werden.

7.2.2.3 Maßnahmen am Antrieb von Schienen- und Luftfahrzeugen

Die bisher diskutierten schallmindernden Maßnahmen sind in ähnlicher Weise bei Diesellokomotiven anwendbar. Bei der Fluglärmbekämpfung an der Quelle wird u. a. das Nebenstromverhältnis bis zu einer bestimmten Grenze gesteigert (Abb. 4.78) und die Einlaß-

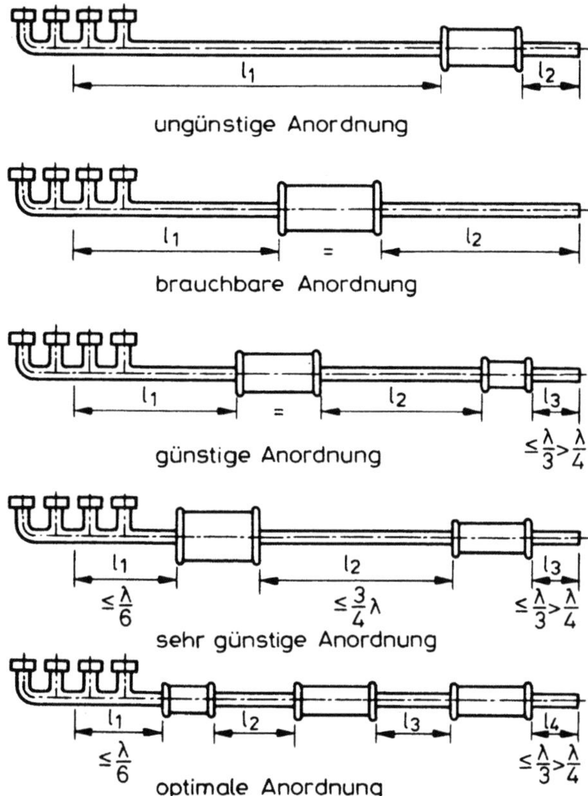

Abb. 7.12. Zur optimalen Lage des Schalldämpfers in der Rohrleitung

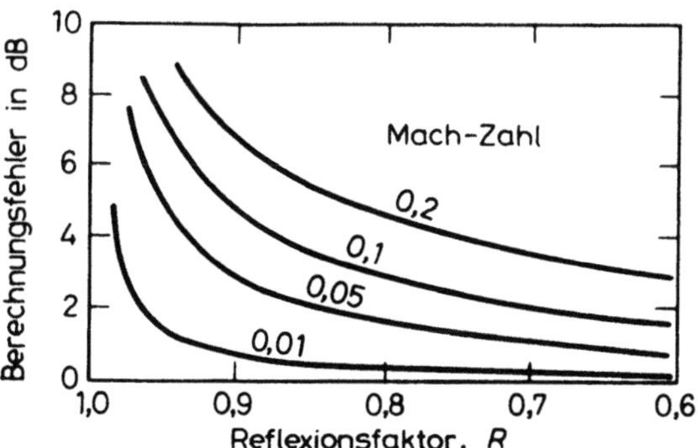

Abb. 7.13. Berechnungsfehler bei Vernachlässigung der Strömung in Abhängigkeit vom Reflexionsfaktor und der Mach-Zahl

und Auslaßkanäle der Gebläse in den Düsentriebwerken mit schallabsorbierenden Stoffen ausgekleidet. Bei beiden Maßnahmen müssen allerdings geringe Verluste an Schubkraft und Treibstoff in Kauf genommen werden. An Hubschraubern erlaubt die Erhöhung der Anzahl der Rotorblätter die Herabsetzung der Blattspitzengeschwindigkeit und damit die Minderung des Rotorknatterns.

7.2.2.4 Die Minderung des Rollgeräusches

Die einfachste, sicherste und kostengünstigste Methode, die Rollgeräusche von Kraftfahrzeugen zu verringern, sind Geschwindigkeitsbegrenzungen. Eine Reduzierung der Geschwindigkeit um 30% bringt eine Minderung des Reifengeräuschpegels von 5—6 dB(A).

Von der konstruktiven Seite her wird die Meinung vertreten, auf einem möglichst harten Unterbau eine möglichst weiche Laufstreifenmischung aufzubringen und das Reifenprofil zu optimieren. Die entsprechend der unteren Skizze der Abb. 7.14 vorgeschlagene Profilgestaltung hat die folgenden Eigenschaften [7.6]:

— In der Mitte des Laufstreifens wurde auf eine Profilierung verzichtet, weil diese den größten Anteil an der Lärmerzeugung hätte.
— Die Längsrillen sind durch Querrillen zu verbinden, die aber in den geräuschmäßig besonders wichtigen, dem Mittelstreifen benachbarten Bereichen möglichst wenig Neigung gegenüber der Längsrichtung haben sollten (z. B. 30°). Im äußeren Reifenbe-

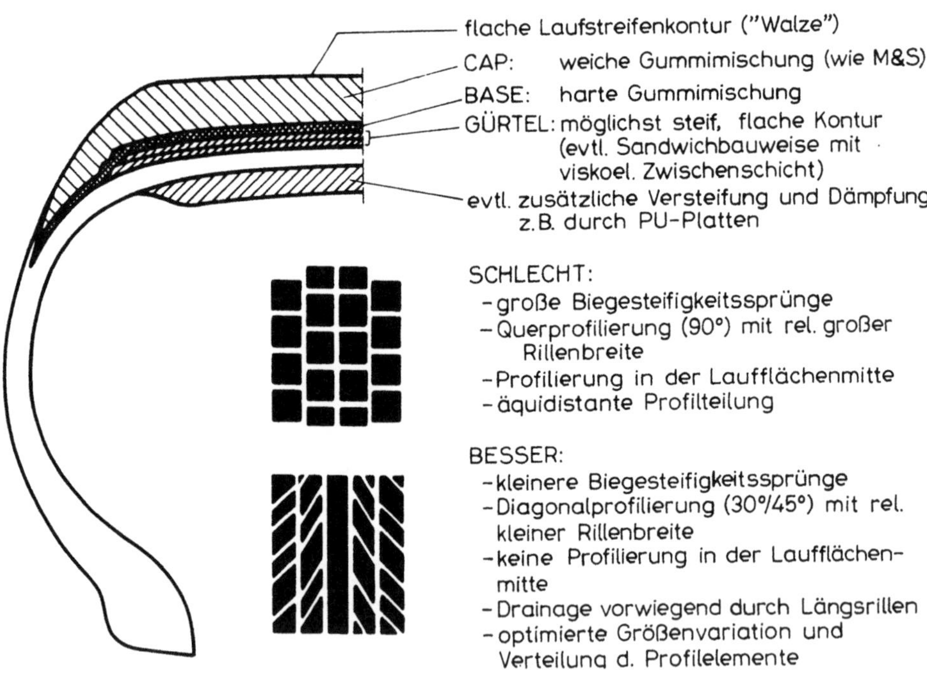

Abb. 7.14. Lärmmindernde Maßnahmen an Reifen

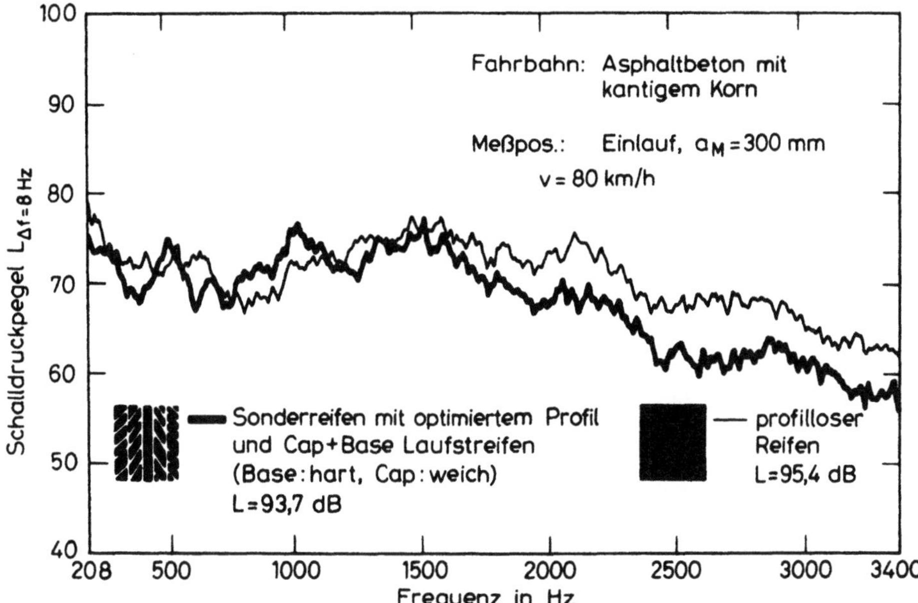

Abb. 7.15. Schmalbandspektren der Geräusche eines profillosen Reifens und eines Sonderreifens mit einem seriennahen Profil (Diagonalrillen 3 mm breit, Längsrillen 4 mm breit)

reich kann die Neigung zur Verbesserung der Drainagefähigkeit vergrößert werden (z. B. auf 45°).

Abb. 7.15 läßt erkennen, daß es gelungen ist, einen Reifen in Cap + Base-Bauweise mit einem seriennahen Profil herzustellen, der leiser ist als ein profilloser Reifen, der in Aufbau und Gummimischung einem Serienreifen entspricht. Eine Pegelminderung gegenüber einem Serienreifen mit randomisierter Profilgestaltung wurde aber nicht erreicht. Offenbar sind bei der Profilentwicklung für Pkw-Serienreifen geräuschreduzierende Maßnahmen bereits berücksichtigt, so daß das Geräuschminderungspotential der geometrischen Lauf-flächengestaltung sehr gering ist [7.13].

Einen negativen Beitrag zur Lärmbekämpfung leisten die modernen und modischen Niederquerschnittreifen, deren Durchmesser geringer ist als der von analogen Reifen mit einem Normalquerschnitt und deren Lauffläche eine größere Breite aufweist. Mit abnehmendem Reifendurchmesser und zunehmender Reifenbreite steigt aber die Lärmemission an. Die mittlere Pegeldifferenz zwischen Niederquerschnitt- und Normalquerschnittreifen liegt bei 2 dB(A) [7.14].

Neben Maßnahmen am Reifen selbst könnten auch Maßnahmen an der Straßenober-fläche Erfolg haben. Die bisherigen Versuche mit offenporigen Asphaltbelägen (Dränasphal-te) lassen Rollgeräuschminderungen von 3 . . . 5 dB(A) erwarten. Ungeklärt ist noch, ob diese Beläge dauerhaft und standfest genug sind, speziell gegenüber schnellem und schwerem Verkehr.

Die Minderung des Rollgeräusches von Schienenverkehrsmitteln kann u. a. durch die Verwendung von Scheibenbremsen, elastischen Schienenlagern und Schienenbefestigungen,

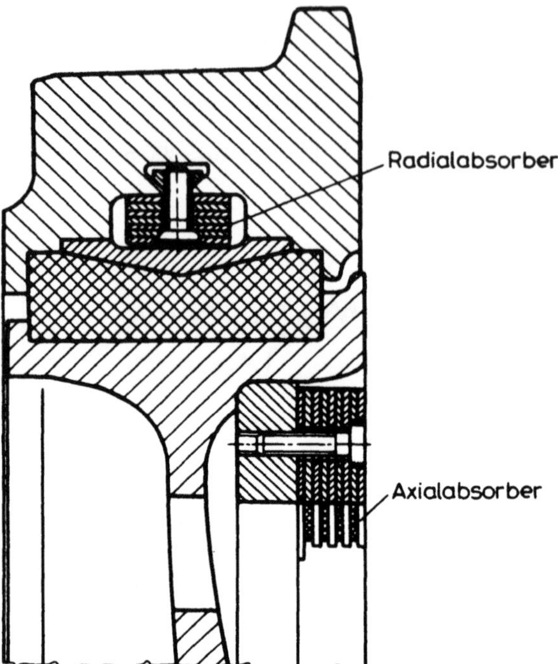

Abb. 7.16. Die Befestigung von Absorbern an einem gummigefederten Einringrad (Versuchs-
ausführung)

tiefabgestimmten Gleisplattensystemen und durch Dämpfungsmaßnahmen am Rad
verwirklicht werden. Mit Scheibenbremsen bleiben die Laufflächen der Radsätze auch nach
längerer Zeit riffelfrei (Kap. 4). Bei einem Versuch, bei dem den Radscheiben Blenden
vorgesetzt worden sind und der Raum zwischen Blende und Scheibe mit 30 mm dicken
Schaumstoffmatten verfüllt worden ist, wurden bei einer Geschwindigkeit von 120 km/h
Pegelminderungen von 4 dB(A) gemessen (an einem Reisezugwagen mit Scheibenbremsen
[4.45]).

Andere Dämpfungsmaßnahmen am Rad sind: Beschichtungen in verschiedenen
Ausführungen, Absorber verschiedener Bauarten und Gummifederungen im Rad. Die
Wirkung eines Resonanzabsorbers beruht im wesentlichen auf dem Tilgungsprinzip. Die
Schwingungen von Zungen, die auf die Grundfrequenz des Rads abgestimmt werden, sind
gegenphasig zur Radschwingung. Durch Verwendung von Dämpfungsmaterial kann der
Frequenzbereich der Schwingungen vergrößert werden, um z. B. Resonanzverschiebungen
durch Verschleiß aufzufangen. Die übrigen Maßnahmen wirken durch Umwandlung von
Schwingungsenergie in Wärme in Kunststoffschichten oder Gummikörpern. Als Beispiel
wird in Abb. 7.16 der Aufbau und die Befestigung eines Resonanzabsorbers gezeigt.
Radialabsorber werden zur Rollgeräuschminderung, Axialabsorber zur Minderung des
Kurvengeräusches verwendet.

Abb. 7.17 veranschaulicht die Wirkung verschiedener Maßnahmen [4.48]. Aufgetragen
sind die Summenhäufigkeiten der Schalldruckpegel bei Meßfahrten durch ein Gleisoval mit

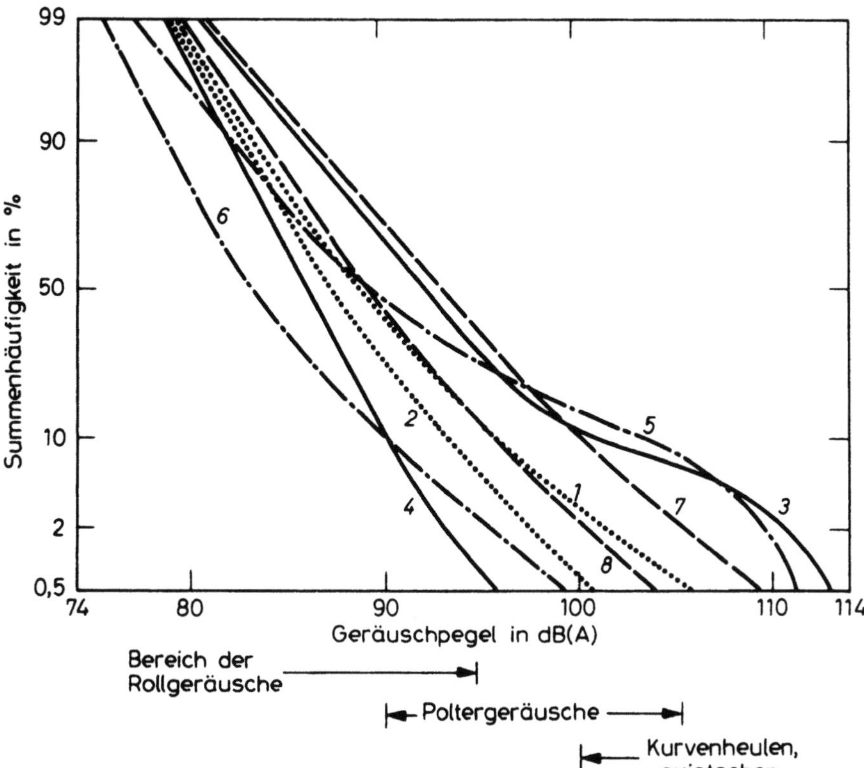

Abb. 7.17. Summenhäufigkeit der Schallpegel verschiedener Radvarianten beim Befahren eines Gleisovals. *1* Radtyp I mit Sandwichbeschichtung, *2* Typ I mit Sandwichbeschichtung und Absorbern, *3* Typ II (starres Rad ohne Maßnahmen), *4* Typ II mit Absorbern, *5* Typ III (ohne Maßnahmen), *6* Typ III mit Absorbern, *7* Typ IV (entspricht Typ II, jedoch gummigefedert) mit Absorbern, *8* Typ IV mit Absorbern und Hohlraumausschäumung

zwei 25 m Radien. Das Mikrofon wurde während der Fahrt in einem Abstand von 210 mm mitgeführt. Für den Spitzenpegel L_5 wurden folgende Minderungen erzielt:
— durch Absorber je nach Bauart 5...17 dB im Vergleich zu Rädern, die durch Beschichtungen vorgedämpft waren, und
— durch Hohlraumausschäumung gummigefederter Räder 5 dB im Vergleich zu absorbergedämpften Rädern.

7.3 Lärmminderung durch Verkehrsregelung

Als verkehrsregelnde Maßnahmen zur Minderung der Lärmemission und -immission des Straßenverkehrs kommen in Betracht:
— Geschwindigkeitsbeschränkungen, auch differenziert nach Fahrzeugarten,
— Verkehrsverbote für bestimmte Fahrzeugarten z. B. Lkw oder motorisierte Zweiräder, auch zeitlich begrenzt, z. B. nur nachts,

Tabelle 7.2. Minderung des Mittelungspegels von Straßenverkehrslärm für verschiedene Fälle von Geschwindigkeitsbeschränkungen

Reduzierung der Pkw/Lkw Geschwindigkeiten km/h		Rückgang des Mittelungspegels in dB(A) bei Lkw-Anteilen von			
von	auf	0%	10%	20%	30%
100/80	70/70	4,0	2,0	1,5	1,0
100/80	50/50	6,5	4,0	3,5	3,0
70/70	50/50	2,5	2,0	2,0	2,0
50/—	40/—	1,0	—	—	—

— Umleitung von Durchgangsverkehr (Bau von Ortsumfahrungen),
— koordinierte Lichtsignalanlagen (grüne Wellen), Regelung von Lichtsignalanlagen durch den Verkehr (Anforderungsschaltungen), Abschaltung von Lichtsignalanlagen in der Nacht,
— getrennte Fahrstreifen für Fahrzeuge des öffentlichen Verkehrs,
— Anlegen von Haltebuchten für öffentliche Verkehrsmittel, Anlegen von Parkbuchten,
— Beeinflussung der Verkehrsmenge.

Die Beurteilung und Berechnung der Wirkung dieser Maßnahmen erfolgt durch (5.8).

Mögliche Minderungen des Mittelungspegels von Straßenverkehrslärm durch Geschwindigkeitsbeschränkungen sind in Tabelle 7.2 zusammengefaßt [7.15]. Eine wesentliche Verringerung des Geräusches ist allein bei reinem Pkw-Verkehr zu erwarten. Da der Vorbeifahrtpegel stärker von der Geschwindigkeit abhängt als der Mittelungspegel, werden für ihn größere Pegelabsenkungen erzielt. Bisher nicht quantifizierbare Effekte von Geschwindigkeitsbeschränkungen sind eine Verringerung der Pegelschwankungen und langsamere Pegeländerungen (flachere Pegelanstiege und -abfälle bei Vorbeifahrt).

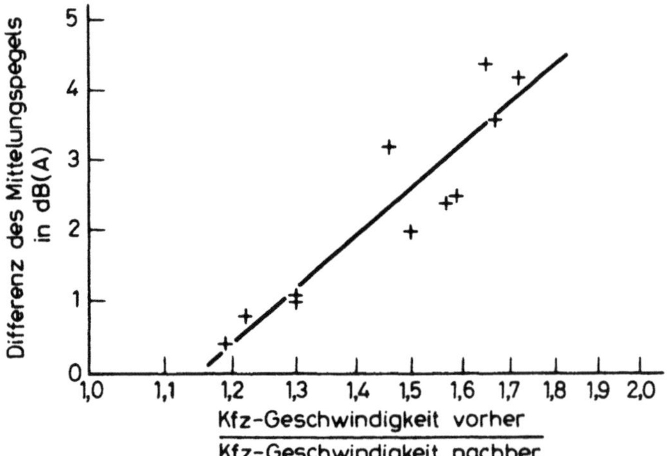

Abb. 7.18. Differenz der Mittelungspegel vor und nach Durchführung von Verkehrsberuhigungsmaßnahmen in Abhängigkeit vom Verhältnis der zugehörigen mittleren Kfz-Geschwindigkeiten (gleiche Verkehrsstärken und Lkw-Anteile vorher und nachher)

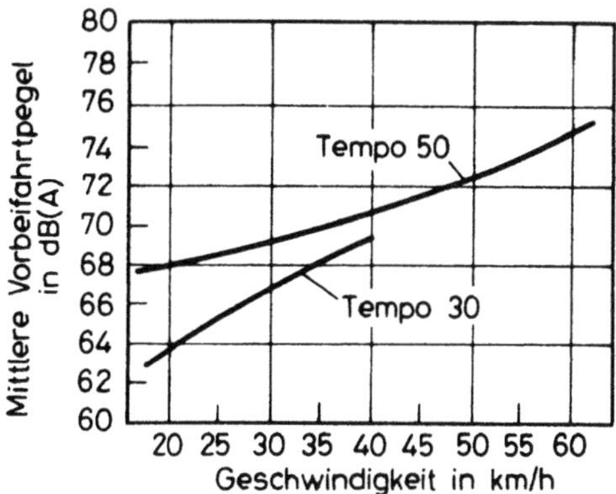

Abb. 7.19. Mittlere Vorbeifahrtpegel zufällig verkehrender Pkw in Abhängigkeit von der Geschwindigkeit in derselben Straße vor und nach Einführung von Tempo 30 km/h

Vorauszusetzen ist natürlich immer, daß die Geschwindigkeitsbeschränkungen auch eingehalten werden.

In Abb. 7.18 ist der durch Messungen in verkehrsberuhigten Gebieten gefundene Zusammenhang zwischen der Pegelminderung und dem Verhältnis der Geschwindigkeiten ohne (Tempo 50) und mit (Tempo 30) Geschwindigkeitsbeschränkung dargestellt [7.16]. Die Abnahme des Mittelungspegels betrug 0,4 . . . 4,4 dB(A) bei einem Verhältnis der mittleren Geschwindigkeiten vorher und nachher zwischen 1,2 und 1,7. Absolut verminderte sich die Fahrgeschwindigkeit im Mittel um 12 km/h bei einer Schwankungsbreite von 6 . . . 24 km/h.

Minderungen des Mittelungspegels von 2 — 3 dB(A) bei Geschwindigkeitsbeschränkungen auf 30 km/h werden aber nur in flächenhaft verkehrsberuhigten Gebieten erzielt. In Stadtgebieten, in denen auf einzelnen Straßen Geschwindigkeitsbeschränkungen angeordnet werden, wird auch dann, wenn ihre Einhaltung erzwungen wird, die Pegelminderung nahe bei null liegen. Das ist darauf zurückzuführen, daß der Durchschnittsfahrer unruhiger und aggressiver fährt, wenn er weiß, daß er ab der nächsten Kreuzung wieder mit 50 km/h fahren kann. Dies zeigt deutlich Abb. 7.19 [7.17]. Die Abhängigkeiten des mittleren Pkw-Vorbeifahrtpegels von der Geschwindigkeit unterscheiden sich, je nach dem ob die niederen

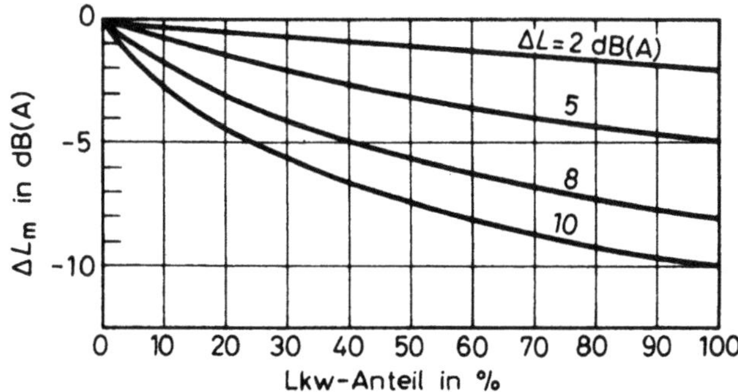

Abb. 7.20. Minderung des Mittelungspegels bei einem Fahrverbot für Lkw (Ersatz der Lkw durch Pkw) in Abhängigkeit vom Lkw-Anteil und für verschiedene Differenzen $\Delta L = L(\text{Lkw}) - L(\text{Pkw})$

Geschwindigkeiten in einem Gebiet mit Tempo 30 oder Tempo 50 gefahren werden. Es ist also nicht gestattet, aus einer Pegel-Geschwindigkeits-Kennlinie, die für eine zulässige Geschwindigkeit von 50 km/h gilt, auf andere Verkehrssituationen zu schließen.

Der Mittelungspegel des Straßenverkehrslärms wird schon ab einem Lkw-Anteil von 10% durch die Geräuschemission der Lkw bestimmt. Daher kann ein Fahrverbot für Lkw zu beträchtlichen Pegelminderungen führen. Dies ist in Abb. 7.20 für verschiedene Differenzen der Mittelungspegel von Lkw und Pkw dargestellt. Für die Berechnung der Minderung des Mittelungspegels wurden nicht einfach die Lkw aus dem Verkehrsstrom herausgenommen, sondern, wie es der Realität eher entsprechen dürfte, durch Pkw ersetzt. Daher wird auch bei einem Lkw-Anteil von 100% und einem Lkw-Fahrverbot ΔL_m nicht beliebig hoch. Aus der Abbildung ist zu ersehen, daß die Maßnahme „Lkw-Fahrverbot" dann an Wirksamkeit verliert, wenn in Zukunft die Emissionspegel der Lkw denen der Pkw angenähert werden.

Die Auswirkung von Verkehrsumleitungen auf den Mittelungspegel zeigt Abb. 7.21. Wenn die Straßen A und B die gleiche Verkehrsstärke und Verkehrszusammensetzung haben und 90% des Verkehrs von Straße A nach Straße B umgeleitet werden (ohne daß sich die Verkehrszusammensetzung ändert), wird die Straße A um 10 dB(A) entlastet, die Straße B mit etwa 3 dB(A) belastet. Derartig hohe Verringerungen der Verkehrsmengen sind aber in aller Regel nicht einmal in verkehrsberuhigten Gebieten zu erreichen. Die Entlastungen von Ortsdurchfahrten durch den Bau von Ortsumfahrungen liegen im Bereich von 50 ... 70%. Die berechneten Minderungen des Mittelungspegels von 3 ... 5 dB(A) treten aber nicht immer ein, da nach der Verkehrsentlastung Ortsdurchfahrten schneller befahren werden können.

Die Verringerungen der Verkehrsstärken und Geschwindigkeiten in verkehrsberuhigten Gebieten können nur durch Zwangsmaßnahmen erreicht werden. Das dafür eingesetzte Instrumentarium ist im wesentlichen [7.16]:

— Verengung der Fahrbahn, beispielsweise durch die Schaffung von Senkrechtparkbuchten oder das Aufstellen von Pflanzenkübeln,

— Verschwenkung der Fahrbahn, z. B. durch Seitenwechsel von Parallel- und Senkrechtparkbuchten,

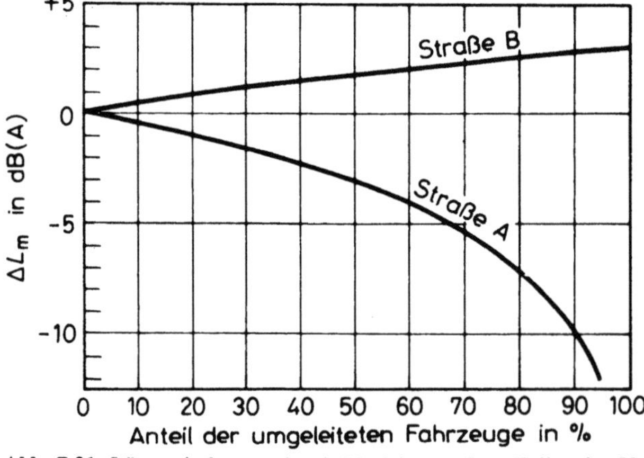

Abb. 7.21. Lärmminderung durch Umleitung eines Teiles des Verkehrs von Straße A nach Straße B (gleiche Verkehrsstärke und gleicher Lkw-Anteil auf beiden Straßen vor der Umleitung)

— Bodenschwellen auf der Fahrbahn,
— Reduzierung der zulässigen Höchstgeschwindigkeit,
— Aufpflasterung auf Gehwegniveau, unter Umständen verbunden mit dem Wegfall der Trennung von Fahrbahn und Gehwegen,
— parallel zu den genannten Maßnahmen die Ausweisung als „verkehrsberuhigter Bereich".

Anfahrvorgänge an Lichtsignalanlagen haben einen besonders ungünstigen Einfluß auf die Lärmsituation (s. Kap. 5.1.2). Wegen der hohen Pegelschwankungen und der steilen Pegelanstiege erhöht sich die Störwirkung und Lästigkeit des Verkehrsgeräusches beträchtlich. Es muß deshalb versucht werden, die Anzahl der Anfahrvorgänge zu reduzieren. Eine Möglichkeit dazu besteht in der Koordinierung von Lichtsignalanlagen. Das nächtliche Abschalten von Lichtsignalanlagen bringt dagegen keine eindeutige Verbesserung der Lärmsituation. Es zeigte sich, daß in Einzelfällen die Geräuschbelastung, vermutlich infolge einer höheren Kraftfahrzeuggeschwindigkeit, auch ansteigen kann [7.18].

Allen Maßnahmen zur Lärmminderung durch Verkehrsregelung gemeinsam ist, daß sie in ihrer Wirkung sehr begrenzt sind. In der Regel sind Minderungen des Mittelungspegels von mehr als 3 dB(A) nicht zu erzielen. Einige Maßnahmen, wie Koordinierung von Lichtsignalanlagen, Haltebuchten für den öffentlichen Verkehr oder separate Fahrstreifen für den öffentlichen Verkehr, ergeben keine meßbare Verringerung des Mittelungspegels, mindern aber die Störwirkung und Lästigkeit des Verkehrsgeräusches.

Die diskutierten, verkehrsregelnden Maßnahmen gelten streng nur für den Straßenverkehr, können aber in ähnlicher Form auch beim Schienen- und Luftverkehr angewendet werden (z. B. Nachtfahrverbote, gleichmäßiger Verkehr durch Fahrplanoptimierung).

7.4 Pegelminderung durch Abschirmung der Schallquelle

Zur Minderung des Mittelungspegels auf einen geforderten Immissionsgrenzwert wird der zur Verfügung stehende Abstand zwischen Straße und Wohngebiet i. allg. nicht ausreichen. Es sind deshalb andere Maßnahmen vorzusehen, wie sie in Abb. 7.22 zusammengefaßt sind [7.19]. Bei einer Reihung nach dem Platzbedarf zwischen Straße und zu schützendem Gebäude ergibt sich folgende Rangliste möglicher Abschirmungen:
— Gehölz (Schutzpflanzung, Schutzwald),
— Hochlage der Straße, Tieflage der Straße mit natürlicher Böschungsneigung (1 : 1,5),
— Wall mit natürlicher Böschungsneigung,
— Wall mit aufgesetzter Wand,
— Steilwall (Neigung größer 1 : 1),
— Schallschutzwand,
— abschirmendes, langes, schallunempfindliches Gebäude,
— Straßen in Troglage mit zusätzlichen Wänden auf den Stützmauern,
— Troglagen mit Teilabdeckung und/oder schalldämpfenden Raster- und Lamellenabdeckungen,
— Straßentunnel.

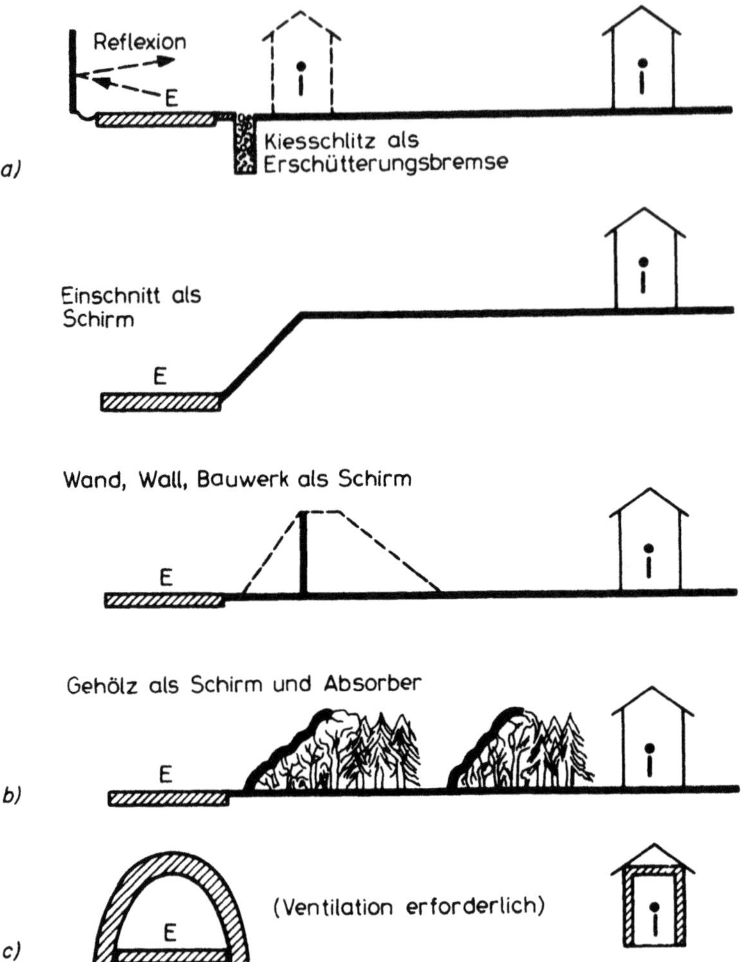

Abb. 7.22. Möglichkeiten zur Minderung der Schallimmission: **a** Abstandsvergrößerung, **b** Lärmschirme, Gehölze, **c** Abkapselung der Quelle oder des Menschen

7.4.1 Schallschutzwände

Durch eine dichte Wand wird der Schallweg zwischen Quelle und Empfänger unterbrochen. Es bildet sich hinter der Wand ein Schallschatten aus, der allerdings wegen der Beugung an der Wandoberkante nicht vollkommen ist. Das Beugungsphänomen entspricht dem der Optik, ist aber in der Akustik wegen der wesentlich größeren Wellenlängen stärker ausgeprägt.

Die für die Wirkung eines Lärmschirmes maßgebenden Größen sind aus Abb. 7.23 ersichtlich. Wichtig sind vor allem die effektive Schirmhöhe h_e und der Beugungswinkel φ. Für die Berechnung der Pegelminderung wird folgendes vorausgesetzt:

— Der Schallschirm ist dünnwandig, d. h. seine Dicke ist kleiner als die Wellenlänge λ.

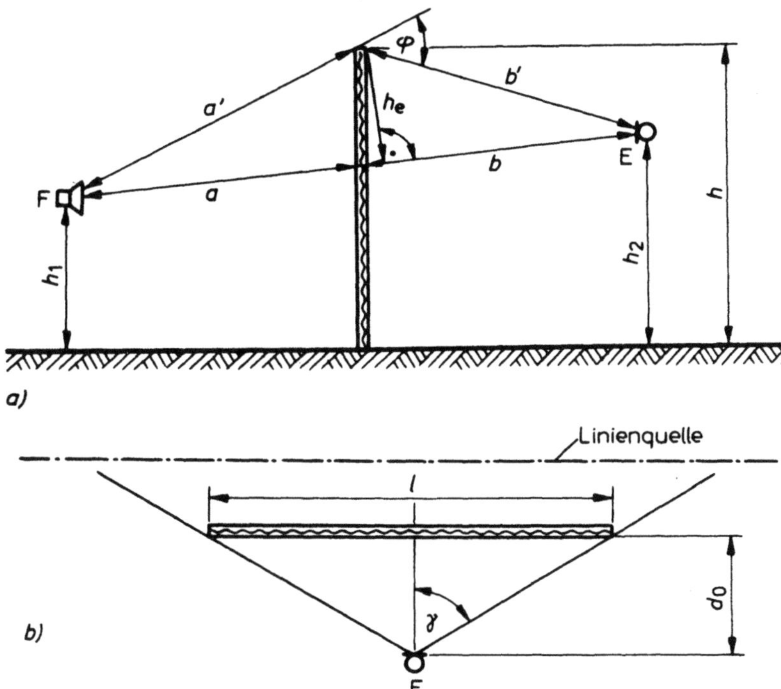

Abb. 7.23. Definition der Größen für die Berechnung der Abschirmwirkung von Schallschutzwänden, **a** Schnitt quer zum Schirm, **b** Aufsicht (Schallquelle ist eine Straße)

— Die Schirmlänge ist groß gegen die Abstände von Schallquelle und Beobachter zum Schirm.
— Der Schirm sowie der Boden, auf dem er steht, sind schallreflektierend.
— Die Schallquelle ist eine ungerichtete Punktschallquelle.
— Schallquelle und Aufpunkt liegen in einer Ebene, die senkrecht zum Schirm steht. Ihre Abstände zum Schirm sind größer als λ.
— Der Schirm ist vollkommen schallundurchlässig und besitzt keine Öffnungen.

Das Problem der Abschirmung durch Wände kann vollständig nach der Kirchhoffschen Theorie gelöst werden. Da das Verfahren aber ziemlich kompliziert ist, haben sich in der Praxis einfache, empirische Näherungsverfahren durchgesetzt. Am weitesten verbreitet ist die Formel nach Maekawa [7.20]:

$$\Delta L_z = 10 \log (20N) \qquad \text{für} \quad N \geqslant 1 \tag{7.7a}$$

bzw. modifiziert nach [7.21]:

$$\Delta L_z = 10 \log (3 + 20N) \qquad \text{für} \quad N \geqslant -0,1 \tag{7.7b}$$

ΔL_z ist die Pegelminderung in dB, N die sogenannte Fresnel-Zahl: $N = 2Z/\lambda$. Der Schirmwert Z ist ein Maß für den Umweg, den der Schall über die Beugungskante nehmen muß, um zum Immissionsort zu gelangen: $Z = (a' + b') - (a + b)$. Sind die Abstände der Schallquelle und des Immissionsortes zum Schirm größer als die effektive Schirmhöhe (Abb. 7.23), kann Z

näherungsweise durch

$$Z = \frac{h_e^2}{2}\left(\frac{1}{a}+\frac{1}{b}\right) \tag{7.8}$$

berechnet werden.

Nach (7.7) und (7.8) ist die Schirmwirkung umso größer, je höher die zu schirmende Schallfrequenz ist und je größer der Schirmwert Z bzw. die effektive Schirmhöhe h_e ist. Bei gegebenem Abstand Schallquelle/Immissionsort ist die Wirkung einer Wand am geringsten, wenn sie sich in der Mitte befindet und umso besser, je näher sie zur Schallquelle gerückt wird (Vergrößerung des Beugungswinkels φ). Daher sind Schallschirme immer so dicht an der Straße wie möglich zu errichten.

Bei breitbandigen Geräuschen, wie sie Verkehrsgeräusche sind, ist die Pegelminderung für jedes Terzband getrennt zu berechnen und dann die Einzelwerte zusammenzufassen. Für die Minderung des A-bewerteten Straßenverkehrsgeräusches kann vereinfachend auch die Beziehung

$$\Delta L_Z = 10 \log (3 + 80Z) \tag{7.9}$$

verwendet werden [7.22]. (Ersatzfrequenz zwischen 500 und 1000 Hz).

Die Minderung des Mittelungspegels einer langen, geraden Straße durch einen langen, parallelen Schirm (konstanter Höhe) ist geringer als nach (7.9) für eine Punktschallquelle, da bei der Fahrzeugvorbeifahrt der Schirmwert Z umso geringer ist, je weiter entfernt sich das Fahrzeug befindet. Wenn man Effekte der Boden- und Luftabsorption vernachlässigt, kann die Integration über den Weg eines vorbeifahrenden Pkw oder Lkw geschlossen ausgeführt werden [7.22]. Dabei ergibt sich ein komplizierter, mathematischer Ausdruck, der sich aber in einfacher Weise durch

$$\Delta L_{m,z} = 8 \log (3 + 80Z) \tag{7.10}$$

annähern läßt.

(7.10) gilt streng genommen für eine unendlich lange Schallschutzwand. Ist die Wand endlich lange, wird das verdeckte Straßenstück besser abgeschirmt (jedoch nicht besser als nach (7.9)). Der Lärm der nicht abgeschirmten Straßenstücke erhöht aber den Pegel am Immissionsort. Dieser Einfluß ist vernachlässigbar gering, wenn sich der Schallschirm nach beiden Seiten eines Immissionsortes auf eine Mindestlänge l_{min} von

$$l_{min} \geqslant d_0\sqrt{10^{0,1\,\Delta L_z}-1} \tag{7.11}$$

erstreckt. l_{min} ist so definiert [7.22], daß der Pegel eines Fahrzeugs, das sich am Schirmende befindet, höchstens so groß ist wie der Pegel im kürzesten Abstand d_0 (= Vorbeifahrtpegel abzüglich Minderung ΔL_z).

Ist die Dämmung einer Schallschutzwand gering oder treten durch Undichtigkeiten in der Wand Schallanteile hindurch, vergrößert sich der Pegel am Immissionsort. Die Pegelzunahme beträgt [7.23]

$$\Delta L = 10 \log \left[1 + 10^{-0,1\,(\Delta L_R - \Delta L_z)}\right] \tag{7.12}$$

wobei ΔL_R das Schalldämmaß ist (Differenz der Pegel des A-bewerteten Verkehrsgeräusches vor und hinter der Wand, wenn diese als unendlich lang und hoch angenommen wird). Nach

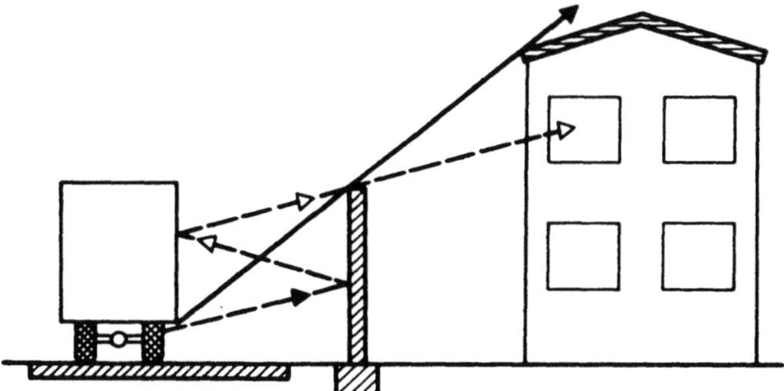

Abb. 7.24. Schallpegelerhöhung am Immissionsort durch Mehrfachreflexion zwischen der Schallquelle (Fahrzeug) und der Lärmschutzwand

(7.12) muß ΔL_R um mindestens 6 dB höher sein als ΔL_Z, wenn der Minderungsverlust kleiner als 1 dB sein soll.

Bisher wurde angenommen, daß die Oberfläche der Schallschutzwand schallreflektierend ist. Wenn Schallschirme auf beiden Seiten einer Straße errichtet werden, kann die Wirkung der Schirme durch Ein- und Mehrfachreflexionen des Schalls verringert werden. Dies ist auch der Fall, wenn ein Zug oder ein Nutzfahrzeug mit hohen Aufbauten (Abb. 7.24) an einer reflektierenden Wand vorbeifährt. Zur Vermeidung von Minderungsverlusten sind die Oberflächen der Schallschirme mit schallabsorbierendem Material zu bekleiden. Die Wirkung einer absorbierenden Bekleidung ist aus den Abb. 7.25 und 7.26 ersichtlich. Die

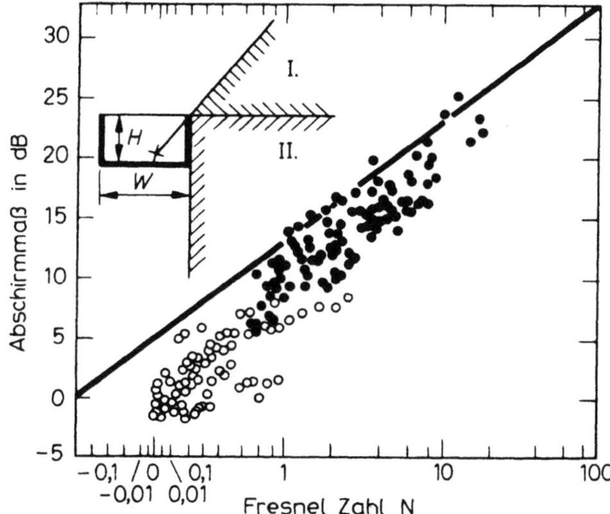

Abb. 7.25. Minderung des Schallpegels einer Punktschallquelle in Abhängigkeit von der Fresnel-Zahl, Schallquelle zwischen reflektierenden Schallschirmen. $\bigcirc$ = Meßpunkte im Bereich I, $\bullet$ = Meßpunkte im Bereich II, durchgezogene Linie = Minderung nach (7.7b), Schirmhöhe = 5 ... 15 m, Abstand der Schirme = 20,2 m

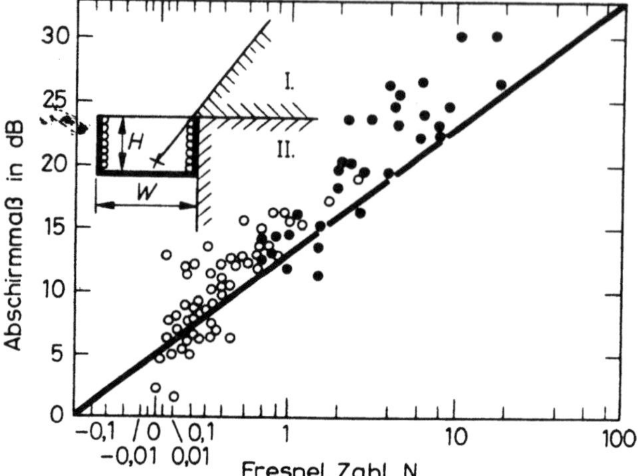

Abb. 7.26. Wie Abb. 7.25, jedoch die Oberflächen der Schallschirme absorbierend bekleidet, Absorptionsgrad $\alpha = 0{,}48 \ldots 0{,}93$

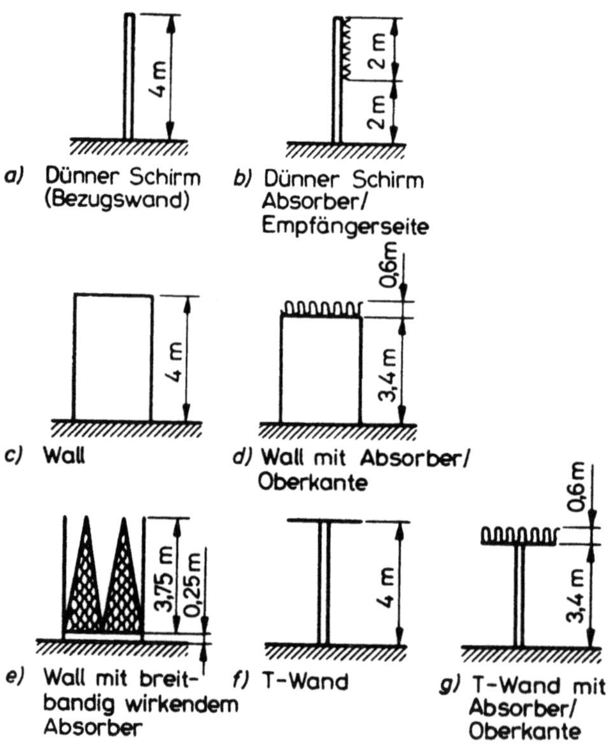

Abb. 7.27. Querschnitte im Modell untersuchter Schallschirme

Ergebnisse von Messungen an maßstäblich verkleinerten Modellen von Troglagen (parallele Stützmauern auf beiden Seiten einer Straße) zeigen [7.24], daß durch Schallreflexionen im Bereich I eine Pegelzunahme von 4 ... 10 dB und im Bereich II bis zu 4 dB zu verzeichnen ist (Abb. 7.25). Bei absorbierender Bekleidung der Stützmauern ist der Einfluß der Reflexion praktisch vernachlässigbar (Abb. 7.26).

Bei einem dickwandigen Schirm mit Rechteckquerschnitt erfolgt eine Doppelbeugung an den beiden 90°-Kanten, sofern auch die zweite Beugungskante über der Verbindungslinie Schallquelle/Immissionsort liegt. Das bedeutet gegenüber dem dünnen Schallschirm grundsätzlich eine Erhöhung der Abschirmwirkung. Die Doppel- oder auch Mehrfachbeugung wird i. allg. bei einer Schirmdicke von mehr als 40 cm berücksichtigt [7.24, 7.25] (z. B. bei Erdwällen mit verbreiterter Krone oder bei abschirmenden Gebäuden). Zur Berechnung der Doppelbeugung existieren mehrere Näherungsverfahren, die das Problem auf zwei hintereinander auszuführende Einfachbeugungen mit Manipulationen von Quell- und Immissionsorten reduzieren [7.26, 7.27]. Nach einem einfacheren Verfahren, das aber den Genauigkeitsansprüchen der Lärmbekämpfungspraxis durchaus genügt, wird ein System mehrerer Beugungskanten durch eine Beugungskante (eines dünnen Schallschirmes) ersetzt, die an der Stelle des Schnittpunktes der Geraden Schallquelle/erste Beugungskante und Immissionsort/letzte Beugungskante angenommen wird.

Neben der Schirmdicke können auch besondere Querschnittsausbildungen und Absorptionsmaterial auf der dem Immissionsort zugewandten Oberfläche des Schirmes die Schallminderung beeinflussen. Dazu wurden an den in Abb. 7.27 dargestellten Querschnittsformen Untersuchungen am verkleinerten Modell durchgeführt [7.28]. Im Vergleich zu einem dünnen Schallschirm wurden Minderungsgewinne von 1 ... 2 dB(A) erzielt, die aber nicht den hohen konstruktiven und monetären zusätzlichen Aufwand lohnen.

Die tatsächlich im Freien erreichbaren Pegelminderungen hängen sehr von Einflüssen der Witterung und des Bodens, über dem die Schallausbreitung stattfindet, ab. Zur Berücksichtigung von Strahlkrümmungen z. B. durch Inversionswetterlagen wird in der VDI-Richtlinie 2714 und in den „Richtlinien für den Lärmschutz an Straßen RLS-81" angenommen, daß die Schallausbreitung grundsätzlich auf zum Erdboden hin gekrümmten Bahnen mit einem mittleren Krümmungsradius von 5000 m erfolgt. Für Abschätzungen von Minderungen in Entfernungbereichen bis etwa 150 m zur Straße kann aber der Einfluß der Meteorologie vernachlässigt werden.

Um eine Vorstellung über die erforderlichen Schirmhöhen zu geben, werden zum Abschluß dieses Kapitels in Abb. 7.28 verschiedene Schallschirme miteinander verglichen. Die gezeigten Maßnahmen mindern den Mittelungspegel des Straßenlärms am Fenster des obersten Stockwerkes der anliegenden Bebauung um 8 dB(A).

7.4.2 Schallschutzwälle

Schallschutzwälle wirken ähnlich wie Schallschutzwände. Ihre Breite kann zwar nicht mehr vernachlässigt werden, sie lassen sich jedoch, wie schon zuvor ausgeführt, durch einen äquivalenten dünnen Schallschirm ersetzen. Die Konstruktion des Ersatzschirmes ist in Abb. 7.29 veranschaulicht: Zeichnung der Tangenten von Quelle und Empfänger an den Erdwall.

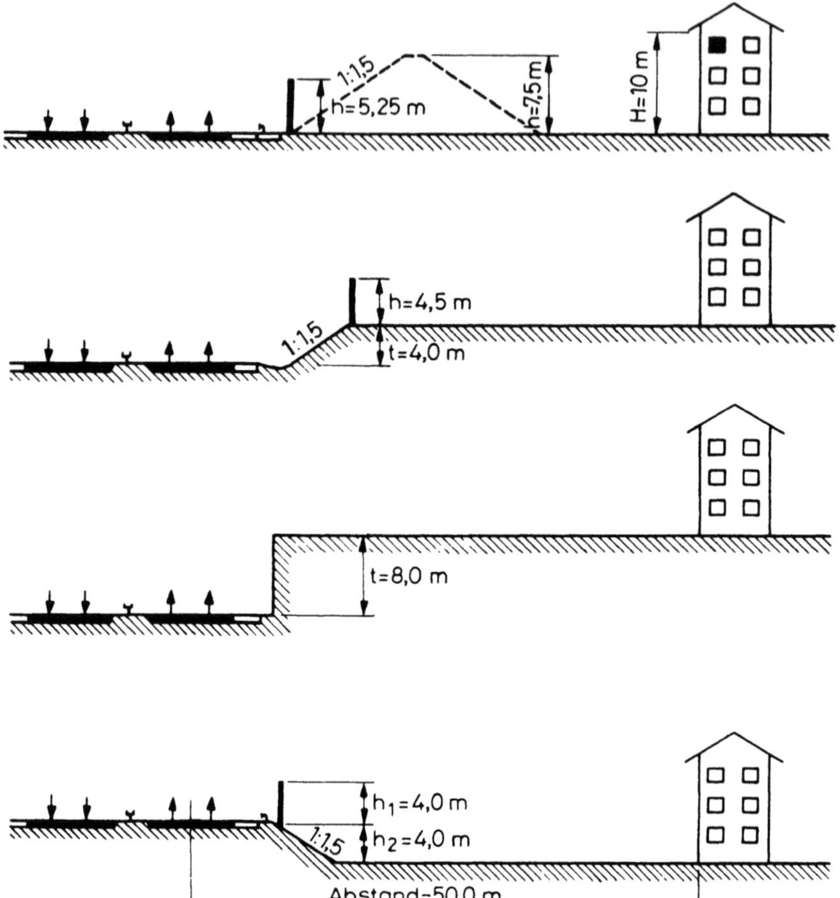

Abb. 7.28. Vergleich der Konstruktionsmaße verschiedener Schallschirme, die an dem höchsten Geschoß der Wohnbebauung zu einer Minderung des Mittelungspegels der Straße von 8dB(A) führen

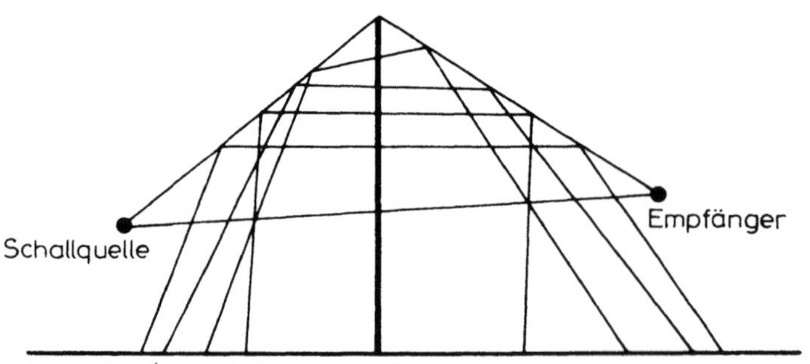

Abb. 7.29. Akustisch äquivalente Schallschutzwälle und dünne Schallschutzwand

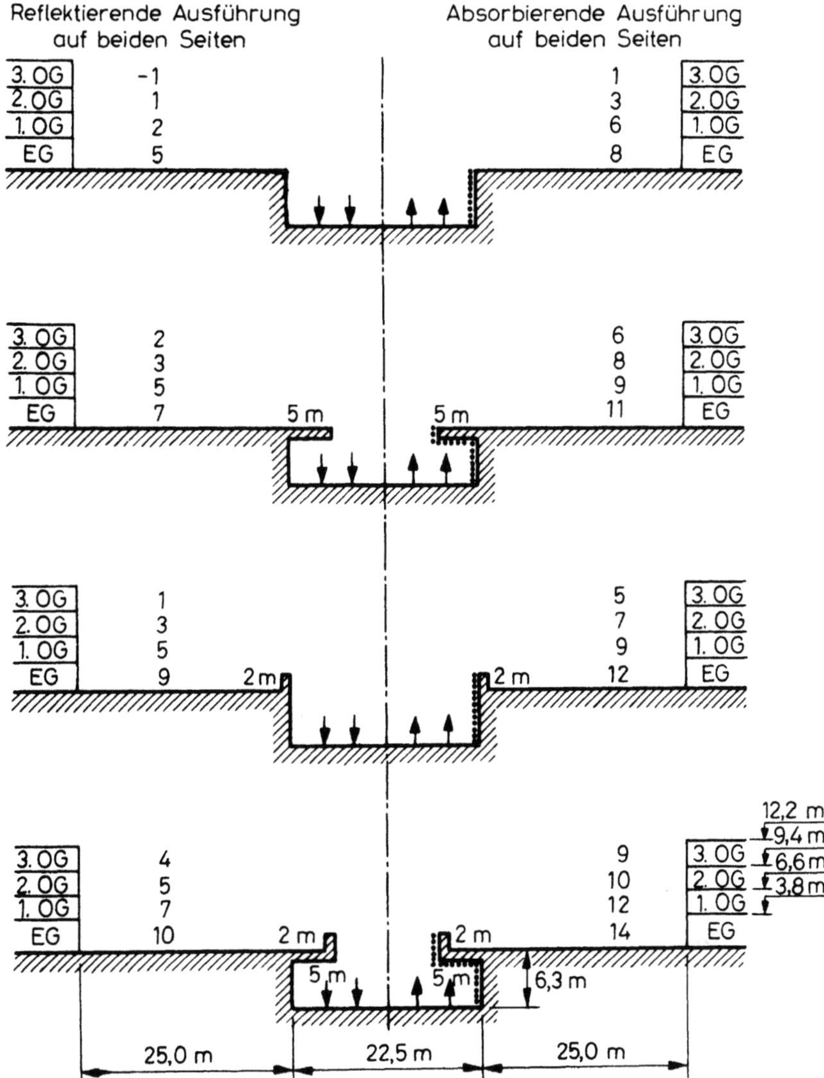

Abb. 7.30. Beispiele zur Minderungswirkung von Troglagen ohne und mit den zusätzlichen Maßnahmen Teilabdeckung und Lärmschutzwand auf der Stützmauer, linke Bildhälfte: Minderung des Mittelungspegels, wenn die Stützmauern reflektierend sind, rechte Bildhälfte: Minderung bei absorbierender Bekleidung (gepunktet dargestellt)

Im Vergleich zu Schallschutzwänden weisen Erdwälle folgende Vorteile auf [7.19]:

— Sie stören das Landschaftsbild weniger und lassen sich leichter integrieren.

— Sie eignen sich zur Unterbringung von Aushubmaterial und Abfallmassen.

— Reflexionen zur gegenüberliegenden Bebauung sind vernachlässigbar.

— Ihre Auswirkungen auf das Verhalten der Fahrer auf der Straße ist gering.

Als Nachteil von Erdwällen ist besonders der hohe Platzbedarf zu erwähnen, der noch dadurch ansteigt, daß Erdwälle im Vergleich zu Lärmschutzwänden höher ausgeführt werden müssen, da die Beugungskante wegen der Wallböschung von der Straße wegrückt.

7.4.3 Die Führung von Straßen in Tieflage

Die Berechnung der Minderungswirkung von Tieflagen der Schallquelle „Straße" kann in ähnlicher Weise erfolgen wie bei den Erdwällen: Die Böschungskante wird durch die Beugungskante eines dünnen Schallschirmes ersetzt. Da die Beugungskante bei Böschungen mit natürlichen Neigungen von 1 : 1,5 je nach Böschungshöhe beträchtlich vom Straßenrand wegrücken kann, bieten Tieflagen von Straßen i. allg. keinen ausreichenden Schallschutz. Es sind zusätzliche Maßnahmen, wie z. B. eine Schallschutzwand auf der Böschungskante, vorzusehen (Abb. 7.28).

Ein weiterer Nachteil der natürlichen Böschungsneigung ist der, daß breite, unbebaute Geländestreifen für die Ausführung der Tieflage benötigt werden. In dicht besiedelten Gebieten werden daher Tieflagen immer häufiger als Troglagen ausgeführt, wo die Straße zwischen senkrechten, parallelen Stützmauern verläuft. Das hat zwar den Vorteil, daß die Beugungskante wieder näher zur Straße gerückt wird, aber auch den Nachteil, daß zwischen den Stützmauern Mehrfachreflexion auftritt, durch die eine erwartete Schutzwirkung beträchtlich verringert werden kann. Die Stützmaueroberflächen müssen schallabsorbierend bekleidet werden. In Abb. 7.30 wird gezeigt, wie die auch dann noch mäßige Schirmwirkung von Troglagen durch zusätzliche Maßnahmen, wie Teilabdeckungen und/oder Schallschutzwände auf den Stützmauern oder Dachkanten verbessert werden kann [7.29].

Wenn eine Minderung des Mittelungspegels von mehr als 15 dB(A) gefordert wird, kann dies bei Troglagen nur dadurch erreicht werden, daß die Tröge fast vollständig abgedeckt

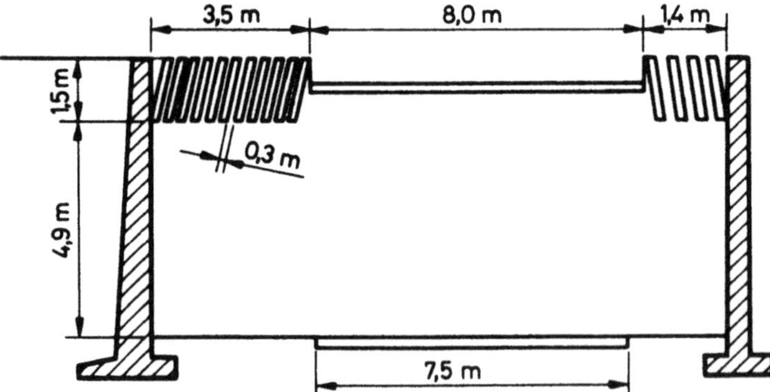

Abb. 7.31. Querschnitt einer Troglage mit abgedeckter Fahrbahn und schalldämpfenden Kulissen in den seitlichen, schlitzförmigen Öffnungen [7.30]

werden. Schlitzförmige Öffnungen bis zu Breiten von mehreren Metern in der Mitte oder an den Seiten der Abdeckung (Abb. 7.31) sollen für eine ausreichende natürliche Belüftung und Beleuchtung sorgen. Öffnungen an der Seite über den Standstreifen sind günstiger, da dann auf den Fahrstreifen keine Schattenbildung durch die Querträger, auf denen die Abdeckung liegt, erfolgen kann. Durch Einhängen von Schalldämpferkulissen in Form schallabsorbierender Lamellen in die Schlitzöffnungen (Abb. 7.31) kann eine zusätzliche Pegelminderung von 3...8 dB(A) erreicht werden [7.30, 7.31]. Unter Umständen wird dann aber eine künstliche Beleuchtung nötig werden.

7.4.4 Pegelminderung durch Bewuchs

Bei der Schallausbreitung durch höheren Bewuchs tritt eine Pegelminderung durch Schallabsorption und Schallstreuung auf. Durch die Streuung vergrößert sich der Schallausbreitungsweg. Dabei wird ein Teil der Schallenergie durch Bodeneffekte, Luftabsorption oder Reibung mit der Belaubung absorbiert bzw. durch Umwandlung in Wärme vernichtet.

Diese Zusatzdämpfung ist u. a. von der Art, der Struktur, der Belaubung und der Dichte des Bewuchses sowie von der Witterung und dem Spektrum der Schallquelle abhängig. Wegen der Vielzahl der Einflußparameter ist es nicht erstaunlich, daß die im Schrifttum angegebenen Dämpfungswerte stark streuen und i. allg. nur für die Meßbedingungen gültig und nicht übertragbar sind. Bei einer Reihe von Meßergebnissen hat der Dämpfungsverlauf bei kleinen Frequenzen im Bereich zwischen 250 Hz und 450 Hz ein Maximum, was wahrscheinlich auf Resonanzen mit dünnen Baumstämmen und kleinen Zweigen zurückgeführt werden kann. Für Planungszwecke ist nach der Richtlinie VDI-2714 anzunehmen, daß die Zusatzdämpfung ΔL_D durch Bewuchs der Länge des Schallwegs s_D proportional ist. Ein typischer Wert für den Dämpfungskoeffizient ist $\alpha_D = 0{,}06$ dB/m bei 1000 Hz.

Einige Feststellungen allgemeinerer Gültigkeit sind:

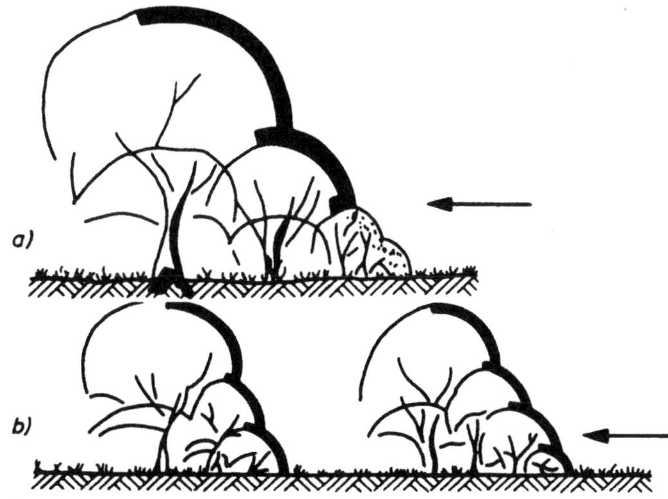

Abb. 7.32. Akustisch günstig angelegte Schutzpflanzungen. **a** geschlossene, fächerförmig zur Schallquelle gerichtete Belaubung. **b** Anordnung mehrerer Pflanzriegel

— Die Zusatzdämpfung durch Bewuchs beträgt im Frequenzbereich maximaler Dämpfung nicht mehr als 0,2 dB/m (= 20 dB/100 m).
— Schmale Bewuchsstreifen sind wirkungslos. Für Lärmschutzzwecke sollte eine Bewuchstiefe von 50 m nicht unterschritten werden.
— Die Dämpfungskoeffizienten mit und ohne Belaubung (im Sommer und Winter) sind nahezu identisch.
— Eine Strauchschicht im Wald (Unterholz) bewirkt nur oberhalb 2 kHz eine Verbesserung.
— Laubwald ohne Bodenbewuchs hat bei hohen Frequenzen eine geringere Dämpfung als eine Freifläche. (Wahrscheinliche Ursache ist die Schallreflexion am Blätterdach der Baumkronen.)
— Ohne Belaubung verschiebt sich die Frequenz der maximalen Dämpfung infolge der Wirkung der Laubstreuschicht am Boden.
— Beim Aufbau von Schutzpflanzungen ist eine von unten her dichte Belaubung

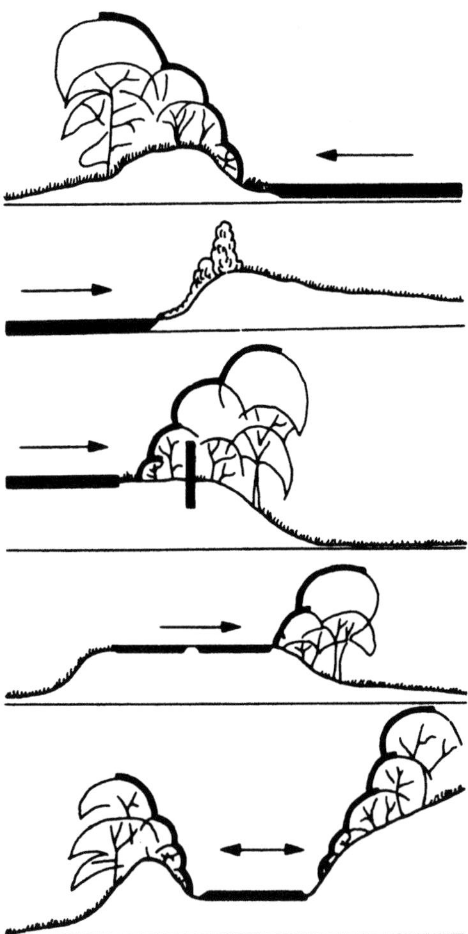

Abb. 7.33. Kombination von Schallschutzwällen und Bepflanzungen

anzustreben, wobei als Aktivzone besonders der zur Schallquelle gewandte Randbereich wirksam wird.

— Es ist günstig, im verfügbaren Pflanzgelände anstelle durchgehender Pflanzungen, hintereinandergestaffelte, dichte Pflanzriegel parallel zur Straße anzulegen.

— Zur größeren Dämpfung sollten die Einzelpflanzen möglichst große Blätter mit relativ starker und harter Struktur besitzen, die senkrecht gegen die Schalleinfallsrichtung angeordnet sind. Eine hohe Belaubungsdichte auch im Wuchsrauminnern oder dichte Nadel- und Zweigpolster bewirken auch bei relativ kleinlaubigen Gehölzen höhere Dämpfungswerte [7.32].

Einige Beispiele für einen günstigen Aufbau von Schutzpflanzungen sind in den Abb. 7.32 und 7.33 dargestellt.

7.4.5 Andere Möglichkeiten der Abschirmung

Für neu zu planende Siedlungsgebiete an vorhandenen Straßen bietet sich oft die Möglichkeit, Zweckbauten direkt an der Straße so zu errichten, daß sie selbst als Lärmschirm für die dahinter liegende Wohnbebauung wirken. Das setzt aber voraus, daß die Bebauung über eine ausreichende Länge lückenlos und ohne größere Höhensprünge erfolgt. Besonders geeignet sind Bauten mit geräuschunempfindlicher Nutzung, wie Garagen, Lager und Läden (Abb. 7.34). Zur Abschirmung können auch die Wohngebäude selbst benutzt werden, wenn die zu schützenden Räume an der der Straße abgewandten, leiseren Seite angeordnet werden. Ähnliche Möglichkeiten bietet die Ausrichtung einzelner Gebäude zur Straße hin (Abb. 7.35 b), wenn Lang- und Quergebäude mit Gebäuden neutraler Funktion kombiniert werden können [7.33].

Ein weiteres, häufig angewandtes Mittel des Schallschutzes ist die Terrassenbauweise (Abb. 7.36) [7.33]. Wenn sichergestellt ist, daß an der Unterseite der Terassenabdeckung keine Schallreflexionen auftreten können — z. B. durch absorbierende Bekleidung — sind Minderungen des Straßenlärms bis 5 dB(A) möglich. Auch durch in die Hausfassade eingelassene Balkone lassen sich in den dahinter liegenden Wohnräumen Minderungen in dieser Größenordnung erreichen [7.34]. Hierzu ist aber Voraussetzung, daß die Balkonbrüstung dicht ist und so hoch, daß kein direkter Schall in die Wohnräume gelangt, und daß alle Balkoninnenflächen — Decke, Rück- und Seitenwände, Brüstung, Boden — schallabsorbierend bekleidet sind.

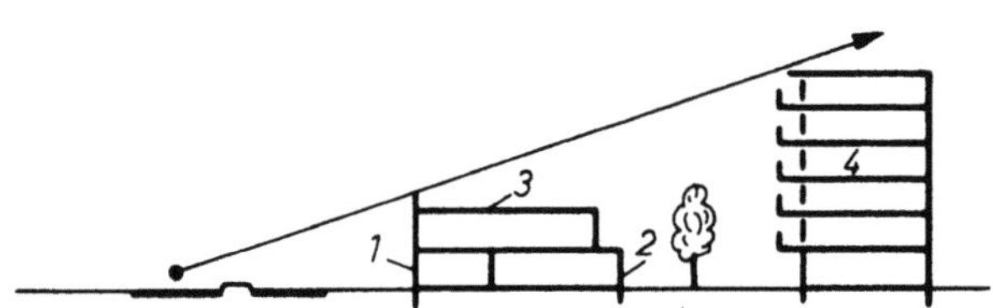

Abb. 7.34. Abschirmung durch vorgelagerte Zweckbauten. *1* Garagen, *2* Läden, *3* Lager, *4* Wohnungen

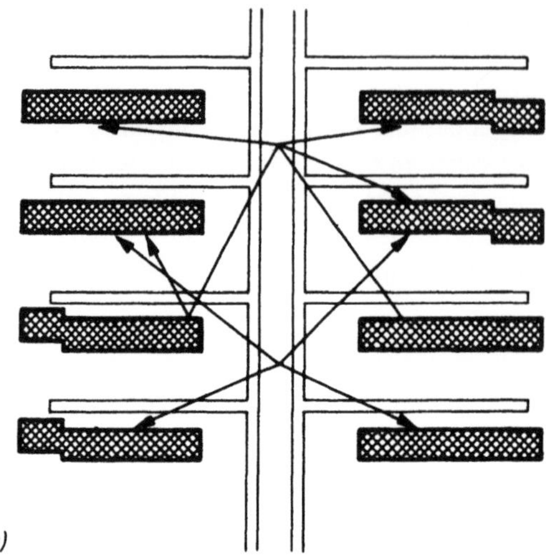

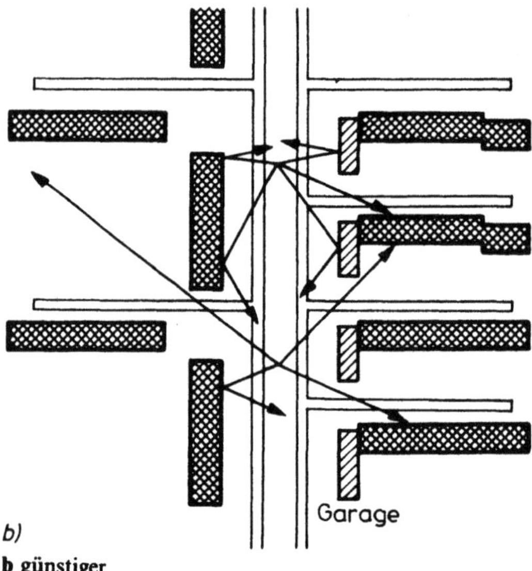

b günstiger

Abb. 7.35. Berücksichtigung von Schallschutzforderungen bei der Anordnung von Bauten. **a** ungünstig.

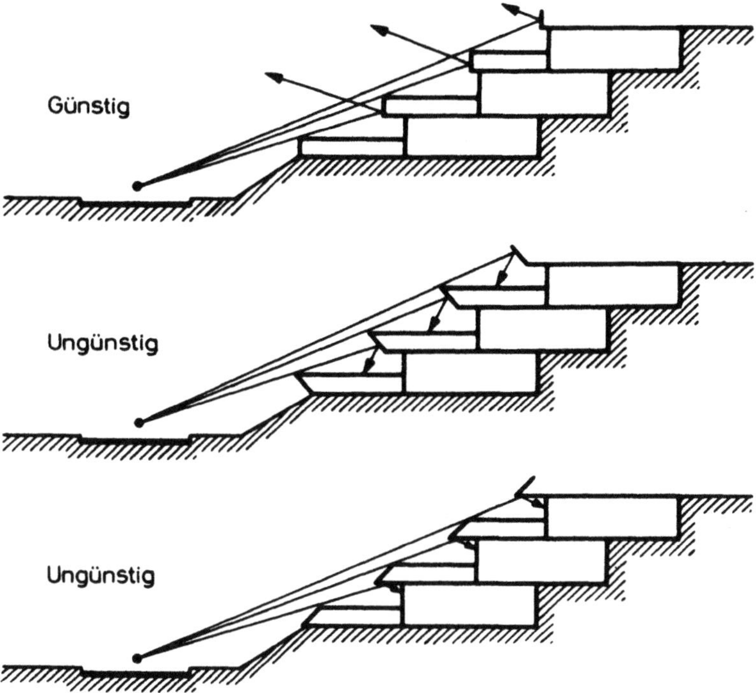

Abb. 7.36. Terrassenbauweise als Mittel des Schallschutzes

Literatur

Kapitel 2

2.1 von Eiff, A. W. et al.: Beeinträchtigung des Schlafes durch Lärm. Z. Lärmbekämpfung 29 (1982) 13—16
2.2 Miller, J. D.: Effects of noise on people. J. Acoust. Soc. Am. 56 (1974) 742
2.3 Lang, J.: Lärmbelastung an Straßen. Wirksamkeit und Kosten von Lärmschutzmaßnahmen. Bundesministerium f. Bauten u. Technik, Straßenforschung Heft 150, Wien 1980
2.4 Wanner, H. U. et al.: Die Belästigung der Anwohner verkehrsreicher Straßen durch Lärm und Luftverunreinigungen. Soz. Präventivmed. 22 (1977) 108—155
2.5 Wanner, H. U.: Gefährdet Straßenverkehrslärm die Gesundheit? 10. AICB-Kongreß, Baden-Baden 1978, Kongreßbericht 19—22
2.6 Ising, H.; Schwarze, C.: Infraschallwirkungen auf den Menschen. Z. Lärmbekämpfung 29 (1982) 79—82

Kapitel 3

3.1 Crocker, M. J.: Identification of noise from machinery, review and novel methods. Inter-Noise Conf. Zürich 1977, Konferenzbericht A201—A211
3.2 Crocker, M. J.: Identification of noise sources in machines. 3rd Seminar on noise control, Székesfehérvár 1980
3.3 Thien, G.: The use of specially designed covers and shields to reduce Diesel engine noise. SAE-Paper 730244
3.4 Augusztinovicz, F.; Buna, B.: An investigation of the close proximity vehicle noise survey method. Noise Control Engineering 14 (1980) 79—87
3.5 Thien, G.: Elemente zur Abminderung der Schallemission von Verbrennungsmotoren heute üblicher Bauart. Diss. Graz 1977
3.6 Veréb, L.; Varga, T.; Augusztinovicz, F.: Statistical analysis of the relationships between driving conditions and interior noise of motor buses. Inter-Noise Conf. Amsterdam 1981, Konferenzbericht 715—718
3.7 Veréb, L.; Varga, T.: Augusztinovicz, F.: A simple method for identification of noise sources in motor buses. 11. Int. Kongreß f. Akustik, Paris 1983, Kongreßbericht Bd. 5, 247—250
3.8 Gade, S.: Sound intensity. Part I. Theory. Tech. Rev. 3 (1982) 3—39
3.9 Pettersen, O. K. O.; Kristiansen, U. R.: Describing acoustic energy flow in two dimensions by the use of intensity vectors. Recent developments in acoustic intensity measurements. Senlis 1981, Kongreßbericht 103—109

Kapitel 4

4.1 Priede, T.: Origins of automotive vehicle noise. J. Sound Vib. 15 (1971) 61—73
4.2 Priede, T.: The effect of operating parameters on sources of vehicle noise. 8. Int. Kongreß f. Akustik, London 1974
4.3 Waters, P. E.: Commercial road vehicle noise. J. Sound Vib. 35 (1974) 155—222
4.4 Placzek, R.: Leistungsabhängige Geräuschgrenzgröße für Verbrennungsmotoren. Kraftfahrzeugtechnik (1979) 114—115

4.5 Gross, H.: Einfluß der Verbrennung auf das Motorgeräusch. Automobiltech. Z. 79 (1977) 133—136

4.6 Thien, G. E.; Fachbach, H. A.: Design concepts of Diesel engines with low noise emission. Diesel Engine Noise Conf. SAE Paper 750838

4.7 Thien, G. E.: Geräuschquellen am Dieselmotor. VDI-Ber. 499 (1983) 107—119

4.8 Gross, H.: Lärmschutz, In: Bussien: Automobiltechnisches Handbuch, Ergänzungsband zur 18. Aufl. Berlin: Technischer Verlag Herbert Cram 1978

4.9 Grover, E. C.; Lalor, N.: A review of low noise Diesel engine design at ISVR. J. Sound Vib. 28 (1973) 403—431

4.10 Challen, B. J.: The effect of combustion system on engine noise. SAE Paper 750798

4.11 Brammer, A. J.; Muster, D.: Noise radiated by internal combustion engines. J. Acoust. Soc. Am. 58 (1975) 11—21

4.12 Anderton, D.: Relation between combustion system and engine noise. SAE Paper 790270

4.13 Föller, D.: Geräuscharme Maschinenteile. Forschungsber. Forschungskuratorium Maschinenbau, H. 15 Frankfurt 1972

4.14 Lalor, N.; Grover, E. C.: Mechanical noise associated with the crank mechanism of an engine. Inter-Noise Conf. Warszawa 1979

4.15 Raff, J. A.; Perry, R. D. H.: A review of vehicle noise studies carried out at ISVR on petrol engine noise. J. Sound Vib. 28 (1973) 433—470

4.16 Schmillen, K.: Geräuschverhalten von Hilfsantrieben und Hilfsaggregaten. VDI-Ber. 499 (1983) 121—131

4.17 Thien, G. E.: Elemente zur Abminderung der Schallemission von Verbrennungsmotoren heute üblicher Bauart. Diss. Graz 1977.

4.18 Lalor, N.; Petit, M.: Modes of engine structure vibration as a source of noise. SAE Paper 750833

4.19 Russel, M. F.: Automotive Diesel engine noise analysis, diagnosis and control. Lucas Engineering Review 7 (1979) 82—103

4.20 Anderton, D.; Dixon, J.; Chan, C. M. P.; Andrews, S.: The effect of structure design on high speed automotive Diesel engine noise. SAE Paper 790444

4.21 Anderton, D.; Baker, J.: Influence of operating cycle on noise of Diesel engines. SAE Paper 730241

4.22 Alfredson, R. J.; Davies, P. O. A.L.: The radiation of sound from an engine exhaust. J. Sound Vib. 13 (1970) 389—408

4.23 Kubota, S.; Furubayasi, M.; Takeda, N.: Vehicle noise with small Diesel engines. XVI. Int. Automobile Technical Congress (FISITA), Tokio 1976

4.24 Kemper, G.: Geräuschemissionen von Kraftfahrzeugen und Möglichkeiten ihrer Minderung. Kampf dem Lärm 26 (1979) 135—148

4.25 Harmann, R.: Geräuschquelle Ottomotor. VDI-Ber. 499 (1983) 99—105

4.26 Russel, M. F.: Noise from fuel injection systems and its control. In: Hickling, R.; Kanal, M. M.: Engine noise-excitation, vibration and radiation. New York: Plenum Press 1982, p. 95—105

4.27 Leasure, W. A.; Bender, E. K.: Tire-road interaction noise. J. A. S. A. 58 (1975) 39—50

4.28 Ullrich, S.: Das Rollgeräusch von Personenwagen aus Freifelduntersuchungen im Vergleich zu solchen am Lauftrommelprüfstand. A T Z 76 (1974) 254—258

4.29 Essers, U.; Liedl, W.: Muß eine leise Reifen-Fahrbahn-Kombination einen Verlust an Sicherheit bedeuten? Entwicklungslinien in der Kraftfahrzeugtechnik, Tagung, Berlin 1976

4.30 Sandberg, U.: Characterization of road surfaces with respect to tire noise. Int. Tire Noise Conference, Stockholm 1979, 169—183

4.31 Ullrich, S.: Der Einfluß der Textur von Straßenoberflächen auf das Rollgeräusch von Pkw. Str. Autobahn 6 (1981) 219—222

4.32 Sandberg, U.: Reduction of tire/road noise by drainage asphalt. In: Reifengeräusch und Straßenbau, Int. Seminar, Zürich 9./10. Februar 1984

4.33 Denker, D.: Reifenprofilgeräusche und Gleitbeiwerte von Reifen-Fahrbahn-Kombinationen. Teil I und II Automobil-Industrie 1 (1978) 17—28, 3 (1978) 17—24

4.34 Jäkel, S.: Reifengeräusche bei Kurvenfahrt. Fortschritte der Akustik, 6. DAGA-Tagung, Bochum 1978

4.35 Grover, E. C.: Automotive gearbox noise. I.S.V.R. Special Course Notes, 1979

4.36 Kuipers, G.: Innengeräuschentstehung und Minderungsmaßnahmen. VDI-Ber. 499 (1983) 59—65

4.37 Jha, S. K.: Characteristics and sources of noise and vibration and their control in motor cars. Sound Vib. 47 (1976) 543—558

4.38 Papp, M.; Buna, B.: Infraschall im Straßenverkehr. MTA-KTI Meßergebnisse, Budapest 1979

4.39 Gross, K.; Blennemann, F.: Untersuchungen zur Minderung der Innen- und Außengeräusche bei schienengebundenen Systemen des Stadtverkehrs. STUVA Ber., Köln 1977

4.40 Lotz, R.: Railroad and rail transit noise sources. J. Sound Vib. 51 (1977) 319—336

4.41 Hamsworth, B.: Recent developments in wheel/rail noise research. J. Sound Vib. 66 (1979) 297—310

4.42 Hölzl, G.; Hafner, P.: Schienenverkehrsgeräusche und ihre Minderung durch Schallschutzwände Z. Lärmbekämpfung 27 (1980) 92—99

4.43 Fischer, H. M.: Noise generation by railroad coaches. J. Sound Vib. 66 (1979) 333—349

4.44 Remington, P. J.: Wheel/rail noise: The state-of-the-art. Noise-Conf. Hampton, Virginia 1977

4.45 Hölzl, G.: Praktischer Schallschutz bei Schienenverkehrsmitteln. Z. Lärmbekämpfung 27 (1980) 160—167

4.46 Ten Wolde, T.; Van Ruiten, C. J. M.: Sources and mechanism of wheel/rail noise: State of-the-art and recent research: J. Sound Vib. 87 (1983) 147—160

4.47 Stüber, C.: Schienenverkehrsgeräusche. Acustica 36 (1976) 192—202

4.48 Gross, K.; Blennemann, F.: Schienenlärm-Gesamtprogramm, Teil I, Phase I (Auswertungsbericht). STUVA, Köln 1984

4.49 Udelstädt, D.; Eckermann, G.: Geräuschbelästigung durch unterirdische Verkehrsanlagen (U-Bahnen). Z. Lärmbekämpfung 28 (1981) 8—19

4.50 Bürck, W.: Zur Geschichte der Fluglärmbekämpfung. Z. Lärmbekämpfung 30 (1983) 73—86

4.51 Meyer, E.; Neumann, E. G.: Physical and applied acoustics. New York: Academic Press 1972

4.52 Lighthill, M. J.: On sound generated aerodynamically. Proc. Roy. Soc. A211 (1952) 564—587 and A222 (1954) 1—32

4.53 Heckl, M.: Strömungsgeräusche — Fortschr. Ber. VDI Z. 7/20 (1969)

4.54 Beranek, L.: Noise and vibration control. New York: McGraw-Hill, 1971

4.55 Jones, W. L.; Groeneweg, J. F.: State-of-the-art of turbofan engine noise control. Noise-Conf. Hampton, Virginia 1977

4.56 Heckl, M.; Müller, H. A.: Taschenbuch der Technischen Akustik. Berlin: Springer 1975

4.57 Smith, M. J. T.: Aero gas turbine noise. Rolls-Royce Report, Derby 1970

4.58 Schirmer, W.: Lärmbekämpfung. Berlin: Verlag Tribüne, 1979

4.59 Ffowcs Williams, J. E.; Hall, L. H.: Aerodynamic sound generation by turbulent flow in the vicinity of a scattering half plane. J. Fluid Mechanics, 40 (1970) 657—670

4.60 Harris, C. M.: Handbook of noise control. New York: McGraw-Hill 1979

4.61 Brown, D. G.; Blythe, A. A.: Noise of advanced subsonic air transport systems. 8. ICA, Symp. on Noise in Transportation, Southampton 1974

4.62 Smith, M. J. T.: Ärger mit Flugzeuglärm — wie lange noch? Interavia 10 (1976) 989—991

4.63 Buna, B.: Lärmbekämpfung bei Triebwerksprüfung am Boden. KÖTUKI, Bericht, Budapest 1978 (auf ung.)

4.64 Stuckey, T. J.; Goddard, J. O.: Investigation and prediction of helicopter rotor noise J. Sound Vib. 5 (1967) 50—80

4.65 Leverton, J. W.: The sound of rotorcraft. J. R. Aeronaut. Soc. 75 (1971) 385—397

4.66 Hassall, J. R.; Zaveri, K.: Acoustic noise measurements. Brüel et Kjaer Naerum: 1978

Kapitel 5

5.1 Buna, B.: Road traffic noise prediction methods. State-of-the-art and outlooks. Inter-Noise Conf. Edinburgh 1983, 701—704

5.2 Ullrich, S.: Der Mittelungspegel des Lärms an Straßen mit frei fließendem Verkehr. Tech. Überwach. 9 (1976) 308—312
Ullrich, S.: Der Straßenverkehrslärm bei Fahrzeuggeschwindigkeiten von 30 km/h bis 60 km/h auf Asphalt- und Pflasterdecken. Z. Lärmbekämpfung 28 (1981) 137—140

5.3 Lewis, P. T.: The noise generated by single vehicles in freely flowing traffic. J. Sound Vib. 30 (1973) 191—206

5.4 Jonasson, H. G.: Reliability of traffic noise predictions. Inter-Noise Conf. Zürich 1977, A136—A143

5.5 Van der Toorn, J. D.: Measurements of sound emission by single vehicles. Inter-Noise Conf. Zürich 1977, B155—B167

5.6 Nelson, P. M.; Piner, R. J.: Classifying road vehicles for the prediction of road traffic noise. Crowthorne: TRRL Laboratory Report 752, 1977, 1—20

5.7 Steven, H.: Geräuschemissionen von motorisierten Zweirädern. Kampf dem Lärm 27 (1980) 77—91

Ullrich, S.: Die Berücksichtigung von Bussen und motorisierten Zweirädern bei Verkehrslärmberechnungen. Straße und Autobahn 4 (1981) 170—171

5.8 Schreiber, L.: Verkehrslärmprognose bei Stadtstraßen. Forschungsauftrag 3.064 des Bundesministers für Verkehr, Juli 1978

5.9 Rudelstorfer, K.; Tiefenthaler, H. et al.: Das Geräuschverhalten des Straßenverkehrs an Steigungs- und Gefällestrecken. Heft 241 der Schriftenreihe „Straßenforschung" des Bundesministeriums für Bauten und Technik, Wien 1984

Ullrich, S.: Anmerkungen zum „Steigungszuschlag" in den „Richtlinien für den Lärmschutz an Straßen RLS-81". Straßenverkehrstechnik 4 (1985) 132—134

5.10 Jones, R. R. K.; Hothersall, D. C.: Effect of operating parameters on noise emission from individual road vehicles. Appl. Acoustics, 13 (1980) 121—136

5.11 Buna, B.: Predicting the noise of accelerating road traffic. Inter-Noise Conf. München 1985

5.12 Buna, B.: Predicting the noise of accelerating road traffic. FASE Congress, Sandefjord 1984, 265—268.

5.13 Ullrich, S.: Reflexionen des Straßenverkehrslärms (Freifelduntersuchungen). Forschungsauftrag Nr. 3.012 B 73 M des Bundesministers für Verkehr, Köln 12/1974

5.14 Ujsághy, G.: A combined dipole/monopole noise model for trams. FASE Congress, Sandefjord 1984, 273—276

5.15 Cato, D. H.: Prediction of environmental noise from fast electric trains. J. Sound Vib. 4 (1976) 483—500

5.16 Buna, B.; Veréb, L.; Ujsághy, G.: Comparison of the specific noise generation of the passenger transport means — A simple method and application. XII. AICB-Congress, Wien 1982, 251—254

5.17 Kurzweil, L. G.; Cobb, W. A.; Kendig, R. P.: Propagation of noise from rail lines. J. Sound Vib. 66 (1979) 389—405

5.18 : Durchführung des Gesetzes zum Schutz gegen Fluglärm vom 30. März 1971. Gemeinsames Ministerialblatt, 26 (1975) 125—227

Kapitel 6

6.1 Rathe, E. J.: Railway noise propagation. J. Sound Vib. 51 (1977) 371—388

6.2 Piercy, J. E.; Embleton, T. F. W.; Sutherland, L. C.: Review of noise propagation in the atmosphere. Acoust. Soc. Am. 61 (1977) 1403—1418

6.3 Schallausbreitung im Freien. VDI-Richtlinie 2714, Düsseldorf 1988

6.4 Ullrich, S.: Zur Ausbreitung des Mittelungspegels von Straßenverkehrsgeräuschen in horizontalem unbebautem Gelände. Kampf dem Lärm 24 (1977) 168—173

6.5 Mehra, S. R.; Gertis, K.: Mittelungspegel bei Ausbreitung von Straßenverkehrslärm in Wohngebieten unter verschiedenen meteorologischen Bedingungen. Z. Lärmbekämpfung, 30 (1983) 127—134

Kapitel 7

7.1. Kürer, R.: Neue Möglichkeiten gegen Straßenverkehrslärm. Z. Lärmbekämpfung, 29 (1982) 163—173

7.2 Buna, B.: Noise from single vehicles. In: Nelson, P. M. (Ed.): Handbook of transportation noise. Butterworth, 1987

7.3 Buna, B.; Veréb, L.: A method of traffic noise prognosis. Appl. Acoustics, 17 (1984) 21—31

7.4 Steven H.: Vorbeifahrtgeräuschmessungen an Kraftfahrzeugen. Forschungsber. Nr. 80-10505101 im Auftrag des Umweltbundesamtes, Februar 1980

7.5 Steven, H.: Einfluß der Fahrweise auf die Geräuschemission eines Kraftfahrzeugs. Z. Lärmbekämpfung, 30 (1983) 67—72

7.6 Essers, U.; Horch, E.-J.; Köhler, E.: Geräusche von Kraftfahrzeugen — Stand 1985 und Zukunftsaussichten. Deutscher Ingenieurtag, 1985

7.7 Hartwig, H.; Denker, D.: Kapseltechnologien für zukünftige Kraftfahrzeuge. VDI-Ber. 437 (1982) 159—173
     Härting, W.; Hartwig, H.: Geräuschkapseln für Personenkraftwagen — Konzepte und Erfahrungen. VDI-Ber. 499 (1983) 19—32

7.8 Bach, W.: Beitrag des Luftfilters zur Geräuschdämpfung und Leistungsbeeinflussung von Verbrennungsmotoren. ATZ, 78 (1976) 165—168

7.9 Mayer, K. P.; Nowotny, B.: Ein Berechnungsverfahren für Abgasschalldämpfer von Viertaktmotoren. Motortech. Z. 42 (1981) 391—396

7.10 Seeger, W.: Schalldämpfer für Verbrennungsmotoren. ATZ, 84 (1982), 401—405

7.11 Crocker, M. J.: Internal combustion engine exhaust muffling. Noise-Conf. Hampton 1977, 331—358

7.12 Frietzsche, G.: Abgasschalldämpfer für Pkw, Lkw und Zweiräder. HDT-Tagung: Lärmbekämpfung bei Kraftfahrzeugen, Essen 1979, Kurzfassung 1—12

7.13 Reese T.; Denker D.; Müller G.; Zoglowek D.: Konstruktionsmerkmale geräuscharmer Reifenprofile. VDI-Ber 499 (1983)

7.14 Ullrich, S.: Zum Einfluß von Reifengröße und Rauhtiefe der Straßenoberfläche auf das Abrollgeräusch von Pkw-Reifen aus Messungen an einem Innentrommelprüfstand. Kautsch. Gummi, Kunstst. 34 (1981) 850—853

7.15 Ullrich, S.: Zur Wirksamkeit verschiedener Schutzmaßnahmen gegen Verkehrslärm an Straßen mit Randbebauung. Kampf dem Lärm 26 (1979) 43—48

7.16 Giesler, H-J.; Nolle, A.: Einfluß von verkehrsberuhigenden Maßnahmen auf akustische Kenngrößen. Z. Lärmbekämpfung, 31 (1984) 31—35

7.17 Kemper, G.; Steven, H.: Geräuschemissionen von Personenwagen bei Tempo 30. Z. Lärmbekämpfung 31 (1984) 36—44

7.18 Piorr, D.: Veränderung akustischer Kenngrößen beim Abschalten von Lichtsignalanlagen. Verkehrslärmschutzkonferenz, Stuttgart 1983, 92—94

7.19 Krell, K.: Schallschutz an Straßen — Technische Lösungen und Erfahrungen. Lärmschutz an Straßen, DAL-Tagung, Ludwigshafen 1979 Tagungsber. 5—16

7.20 Maekawa Z.: Noise reductions by screens. Appl. Acoustics 1 (1968) 157

7.21 Ullrich S.: Messungen an einem Lärmschutzwall bei Nienberge. Lärmbekämpfung 16 (1972) 141—144

7.22 Reinhold G.: Die Wirkung von Abschirmeinrichtungen zur Lärmminderung an Straßen. Straßenbau und Straßenverkehrstechnik, H. 157 (1974), Hrsg. Bundesminister für Verkehr

7.23 Reinhold, G.: Die schalltechnischen Anforderungen an Lärmschutzwände. Kampf dem Lärm, 22 (1975) 1—8

7.24 Maekawa, Z.: Shielding highway noise. Noise Control Eng. 9 (1977) 38—44

7.25 Pierce, A. D.: Diffraction of sound around corners and over wide barriers. J. Acoust. Soc. Am. 55 (1974) 941—955

7.26 Kurze, U. J.: Noise reduction by barriers. J. Acoust. Soc. Am. 55 (1974) 504—508

7.27 Ullrich S.: Zur Wirkung von Lärmschirmen an Straßen. Forschungsauftrag Nr 3.059B76M des Bundesministers für Verkehr, Januar 1983

7.28 Fiedler, C.: Abschirmwände mit absorbierender Verkleidung- Modellmessungen zur Verbesserung der Abschirmwirkung von Schallschirmen. Z. Lärmbekämpfung, 30 (1983) 177—181

7.29 Ullrich S.: Diagramme zur Ermittlung der Pegelminderung bei Trogstrecken, offenen Abdeckungen und offenen Einhausungen. In: Krell, K. (Hrsg.): Handbuch für Lärmschutz an Straßen und Schienenwegen. Darmstadt: Elsner Verlagsgesellschaft 1980

7.30 Hahn V.; Riehle H.; Widmann H.: Teilüberdeckte Lärmschutztunnel. Tiefbau, Ingenieurbau, Straßenbau 23 (1981) 229—235

7.31 Ullrich S.: „Offene" Trogabdeckungen als Schutzmaßnahme gegen Straßenverkehrsgeräusche. Str.
      Tiefbau 39 (1985) 11—20
7.32 Beck, G.: Pflanzen als Mittel zur Lärmbekämpfung. 2. Aufl. Berlin: Patzer 1982
7.33 Machtemes A.: Schallschutz im Städtebau — Beispielsammlung. Band 2.002 der Schriftenreihe
      Landes- und Stadtentwicklungsforschung des Landes Nordrhein-Westfalen, Stadtentwicklung —
      Städtebau, 1974
7.34 May D. N.: Freeway noise and high-rise balconies. J. Acoust. Soc. Am. 65 (1979) 699—704

Sachverzeichnis

Abdeckung, selektive 9
Abdeckung, Troglage 170
Abschirmung 161, 173
Absorption, klassische 132
Absorption, molekulare 132
Absorptionsdämpfung 147
Absorptionskoeffizient 117, 133
Air-Pumping 51, 55
akustischer Leiter 10
Anordnung der Triebwerke 92
Anregung eines Motors 18, 20
Anregungsspektrum 22, 23, 24
Ansauggeräusch 17, 42, 147
Ausbreitung des Verkehrslärms 128
Ausbreitung, geometrische 128
Auspuffgeräusch 17, 42, 147
Ausströmungsgeräusch 85

Beschleunigungsgeräusch 109
Betrieb, selektiver 9
Bewuchs 171
Biegeschwingung 38, 60
Bodendämpfung 137
Bodeneinfluß 134

Dämpfungskonstante 126
Dipolstrahler 84, 86, 131
Düsenstrahlgeräusch 83

Eigenschwingung 35, 37
Einkreistriebwerk 80
Einspritzpumpe 49
Eisenbahnbrücke 76
Entstehung des Motorgeräusches 18
Entstehung des Reifenlärms 52
Expositionszeit 120, 123

Fahrbahnoberfläche 56
Fahrverbot 159
Fahrweise 143
Flugverkehr 78
Flugzeugkörper 90
Frequenzanalyse 10

Geräusch, aerodynamisches 17, 60
Geräuschkennfeld 12
Geräuschkomponenten, Trennung 8
Geräuschkomponenten, Verbrennungsmotor 19
Geschwindigkeitsanregung 34
Geschwindigkeitsbeschränkung 158
gesetzliche Regelungen 139
Getriebegeräusch 58
Gradient, Temperatur 136
Gradient, Windgeschwindigkeit 135

Helmholtzresonator 148
Hilfsmaschinen 47
Holographie 15
Hubschrauber 95

Impedanzspektrum 71
Infraschall 6, 62
Innengeräusch 59
Intensitätsmeßmethode 15
Isophonkurve 12

Kapselung 9, 144, 162
Karosseriegeräusch 59
Kolbenkippgeräusch 27, 30
Kombinationstöne 89
Kompressorgeräusch 82
Korrelationsmeßtechnik 14
Körperschall 35, 40
Kraftanregung 34
Kraftübertragung, Geräusch 17, 57
Kreisringschwingungen 60
Kreuzung 111
Kühlgebläsegeräusch 17, 49
Kurbelwellenlager 39
Kurvengeräusch 57, 73

Lärmkarten 11
Lärmkomponenten, Triebwerk 93
Lärmschirm 162, 168
Lärmwirkungen 2
Linienschallquelle 129
Lkw-Anteil 106

Luftabsorption 100, 132
Luftschall 34, 40
Luftverkehrslärm 78, 122
Lüftergeräusch 49

Mach-Kegel 97
Maximalpegel, Vorbeiflug 123
mechanisches Geräusch 27, 29
Mehrfachreflexion 115, 165
meteorologische Einflüsse 135
Mittelungspegel 102, 103, 111, 119
Monopolstrahler 84, 86, 131
Motoraufbau 33
Motorgeräusch 17, 66, 144
motorisierte Zweiräder 106
Motoroberfläche 17, 20
Mündungsschall 148

Nahfeldmessung 8, 11, 43
N-Wellen 98

Oberflächenintensität 14
Oberflächenrauhigkeit 70, 73

Profilgeräusch 53
Profiltiefe 55
Punktschallquelle 128

Quadrupolstrahler 84
Quietschgeräusch 57

Radimpedanz 70
Rad/Schiene System 68
Reflexion 114
Reflexionsdämpfung 147
Reifengeräusch 51, 154
Reifenschwingungen 52
Resonanzabsorber 156
Richtungsfaktor 86, 126
Rollgeräusch 17, 50, 67, 154

Schallabstrahlung, Flugzeugrumpf 90
Schallausbreitung, geometrische 128
Schalldämpfer 147
Schalleistungspegel 17
Schienenimpedanz 70
Schienenverkehrslärm 62, 118
Schlafstörungen 2

Schmierfilm 29
Schwingbeschleunigung 31, 39
Schwinggeschwindigkeit 13
Schwingungsform 36
Spiegelschallquelle 114
Sprachverständlichkeit 4
Startlärm 90
Steigungen 107
Stoßgeräusch 74
Störung durch Verkehrslärm 3, 5
Strahllärm 83
Straßenbahngeräusch 77
Straßenoberfläche 108
Strömungsgeräusch 87

Terassenbauweise 173
Tieflage 170
Trennung von Geräuschkomponenten 8
Triebwerkslärm 93
Troglage 169
Tunnel 116
Turbinengeräusch 87
Turbolader 49

U-Bahn 77
Überschallknall 96
Übertragungsmaß 41
Umleitung 160

Ventilatorgeräusch 82, 87
Ventiltrieb 30
Vektorfeld der Intensität 15
Verbrennungsanregung 20, 26
Verbrennungsfrequenz 65
Verbrennungsgeräusch 20, 27, 90
Verbrennungsgeräusch, Spektrum 32
Verdichtergeräusch 87
Verkehrsberuhigung 159
Verkehrslärm, Prognostizierung 100
Verkehrsregelung 157
Vibrationsmodell 52
Vorbeifahrtpegel 64, 103, 110
Vorbeiflugpegel 125

Windgeräusch 60

Zündfrequenzen 20
Zweikreistriebwerk 82

Zeitschrift für Lärmbekämpfung

Herausgegeben vom Deutschen Arbeitsring für Lärmbekämpfung e.V.

ISSN 0174-1098 Titel Nr. 279

Hauptschriftleitung: G. Jansen, Düsseldorf; M. Heckl, Berlin

Die **Zeitschrift für Lärmbekämpfung** ist die einzige deutschsprachige Zeitschrift für das gesamte Gebiet der Lärmbekämpfung. Sie berichtet über physische, psychische und soziale Auswirkungen von Lärm. Grundsätzliche und technische Fragen der Lärmmessung und -bewertung sowie technische, rechtliche und organisatorische Möglichkeiten der Lärmbekämpfung werden in ausführlichen und fundierten Originalaufsätzen behandelt. Tagungsberichte, Buchrezensionen und Produktbeschreibungen sowie Nachrichten aus der Industrie ergänzen diesen Aufsatzteil. In der Rubrik *DAL-Mitteilungen* und in der Beilage *Lärm-Report, Informationen–Meinungen–Neuigkeiten* berichtet der Deutsche Arbeitsring für Lärmbekämpfung über seine Arbeit.

Die Zeitschrift wendet sich an Fachleute aller beteiligten Disziplinen, wissenschaftliche Institute, Planungs- und Ingenieurbüros, Konstruktionsabteilungen, Sicherheits- und Umweltschutzbeauftragte der Industrie, an Behörden, Verwaltungen und politische Instanzen sowie an Ärzte, Juristen, Architekten und betroffene oder interessierte Bürger, wie z.B. Bauherren oder Mieter und an Bürgerinitiativen.

Interessengebiete: Technische Akustik, Technischer Lärmschutz, Lärmwirkungen (Medizin, Psychologie, Sozialwissenschaften), Gesetzgebung und Rechtsprechung.

Springer-Verlag
Berlin Heidelberg New York
London Paris Tokyo